곤충의 살아남기

1. 《곤충의 살아남기》는 곤충이 제 몸을 지키는 여러 가지 방어 전략에 대한 이야기다. 몸이 무기인 곤충, 보호색을 띠는 곤충, 경고색을 띠는 곤충, 몸에 독이 있는 곤충, 힘센 곤충을 흉내 내는 곤충 이렇게 크게 5갈래로 나누었다. 보호색을 띠는 곤충은 다시 위장, 몸 색깔 변장, 똥 쓰레기 변장을 하는 곤충으로 나누었다.

2. 맞춤법과 띄어쓰기는 국립국어원 누리집에 있는 《표준국어대사전》을 따랐다. 하지만 전문 용어는 띄어쓰기를 적용하지 않았다. 그리고 곤충 이름과 과 이름, 속 이름에는 사이시옷을 적용하지 않았다.
   ㉠ 꽃무짓과 → 꽃무지과, 바구밋과 → 바구미과
      먹이식물, 안갖춘탈바꿈, 두텁날개

3. 책에 나오는 식물과 동물 이름과 학명은 《국가생물종목록》(국립생물자원관, 2020)을 따랐다.

곤충의
살아남기

스스로 몸을 지키는 곤충의 능력

정부희
글과 사진

보리

곤충의 방어 전략

곤충은 저마다 상황에 맞는 옷을 입고 삽니다. 어떤 녀석은 수수한 보호색, 어떤 녀석은 화려해 눈에 확 띄는 경고색, 심지어 새똥 옷을 입고 사는 녀석도 있습니다. 알고 보면 곤충으로 산다는 것은 매 순간 목숨을 건 위험한 게임입니다. 경쟁자, 포식자에게 지는 것은 곧 죽음이자 가문의 멸망! 패자 부활전은 눈 씻고 찾아봐도 없는 거친 세상! '옷이 날개'라는 말이 있지만 풀숲, 숲속, 흙 속의 자그마한 곤충들에게 옷은 멋내기용이 아닌 생존용 옷, 살기 위한 절박한 선택입니다.

지구에 사는 모든 생물은 자신을 잡아먹는 포식자가 있습니다. 먹이 그물 아래 단계에 있는 곤충 둘레에도 늘 포식자가 들끓습니다. 어떻게 하면 포식자 눈을 따돌릴 수 있을까요? 곤충은 포식자를 포함해 둘레 자연환경에 적응하면서 잎이나 줄기를 닮은 녀석, 동물 똥이나 나무껍질을 닮은 녀석, 자기 똥과 허물을 뒤집어쓰는 녀석, 독 물질을 만드는 녀석, 자기보다 힘센 곤충을 흉내 낸 녀석처럼 다양한 방식으로 자신을 지키며 살아가고 있습니다. 곤충이 자신을 지키려는 방어 전략을 정리하면 다음과 같습니다.

1. 몸이 무기다(물리적 방어)

곤충이 포식자에게 잡아먹히지 않는 방법 가운데 가장 쉬운 것은 자기 날개와 발로 재빠르게 도망치는 것입니다. 삼십육계 줄행랑치는 것이죠. 바퀴벌레는 꼬리돌기에 난 감각털로 포식자가 나타난 것을 빠르게 감지하고는 '걸음아, 날 살려라!' 하고는 구석으로 몸을 숨깁니다. 메뚜기들 역시 빠르게 풀숲으로 튀어 들어갑니다.

또 다른 방법은 단순해 보일 수 있지만 자기 몸을 방어 무기처럼 쓰는 것입니다. 혹바구미와 가시잎벌레류나 도깨비거저리처럼 몸이 딱딱하고 삐죽삐죽한 돌기나 뾰족한 가시를 달고 있으면 포식자가 잡아먹기 힘듭니다. 독나방 애벌레나 쐐기나방 애벌레처럼 털이 뭉텅이로 또는 몸에 빽빽이 나 있어도 포식자가 잡아먹기 매우 불편합니다. 나무껍질 아래에 사는 아무르납작풍뎅이붙이는 몸이 하도 납작해 포식자가 잡아먹으려면 고생해야 합니다. 또 사슴풍뎅이나 장수풍뎅이처럼 뿔이 큰 녀석은 포식자가 나타나면 저항하기 때문에 포식자가 함부로 잡아먹지 못합니다.

몸집이 작은 곤충도 나름 포식자를 따돌리는 작전을 폅니다. 건들면 기절하는 작전인데, 순간적으로 혼수상태에 빠져 죽은 것이나 다름없는 상태가 됩니다. 새 같은 포식자한테 '나는 죽었소.' 하는 것은 가장 단순한 것 같지만 효과가 좋은 방어 전략입니다. '기절 상태' 또는 '활동 정지 상태'라고도 하며, 얼마간 시간이 지나면 제정신으로 돌아와 살아납니다. 기절 상태는 보통 몇 분이지만 포식자가 떠나지 않고 그대로 있다는 느낌이 계속되면 무당벌레는 최대 40분, 바구미는 최대 3~5시간까지 혼수상태에 빠져 있다고 합니다. 흉내 내는 곤충, 경고색이나 보호색을 띠는 곤충, 독 물질이 있는 곤충뿐만 아니라 거의 모든 곤충이 위험에 빠지면 가짜로 죽는 전략을 씁니다.

방아벌레류는 가짜로 죽는 전략뿐 아니라 높이 튀어 올라 포식자 눈을 교란시킵니다. 즉 위험을 느끼면 가사 상태에 빠져 있다가 깨어나면 '탁' 소리를 내며 하늘로 치솟아 공중제비를 돌며 둘레에 사뿐히 내려앉습니다. 그러면 포식자는 깜짝 놀라 먹잇감이 어디로 갔는지 살피지 못해 놓치게 되거나 놀란 포식자가 멈칫하는 사이에 더 멀리 도망가기도 합니다.

2. 보호색

많은 곤충들은 힘센 포식자를 피하기 위해 자신을 둘레 환경과 다르게 꾸미거나 둘레 환경과 비슷하게 치장합니다. 이러한 방어 전략을 보호색 작전이라고 하는데, 보호색 작전에는 변장과 위장이 있습니다.

변장

변장은 둘레 환경과 전혀 다른 모습으로 꾸며 오히려 도드라지게 보입니다. 예를 들면 동물 똥인 척하는 보호색 작전이 있습니다. 새똥하늘소, 배자바구미, 금빛갈고리나방 애벌레, 호랑나비 애벌레 같은 곤충은 몸 색깔을 얼룩덜룩한 새똥 색깔로 꾸며 포식자 눈을 교묘히 피합니다. 한술 더 떠 자기가 싼 똥을 재활용하는 곤충도 있습니다. 곰보가슴벼룩잎벌레 애벌레, 들메나무외발톱바구미 애벌레 같은 곤충은 자신이 싼 똥을 직접 등에 짊어지고 다니면서 포식자가 가까이 다가오는 것을 아예 막습니다. 똥을 짊어지고 있으면 포식자들은 더럽고 맛없는 똥인 줄 알고 눈길도 안 주고 가 버립니다.

또 남생이잎벌레류 애벌레는 자기 허물을 버리지 않고 알뜰하게 등에 차곡차곡 쌓아 짊어지고 다니다 포식자를 만나면 허물 더미를 올렸다 내렸다 하면서 대듭니다. 풀잠자리 애벌레는 자신이 잡아먹고 껍질만 남은 사체를 버리지 않고 모두 등에 짊어지고 다녀 마치 쓰레기 더미처럼 보입니다.

변장의 약점은 둘레 환경과 조화가 깨지면 자기 모습이 금방 드러난다는 것입니다. 그래서 변장하는 곤충은 대부분 될 수 있는 한 움직이지 않습니다. 움직이지 않는 새똥이나 쓰레기로 변장했는데, 이리저리 돌아다니면 포식자 눈에 쉽게 띄기 때문입니다. 그렇다고 한 자리에만 머물 수는 없지요. 먹이나 짝을 만나러 가다가 운 나쁘게 포식자와 맞닥뜨리면 아래로 뚝 떨어져 가사 상태에 빠져 위기를 벗어나기도 합니다.

위장

위장은 자기 몸을 둘레 환경과 잘 어울리게 꾸며 힘센 포식자 눈을 속이는 방법입니다. 예를 들면 섬서구메뚜기, 팔공산밑들이메뚜기, 베짱이류, 자벌레, 어른 풍뎅이류, 부전나비 애벌레 들은 잎 위에서 먹고 자기 때문에 잎 색깔과 비슷한 풀빛을 띱니다. 반면에 땅에서 사는 귀뚜라미, 먼지벌레, 모래거저리류 같은 곤충은 검은색을 띠고, 나무껍질에서 사는 목하늘소나 쌀도적류, 털두꺼비하늘소 같은 곤충은 나무껍질 색깔과 비슷합니다. 또 자벌레류는 풀 줄기나 나뭇가지와 똑같이 생겨 풀 줄기에 매달려 있으면 풀 줄기로, 나뭇가지에 매달려 있으면 나뭇가지로 보여 포식자를 헷갈리게 만듭니다.

3. 독 물질(화학적 방어)

곤충이 포식자를 피하는 작전 가운데 으뜸은 화학 방어 작전입니다. 강력한 독 물질을 뿜어 대면 포식자도 기를 못 쓰기 때문이지요. 몸속에 독 물질을 품고 사는 곤충들은 대부분 화려한 경고색을 띠거나 독특한 행동을 해 '나한테 독이 있어. 가까이 오지 마.' 하고 경고합니다. 예를 들면 독침을 가지고 있는 말벌 몸 색깔은 굉장히 화려하고, 폭탄먼지벌레는 '폭' 소리를 내며 폭탄 방귀를 쏩니다. 또한 사막에 사는 거저리류는 우스꽝스럽게 머리를 땅에 박고 물구나무서서 폭탄을 터뜨립니다. 녀석들은 재주가 좋아 모두 독물질을 몸속에서 직접 만듭니다. 몸속 여러 분비샘에서 폭탄 원료를 분비하고 효소까지 분비해 화학 무기를 만듭니다. 독 물질은 무기 저장고나 혈액속에 차곡차곡 모아 두었다가 위험에 맞닥뜨리면 잽싸게 몸 밖으로 쏩니다. 또 무당벌레나 가뢰처럼 혈액 속에 모아 둔 독 물질을 뇌 명령을 받지 않고 반사적으로 몸 밖으로 내보내는 곤충도 있습니다. 이것을 '반사 출혈'이라고 합니다. 물론 독 물질 원료는 자신이 먹고 사는 먹이식물에서 빌려 쓰기도 하고 몸속에서 직접 만들기도 합니다.

딱정벌레류는 몸속에서 하이드로퀴논, 과산화수소, 벤조퀴논, 탄화수소, 알데히드, 페놀, 퀴논, 에스테르, 산 같은 독 물질을 분비합니다. 개미도 개미산이라 불리는 포름산을 가지고 있습니다. 포름산은 개미의 방어 물질로 유명합니다. 노린재 역시 산성이 강한 독 물질을 내뿜어 포식자를 괴롭힙니다.

노린재의 독 성분은 대부분 카르보닐기 화합물인 알데히드와 케톤 물질입니다. 그중에서도 특히 트랜스-2-헥세날이 가장 널리 알려져 있습니다. 이 화합물은 독성이 강하고 냄새도 지독해 곤충들이 싫어합니다. 또한 독나방류나 쐐기나방류는 건들면 털에서 독 물질이 나와 포식자를 괴롭힙니다. 애벌레 때 있던 독털은 번데기를 거쳐 어른벌레가 되면 배 끝부분으로 이동합니다.

독 물질하면 가뢰를 빼놓을 수 없지요. 가뢰는 맹독성 물질인 칸타리딘을 만들어 품고 다니는데, 위험하면 다리 마디, 몸과 다리가 이어진 마디의 막에서 노란 피를 흘립니다. 노란 피에는 칸타리딘이 들어 있어 한 번 맛을 본 포식자는 고통스러워합니다. 사람들은 칸타리딘을 약으로도 쓰고 살충제나 기피제로도 사용합니다. 칸타리딘이 사람 살갗에 닿으면 물집이 생기고 심하면 살갗이 헐면서 짓무릅니다. 또 거저리상과(上科)에 속하는 홍날개과

(科)와 뿔벌레과(科) 수컷들은 칸타리딘을 얻기 위해 칸타리딘을 만드는 가뢰 같은 곤충을 잡아먹습니다. 이렇게 얻은 칸타리딘은 수컷이 암컷을 구애할 때 쓰입니다.

4. 경고색

힘없는 곤충은 자신은 맛이 없다, 독이 있다, 위험하다고 포식자에게 알리기 위해 자기 몸 색깔이나 무늬 패턴을 도드라지게 꾸밉니다. 이 같은 색과 무늬를 통틀어 경고색(또는 경계색)이라 하는데, 경고색을 띤 곤충은 거의 모두 몸에 독 물질이 있기 때문에 과학자들은 곤충의 경고색을 힘센 포식자에게 '나 맛없어.', '내 몸에 독 있어.' 하고 경고하는 것이라고 봅니다. 곤충이 즐겨 사용하는 경고색은 빨간색, 주황색, 노란색, 흰색처럼 굉장히 뚜렷한 색입니다. 새처럼 곤충을 잡아먹는 척추동물이 이러한 색을 위험 표시로 여기기 때문인데, 이는 오랜 진화 과정에서 얻은 선천적인 행동입니다. 그러고 보니 교통 신호등과 곤충의 경고색이 비슷합니다.

몸 색깔이 경고색을 띠는 대표적인 곤충은 무당벌레입니다. 새빨간 바탕에 까만 점무늬가 찍혀 있어 몸 색깔이 눈에 확 띌 뿐 아니라 건들면 독 물질을 내뿜습니다. 몸 색깔이 새빨간 홍반디도 독 물질이 있고, 알록달록 화려한 큰광대노린재도 독 물질이 있습니다. 무늬로 경고를 주는 곤충으로 태극나방류나 참나무산누에나방이 있는데, 이들은 날개에 눈알 무늬를 그려 넣어 포식자를 움찔하게 만듭니다. 포식자는 나방 눈알 무늬가 자신을 노려본다고 착각하기 때문입니다. 또 뒷날개나방류는 평소에는 앞날개를 접고 있어 몸 색깔이 거무칙칙한데, 위험을 느끼면 앞날개를 들어 올리며 순간적으로 색이 화려한 뒷날개를 펼쳐 포식자를 깜짝 놀라게 합니다.

5. 흉내 내기

곤충 중에는 몸 색깔과 무늬가 화려한 동시에 몸속에 독 물질이 있는 녀석도 있지만, 몸 색깔과 무늬만 화려하지 몸속에 독 물질이 없는 녀석도 많습니다. 이런 녀석은 대개 경고색을 띤 곤충을 흉내 내어 '내 몸에 독이 있어.' 하고 포식자를 속이는 것입니다. 이러한 방어 전략을 '흉내 내기'라고 하는데, 흉내 내기는 변장이나 위장과 다릅니다. 변장과 위장은 둘레 환경을 이용해서 자기 몸을 지키는 방식이고, 흉내 내기는 특정한 동물의 몸 색깔과 무늬, 특이한 행동을 흉내 내어 살아남으려는 전략입니다.

흉내 내기를 하려면 당연히 닮고자 하는 모델이 있어야 합니다. 모델이 되는 종을 모델 종이라고 하는데, 모델 종은 몸 색깔 또는 몸 무늬가 눈에 확 띄는 경고색을 띠었습니다. 또 모델 종을 흉내 낸 종을 의태 종이라고 하는데, 어떤 의태 종은 모델 종 생김새뿐 아니라 행동까지 닮는 경우도 있습니다.

포식자는 몸 색깔이 화려한 녀석은 독 물질을 가지고 있다는 것을 본능과 학습을 통해 알고 있습니다. 그래서 화려한 모델 종이나 의태 종을 발견하면 사냥을 포기하고 가 버리기도 하고, 주춤거리며 살피다가 사냥하거나 그냥 가 버리기도 합니다. 화려하지 않은 힘없는 곤충을 발견했을 때는 곧장 달려들지만 화려한 모델 종과 의태 종은 사냥감으로 좋아하는 것 같지 않습니다.

흉내 내기 전략은 크게 '베이츠 흉내 내기'와 '뮐러 흉내 내기'로 나눕니다. 흉내 내기 이름은 처음 발견한 사람 이름을 땄습니다.

베이츠 흉내 내기(Bates mimicry)

베이츠 흉내 내기는 다윈과 동시대에 살았던 영국의 박물학자 헨리 월터 베이츠(Henry Walter Bates)가 처음 발견한 흉내 내기 방식입니다. 베이츠는

1849년부터 1860년까지 브라질의 원시림을 다니며 녹나비류와 흰나비류가 서로 어울려 날아다니는 것을 많이 보았습니다. 그런데 독나비류와 흰나비류는 족보가 다른데도 날개 색과 무늬가 똑 닮았고, 심지어 천천히 낮게 나는 행동까지 닮아 자세히 보지 않으면 구별하기 힘들었습니다. 뿐만 아니라 이들을 사냥하려고 둘레를 얼씬거리거나 달려드는 새들이 거의 없었습니다. 그래서 베이츠는 이 나비들에게는 분명 새들이 싫어하는 무언가가 있을 거라고 확신했습니다. 정말로 그 나비들 중에 독나비류는 역겨운 냄새가 나는 독 물질을 품고 있어서 새들이 슬슬 피하고 잡아먹지 않았습니다. 반면에 흰나비류는 독나비류 몸 색깔과 행동을 그대로 닮았지만 몸에 독 물질이 전혀 없었습니다. 베이츠는 흰나비류가 새들이 꺼리는 독나비류를 흉내 내 새들 공격을 피하고 있다는 사실을 알아냈습니다. 이 현상을 베이츠 흉내 내기라고 합니다.

베이츠 흉내 내기는 약한 종이 강한 종을 흉내 내어 포식자를 속이는 고단수의 전략으로 이 같은 흉내 내기는 아래 같은 3가지 요소가 갖춰져야 성립합니다.

· 모델 종(모형 종): 포식자가 잡아먹기를 꺼려하거나 싫어하는 종
· 의태 종: 모델 종을 닮았지만 몸에 독 물질이 없는 종
· 포식 종: 모델 종을 거의 잡아먹지 않는 종

의태 종은 여러 종을 흉내 내는 것이 아니라 단 한 종만 흉내 냅니다. 그럼 누가 베이츠 흉내 내기의 모델 종이 될까요? 의태 종 대부분은 몸에 독 물질이 있는 종을 닮는데, 때로는 벌처럼 독침을 가진 종이나 몸에 날카로운 가시나 뿔이 있는 종을 닮기도 합니다. 또한 벌들이 날 때 나는 요란한 소리를

흉내 내는 종도 있습니다.

① 독 물질이 있는 종을 닮는 경우

무당벌레, 홍반디, 병대벌레, 가뢰 같은 곤충은 몸속에 강력한 독 물질이 있어 포식자들이 꺼려합니다. 그래서 열점박이별잎벌레, 십이점박이잎벌레, 홍날개, 각시하늘소류, 노랑썩덩벌레 같은 힘없는 곤충들은 독 있는 곤충들을 그대로 빼닮아 포식자를 따돌립니다. 흉내 내기는 종 다양성이 크고 발생량이 많은 열대 지역에서 주로 연구되었지만, 우리나라 같은 온대 지역이나 한대 지역에서는 발견한 경우가 드물어 오랫동안 야외 관찰을 통해 베이츠 흉내 내기의 가능성을 추정해 볼 뿐입니다. 우리나라에서 추정되는 곤충으로 예를 들면 다음과 같습니다.

- 홍반디를 닮은 종 : 홍날개, 대유동방아벌레, 방아벌레, 소주홍하늘소류 같은 곤충
- 회황색병대벌레를 닮은 종 : 노랑각시하늘소, 산줄각시하늘소, 각시하늘소류
- 황가뢰를 닮은 종 : 노랑썩덩벌레
- 무당벌레를 닮은 종 : 십이점박이잎벌레, 열점박이별잎벌레 같은 곤충

② 독침을 가진 종을 닮는 경우

의태 종이 닮는 모델 종이라 해도 모두 독 물질이 있는 것은 아닙니다. 즉 의태 종이 꼭 독 물질이 있는 종만 닮은 것은 아닙니다. 어떤 의태 종은 독침을 가진 벌을 흉내 내어 포식자를 속입니다. 예를 들면 꽃하늘소류는 배 끝이 벌들을 닮아 뾰족하고 나는 모습도 벌이 나는 모습과 닮아 벌인 줄 착각하게 됩니다. 벌을 흉내 낸 곤충을 손꼽으면 다음과 같습니다.

- 말벌을 닮은 종 : 호랑하늘소. 이들은 생김새와 몸 무늬가 말벌과 아주 닮았습니다.

- 맵시벌을 닮은 종 : 하늘소류 가운데 별가슴호랑하늘소, 벌호랑하늘소, 세줄호랑하늘소 따위가 있습니다. 이 의태 종들은 맵시벌처럼 딱지날개도 살짝 짧고, 배 부분도 앞쪽은 살짝 잘록하고 뒤쪽은 넓습니다. 맵시벌은 더듬이를 이리저리 움직이며 기생할 곤충을 찾아 걸어 다니는데, 이 의태 종들도 맵시벌처럼 더듬이를 흔들며 걸어 다닙니다. 또 녀석들은 포식자에게 붙잡혔을 때 맵시벌처럼 배를 구부려 찌르려는 행동을 합니다.

- 뒤영벌을 닮은 종 : 호랑꽃무지. 호랑꽃무지는 뒤영벌처럼 몸에 털이 굉장히 많이 나 있고, 뒤영벌이 날 때처럼 '부-웅' 소리를 내며 납니다. 또 모두 늦봄에 피는 꽃에 날아들고, 꽃 위에서 식사하고 있을 때는 서로 비슷해서 호랑꽃무지인지 뒤영벌인지 구별하기가 쉽지 않습니다.

- 개미벌을 닮은 종 : 개미붙이류. 개미붙이류는 독 물질과 독침을 가진 개미벌과 생김새가 비슷하고, 날랜 행동도 닮았습니다. 곤충 가운데 개미벌을 흉내 낸 개미붙이류를 또 흉내 낸 의태 종들이 있습니다. 예를 들면 향나무하늘소나 홍가슴호랑하늘소가 그렇습니다. 그래서 이들은 생김새와 행동이 개미벌과 비슷합니다.

③ 단단한 몸을 닮는 경우

의태 종 중에는 몸이 딱딱하거나 뿔이나 날카로운 가시가 난 종을 닮은 종도 있습니다. 포식자는 몸이 딱딱하거나 가시 달린 곤충 종류를 먹은 뒤 소화관에 상처가 나거나 아픈 경험을 하면 다시는 몸이 딱딱하거나 가시 달린 곤충 종류는 먹지 않습니다. 몸이 딱딱하기로 대표적인 곤충은 우리나라에 살지 않는 필리핀보석바구미입니다. 필리핀보석바구미는 아주 아름답게 생겼습니다. 그런데 피부는 굉장히 딱딱해 마치 금속으로 만든 브로치 같습니다. 곤충 중에서 필리핀보석바구미의 딱딱한 몸을 흉내 낸 의태 종에는 잎벌레류, 하늘소류, 바구미류, 거저리류가 있습니다. 곤충이 아닌 거미류도 필리핀보석바구미의 딱딱한 몸을 흉내 냈습니다.

뮐러 흉내 내기(Müllerian mimicry)

독일의 동물학자 프리츠 뮐러(Fritz Müller)는 19세기 후반에 베이츠처럼 브라질에 사는 나비를 연구했습니다. 흉내 내기에 대하여 베이츠의 발표가 있은 지 16년쯤 지나서 뮐러는 나비들 사이에서 또 다른 현상을 발견하게 됩니다.

그는 모습이 서로 닮은 상당히 큰 나비 집단들을 연구해 의태 종의 모델 종이 단지 한 종이 아니라 두 종 이상이란 사실을 알아냈습니다. 두 종 이상이나 되는 모델 종들이 서로의 경고색을 닮음으로써 포식자인 새들에게 자신들이 맛없는 종이란 것을 더욱 강하게 드러냈습니다. 또한 두 종 이상의 모델 종을 여러 종의 의태 종들이 흉내 냈는데, 흉내 내기에 그치지 않고 모델 종들과 같은 시간대에 살면서 포식자로부터 자신을 더욱 안전하게 지키려고 했습니다.

뮐러 흉내 내기의 모델 종으로 가장 유명한 무리는 홍반디 집안 식구들입니다. 홍반디류를 통에다 가두고 냄새를 맡으면 굉장히 특이한 냄새가 향수처럼 납니다. 손끝으로 녀석들을 만진 뒤 코에 갖다 대면 코를 찌를 만큼 냄새가 강합니다. 이 냄새가 바로 독 물질입니다. 이 독 물질 때문에 새들은 홍반디류를 먹지 않습니다.

보르네오 섬에는 온몸이 빨갛고 딱지날개 끄트머리만 까만 홍반디류를 비롯해 여러 종의 홍반디류가 많이 삽니다. 이 홍반디류는 족보(屬)가 서로 다르지만 몸 색깔은 거의 비슷합니다. 여러 종의 홍반디류가 서로를 닮음으로써 '내 몸에 독이 있으니 먹지 마.' 하고 새들에게 강력하게 경고한 셈입니다. 재미있게도 홍반디류 둘레에는 홍반디류 무늬 패턴을 닮은 꽃하늘소류, 방아벌레류, 개나무좀류, 나방류 같은 곤충이 이웃이 되어 모여 삽니다. 이렇다 할 방어 무기가 없는 힘없는 곤충들이 새들 공격을 조금이라도 막아 보려고 독 많은 홍반디류를 흉내 낸 것입니다.

아쉽게도 우리나라 같은 온대 지역에서는 뮐러 흉내 내기를 하는 곤충을 만나는 게 여간 어려운 게 아닙니다. 온대 지역에서는 비슷한 생김새나 색깔을 가진 종들이 한 계절에 많이 나오지도 않고, 더구나 개체 수도 굉장히 적습니다. 아직 연구는 안 되었지만 우리나라에서도 야외에서 관찰해 보면 종 수와 개체 수는 적지만 홍반디의 화려한 색깔을 흉내 낸 곤충들을 종종 볼 수 있습니다.

광장동 연구실에서
정부희

개정판을 내며

여름 끝자락, 마당에 가랑비가 오전 내내 보슬보슬 내립니다. 마당 모퉁이에 자리 잡은 탱자나무 잎이 비에 흠뻑 젖어 물방울이 맺혀 있습니다. 고개 숙여 잎 사이를 들여다보니 호랑나비 애벌레 십여 마리가 잎 하나씩 차지하고서 움츠리듯 앉아 있네요. 손으로 살짝 건드리니 '노란 뿔'이 머리에서 불쑥 튀어나옵니다.

탱자나무 옆 달맞이꽃 줄기에서 무당벌레도 비를 피하고 있습니다. 빨간 딱지날개에 까만 점이 콕콕 박혀 있습니다. 살짝 건들기라도 하면 다리 마디에서 '노란 피'를 흘립니다. '내 몸에는 독이 있으니 잡아먹지 마!'라고 경고하는 것입니다.

풀밭에 숨은 메뚜기도 자기 몸을 지키는 변변한 무기 하나 없습니다. 그저 살아남는 방법은 잘 숨고 잘 도망치는 것뿐입니다. 풀빛 메뚜기가 풀밭에 숨어 있으면 눈에 잘 띄지 않습니다. 위험한 상황이 닥치면 메뚜기는 주저 없이 높이 튀어 달아납니다.

이렇듯 곤충으로 산다는 것은 참 쉽지 않습니다. 사람이 힘들다 힘들다 한들 곤충보다 더 힘들까요? 곤충 세상은 인간 세상보다 더 거칠고 인정사정없습니다. 경쟁자나 포식자에게 지는 것은 곧 죽음이고, 가문의 멸망입니다. 패자 부활전 같은 것은 없습니다.

지금까지 알려진 동물 종이 약 150만 종 넘는데, 그 가운데 곤충이 100만 종쯤이나 됩니다. 숫자로만 따지면 곤충은 '지구의 주인'입니다. 대부분 작아서 보일락 말락 한 곤충들이 이렇게 주인이 된 까닭이 있습니다. 갑옷처럼 튼튼한 '큐티클'을 입고, 지혜로운 생존 전략을 가지고 있기 때문입니다.

하루하루 치열한 삶을 사는 곤충의 생존 이야기를 《곤충의 살아남기》에 담았습니다. 《곤충의 살아남기》는 오래전 펴낸 《곤충의 빨간 옷》을 새롭게 꾸려 펴내는 책입니다. 기존 원고에 그동안 관찰하고 연구한 내용을 보태 원고의 완성도를 높였습니다. 또 기존 사진도 질 높은 사진으로 바꾸고, 재미있고 생생한 현장 사진을 보태 실제 현장에 있는 것처럼 매만졌습니다.

날마다 바쁜 일상에 머릿속이 복잡하신가요? 잠시라도 시간을 내어 가까운 들이나 산에 올라보세요. 풀잎, 나뭇잎 냄새 솔솔 맡으며 걷노라면 다른 세상이 펼쳐집니다. 길옆에 피어 있는 수많은 풀과 꽃들, 시원스레 하늘로 뻗는 나무들, 그 틈에 섞여 사는 수많은 생명들. 풀밭에 한 발짝만 내디디면 여기저기서 후드득후드득 튀는 곤충들! 그들이 사는 삶의 현장에 서면 자연과 내가 하나 되는 기쁨을 맛볼지도 모릅니다. 단 한순간이라도 자연 속에 묻혀 사는 뭇 생명들과 교감하는 데 《곤충의 살아남기》가 한몫할 수 있다면 얼마나 좋을까요.

2021년 9월 끝자락 즈음에
정부희

차례

1장

몸이 무기

신부날개매미충

신부날개매미충 어른벌레

신부날개매미충 어른벌레는
날개가 투명합니다.

올 여름 장마는 무척이나 깁니다.

여름 내내 비가 내렸다 그쳤다 하니 하루도 축축하지 않은 날이 없습니다.

잠시 비가 멎자 광릉 수목원에 갑니다.

한아름도 넘는 아름드리나무들이 하늘을 향해 쭉쭉 뻗어 있어

보기만 해도 경이롭고 장엄합니다.

그런 나무들 사이를 느릿느릿 걷는데

뽕나무의 연한 새 줄기에 새하얀 솜뭉치가 붙어 있습니다.

한두 개가 아니라 수십 개가 일정한 간격을 두고 다닥다닥 붙어 있군요.

누굴까? 가만히 보니 솜뭉치가 살살 움직입니다.

솜뭉치 속에 누군가 들어 있는 건 분명한데

솜뭉치에 몸이 가려 아무리 보려 해도 녀석이 보이지 않습니다.

슬그머니 손끝을 갖다 대니

별안간 '피융' 포물선을 그리듯 튀면서 달아납니다.

얼마나 놀랐는지!

쫓아가 나뭇잎에 앉은 녀석을 들여다보니

신부처럼 새하얀 드레스를 차려입은

신부날개매미충이군요.

뽕나무

이 꼭지는 노린재목 매미아목 날개매미충과 종인 신부날개매미충(*Euricania clara*) 이야기입니다.

새하얀 드레스 입은
신부날개매미충 애벌레

여름은 매미들(노린재목 매미아목) 계절입니다. 노래를 잘하는 매미과 집안 식구들이 배 근육을 움직여 귀가 아플 정도로 소리 높여 노래를 불러 대고, 노래를 못 부르는 진딧물과, 깍지벌레과, 거품벌레과, 매미충과. 날개매미충과 식구들은 나무줄기나 풀 줄기에 매달려 식물 즙을 빨아 마시느라 정신이 없습니다.

매미아목(亞目)에 속하는 애벌레들은 참 개성이 강합니다. 대개 여기저기 자유롭게 돌아다니기보다 한자리에 앉아 식물 즙 먹는 걸 좋아합니다. 더구나 애벌레 시기에는 날개가 없으니 포식자 눈에 띄어도 재빠르게 도망칠 수 없어 잡아먹히기 딱 좋습니다. 그래서 애벌레들은 포식자 눈을 속이려고 몸에 온갖 치장을 합니다. 깍지벌레류는 밀랍을 뒤집어쓰고, 가루깍지벌레류는 밀가루 같은 하

몸에서 밀랍 물질이
나오는 봉화선녀벌
레 어른벌레

얀 가루를 뒤집어쓰고, 나무이류는 실처럼 기다란 섬유질을 매달고, 거품벌레류는 비눗방울 같은 거품을 뒤집어쓰고, 선녀벌레류는 솜털을 뒤집어쓰고 삽니다.

그 가운데 신부날개매미충 애벌레는 기다란 명주실처럼 생긴 솜털을 뭉텅이로 배 꽁무니에 매달고 있습니다. 여름으로 접어들면 아기 신부날개매미충들은 제 세상 만난 듯 신이 납니다. 풀이든 나무든 상관하지 않고 신선한 즙을 먹느라 바쁩니다. 마침 넓적한 뽕나무 잎이 바람에 흔들릴 때마다 잎 뒷면에 붙은 새하얀 솜털 뭉치가 언뜻언뜻 보입니다. 살살 잎을 뒤집어 보니 역시 신부날개매미충 애벌레들이 사이좋게 모여 앉아 식사를 하고 있군요.

다들 배 끝에 달린 하얀 솜털 뭉치를 우산처럼 활짝 펼치고 앉아 있습니다. 그 모습을 보면 얼마나 요상한지 모릅니다. 어찌 보면 하얀 불가사리 같고, 어찌 보면 민들레 씨앗에 붙은 하얀 솜털을 엮어 만든 방석 같고, 어찌 보면 꽃병에 꽂힌 하얀 술패랭이꽃 같습니다. 뭐라 표현할 길이 없군요. 더 희한한 것은 하얀 솜뭉치들에 가려 녀석 몸을 구경할 수 없습니다. 몸을 덮고 있는 솜털 뭉치를 세어 보니 15개. 솜뭉치 한 개에는 수십 가닥도 넘는 얇은 실들이 가지런히 모여 있는데, 실은 비단실 뺨칠 만큼 부드럽고 광택이 납니다. 실 한 가닥만 만져 보려 손끝을 살며시 대는 순간 녀석이 후다닥 튀어 포물선을 그리며 바로 옆 나뭇잎 쪽으로 도망갑니다. 한 녀석이 도망가자 다른 녀석들도 지레 겁을 먹고 차례로 툭툭 툭 튀면서 눈 깜짝할 사이에 도망쳤습니다.

둘레를 이리저리 훑어보니 도망친 녀석이 싸리나무 잎 위에 앉아 있습니다. 조금 전과 달리 우산처럼 펼쳤던 솜뭉치를 가지런히

신부날개매미충 애벌레가 배 끝에 달린 솜뭉치를 접고 앉아 있다.

신부날개매미충 애벌레가 배 끝에 있는 털뭉치를 우산처럼 활짝 펼치고 앉아 있다.

갈색날개매미충 애벌레

갈색날개매미충 어른벌레

남쪽날개매미충 어른벌레

일본날개매미충 어른벌레

뾰족날개선녀벌레 애벌레

뾰족날개선녀벌레 어른벌레

미국선녀벌레 애벌레

미국선녀벌레 어른벌레

접고 있군요. 배 꽁무니에 달린 하얀 솜뭉치는 자기 몸길이보다 더 깁니다. 이제야 녀석의 몸을 온전히 구경합니다. 몸 색깔은 연둣빛이고, 살갗은 투명하고 반질반질 윤이 나고, 몸매는 아름다운 물고기처럼 부드럽고 유려합니다. 하얀 솜털 뭉치를 접은 모습이 신부가 새하얀 웨딩드레스를 입고 있는 듯 자태가 우아합니다. 그래서 녀석을 신부날개매미충이라고 부르니 이름이 참 곱습니다.

애벌레 밥은
신선한 즙

신부날개매미충 애벌레는 겁이 많습니다. 이상한 낌새를 조금만 느껴도 눈 깜빡할 사이에 튀어 달아납니다. '씨용' 하며 포물선을 그리며 튀는 모습은 마치 귀여운 요정이 하얀 빗자루를 타고 가는 것처럼 멋집니다. 평소에는 배 꽁무니 솜털을 우산 펼친 것처럼 사방으로 쫙 펴고 있지만, 긴장을 하면 방사상으로 펼쳤던 솜뭉치를 우산 접듯이 오므리고 튈 준비를 합니다.

녀석은 힘없는 곤충 축에 들어갑니다. 포식자와 맞닥뜨렸을 때 자신을 지킬 무기라고는 하나도 없습니다. 사슴벌레처럼 뿔(큰턱)도 없고, 가시잎벌레처럼 가시도 없고, 바구미류처럼 몸이 단단하지도 못하고, 폭탄먼지벌레처럼 독 물질도 없습니다. 그러니 포식자를 만나면 꼼짝없이 당할 판이지요. 그렇다고 마냥 손 놓고 있을 수는 없는 일이죠. 살아남기 위해 녀석들은 솜털 뭉치 분비 작전을 펼칩니다. 몸속 분비샘에서 솜털 뭉치 같은 분비물을 만들어 배 끝에 뭉텅이로 매답니다. 이 분비물은 길이가 길어 배 끝에 달려 있어도 방사상으로 활짝 펴면 온몸을 뒤덮습니다. 실 같기도 하고 솜털 같기도 한 분비물을 달고 있으면 좋은 점이 많습니다. 포식자를 속여 따돌릴 수 있고, 자외선을 피할 수 있고, 자그마한 몸집을 크게 부풀려 보이게도 하고, 솜털 분비물을 이용해 멀리 튀면서 도망갈 수 있으니까요. 물론 솜털 뭉치는 하루아침에 만들어진 게 아니라 조상 대대로 오랜 세월 동안 거친 환경에 적응하면서 만들어졌을 것입니다.

녀석의 솜털 뭉치를 살짝 만져 봅니다. 솜사탕같이 부드럽습니다. 솜털 뭉치는 녀석 몸에 매우 약하게 붙어 있어 잡기만 해도 쑥 뽑힙니다.

애벌레들이 보드라운 솜뭉치를 뒤집어쓰고 열심히 식사를 합니다. 녀석들 밥은 무엇일까요? 밥도 식물 즙, 반찬도 식물 즙입니다. 녀석은 노린재목 매미아목 식구라서 어른 아이 모두 늘 식물 즙만 먹습니다. 먹이식물도 따로 없어 곳곳에 있는 식물에서 즙을 빨아 먹기만 하면 됩니다. 즙을 빨아 먹으니 주둥이는 침처럼 뾰족합니다. 즉 주둥이 구성 요소 가운데 유독 큰턱과 작은턱이 식물을 찌를 수 있게 하나로 가늘고 길게 바뀌었습니다. 특이하게도 두 개의 작은턱이 서로 맞물려서 관을 두 개 만듭니다. 한쪽 관으로는 침을 식물 속에 넣어 식물 조직을 먹기 좋게 분해시키고(체외 소화), 다른 쪽 관으로는 생즙이나 소화된 식물 조직을 빨아 마십니다. 그러니 잎이든 줄기든 보드라운 식물만 눈에 띄면 주둥이를 꽂고 달콤한 즙을 쭉쭉 들이마십니다. 침을 분비하는 침샘은 몸 앞부분에 있습니다.

그래서 농사를 짓거나 정원을 가꾸는 사람들에게 천덕꾸러기 취급을 받습니다. 특히 인삼 농가에서는 치를 떱니다. 식물마다 주둥이를 꽂고 즙을 먹어 대니 영양분이 줄어들어 건강했던 식물이 점점 약해지는 것도 문제지만, 더 심각한 것은 2차 감염입니다. 녀석들이 멀쩡한 줄기나 잎에 주둥이를 꽂으면 꽂힌 틈으로 바이러스나 균들이 들어갈 수 있는데, 그렇게 생기는 병 가운데 하나가 우리가 잘 아는 '그을음병'입니다. 농가에서 오랫동안 공들여 가꾼 농작물을 눈치 없이 먹어 대고, 병도 옮기니 농부들에게 골칫덩어리일 수밖에요.

천덕꾸러기가 되든 말든 녀석들은 열심히 즙을 먹으며 몸을 키웁니다. 신부날개매미충 애벌레는 모두 5번 허물을 벗으며 자라다가 무더운 여름날에 어른으로 탈바꿈합니다. 매미아목 식구들은 모두 안갖춘탈바꿈(불완전변태)을 하기 때문에 녀석들도 번데기 시절을 거치지 않고 애벌레에서 곧바로 어른으로 날개돋이 합니다.

신부날개매미충
망사 날개

방금 애벌레 한 마리가 어른벌레로 날개돋이를 했는지 신부날개매미충 애벌레들 틈에 어른 신부날개매미충이 끼어 있군요. 언뜻 보아도 애벌레와 어른 모습이 너무도 다릅니다. 주둥이나 다리 따위를 자세히 보면 비슷하지만 말이지요. 어른 신부날개매미충 배

끝에는 애벌레 시절 달고 있던 새하얀 솜털 뭉치가 없습니다. 그 대신 얼마나 투명한지 날개맥이 다 보이는 망사 날개를 갖고 있습니다. 어른벌레는 이름처럼 생김새가 참 곱고 귀엽습니다.

어른 신부날개매미충도 애벌레와 마찬가지로 식물 즙만 먹습니다. 식물 줄기에 여러 마리가 한 줄로 쭉 늘어서서 즙을 빠는 모습은 한 편의 그림 같습니다. 위험하면 툭툭 튀듯 날아 도망가지만 이내 다시 모여 식사를 합니다. 즙을 먹으면서 마음에 드는 짝을 만나면 그 자리에서 짝짓기를 하고, 짝짓기를 마친 암컷은 줄기 속이나 나무껍질 틈에 산란관을 꽂고 알을 낳습니다. 알은 추운 겨울을 잘 견디며 봄을 기다립니다.

지금은 해충 신세가 되어 언제 어느 때 사라질지 모르지만, 녀석들의 질긴 생명력이 과연 사람들의 방제 능력을 뛰어넘을지 몹시 궁금합니다.

몸집이 위풍당당한

사슴풍뎅이

사슴풍뎅이 수컷

사슴풍뎅이 수컷이 하늘을 향해
양쪽 앞다리를 활짝 펼치고 있습니다.

무더운 7월, 보령에 있는 성주산에 왔습니다.

숲을 가득 메운 아름드리나무들은

하늘 높은 줄 모르고 위로 위로 쭉쭉 뻗치고 있고,

숲길 옆 골짜기에는 옥빛 맑은 물이 졸졸졸 흐릅니다.

온갖 나무들이 내뿜는 상쾌한 향기가 바람결에 실려 와

더위에 지친 몸을 휘감습니다.

잠시 멈춰 눈을 감고 신성한 숲 기운을 흠뻑 들이마십니다.

영혼이 말끔해지는 기분이랄까, 무릉도원이 따로 없습니다.

다시 눈을 뜨고 속세로 돌아온 순간,

바로 앞 갈참나무에 커다란 곤충이

다리를 있는 대로 쩍 벌리고 붙어 있네요.

생김새가 하도 특이하고 커서 금방 눈에 들어옵니다.

사슴뿔만큼 멋진 뿔이 달린 사슴풍뎅이군요.

더운 여름 날, 이국적인 멋이 물씬 풍기는 녀석을

여기서 만나다니 꿈만 같습니다.

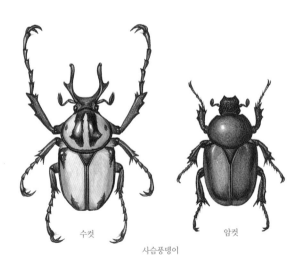

수컷　　　　　　암컷

사슴풍뎅이

이 꼭지는 딱정벌레목 꽃무지과 종인 사슴풍뎅이(*Dicronocephalus adamsi*) 이야기입니다.

나뭇진 옹달샘을 찾아온
사슴풍뎅이

6월 중순, 이맘때면 숲속은 나무 없이 못 사는 곤충들로 북적입니다. 하늘소들은 썩은 나무껍질에 알을 낳고, 풍이는 나뭇진을 핥아 먹고, 홍반디는 나뭇가지 사이를 날아다니고, 산맴돌이거저리는 나무 위를 성큼성큼 걸어 다닙니다. 이따금 풍겨 오는 시큼한 나뭇진 냄새, 갈참나무 나무껍질 틈으로 나뭇진이 조금씩 배어 나옵니다. 보기만 해도 간담이 서늘한 장수말벌, 앉을까 말까 힐끔힐끔 눈치 보는 청띠신선나비, 나뭇진에 푹 빠진 밑빠진벌레들, 나무껍질 틈새를 들락거리는 고려나무쑤시기 같은 곤충들이 나뭇진을 먹느라 모여 있습니다. 그 틈에 사슴풍뎅이도 끼어 있군요. 말로만 듣던 사슴풍뎅이를 이렇게 만나다니! 그것도 암컷 두 마리와 수컷 한 마리가 서로 멀찌감치 떨어져 나뭇진 식사를 하느라 정신이 없

사슴풍뎅이 수컷

습니다. 앞으로 벌어질 일이 눈앞에 선해 벌써부터 가슴이 콩닥콩
닥 뛰기 시작합니다.

사슴뿔 달린
사슴풍뎅이

나뭇진 옹달샘에 주둥이를 박고 밥을 먹는 사슴풍뎅이 수컷을 이
리저리 쳐다봅니다. 몸집이 어른 엄지손톱보다 더 크고 묵직해 숲속
이 어두컴컴한데도 눈에 확 띕니다. 꽃사슴 뿔처럼 위풍당당하게 쭉
뻗어 나온 뿔에서는 카리스마가 철철 넘쳐 납니다. 몸 색깔은 전체적

으로 허연색, 머리와 다리는 까만색과 밤색이 섞여 있고, 허연 앞가
슴등판에는 마치 먹물로 그려 넣은 것처럼 두껍고 새까만 세로줄 2
개가 힘차게 뻗어 있어 꼭 다른 나라에 사는 곤충 같습니다. 특히 가
슴등판과 딱지날개 피부가 하얀 분가루를 곱게 바른 것처럼 뽀얗습
니다.

　몸매는 정교하게 잘 깎아 만든 목각 인형이랄까? 동그란 앞가
슴등판과 네모난 딱지날개 조합이 얼마나 잘 어울리는지 어디 하
나 흠잡을 데 없고, 몸통은 단단한 갑옷을 입고 있어 바늘로 찔러
도 들어갈 것 같지 않고 되레 바늘이 휘어질 것 같습니다. 또 다리
는 어찌 그리 긴지요. 긴 다리는 철사를 꼰 것처럼 튼튼합니다. 사
람 발가락에 해당하는 발목마디는 다른 곤충들과 달리 엄청 길고,
5마디로 이뤄진 발목마디마다 박혀 있는 뾰족한 가시털도 다른 곤
충들에 비해 더 단단해 한 번만 긁혀도 피가 날 것 같습니다. 놀랍
게도 암컷과 달리 수컷 앞다리는 뒷다리보다 1.5배나 더 길어 앞으

사슴풍뎅이 수컷이
기다란 다리로 나무
줄기를 잡고 있다.
다리 끝에는 기다랗
게 갈라진 발톱이
있다.

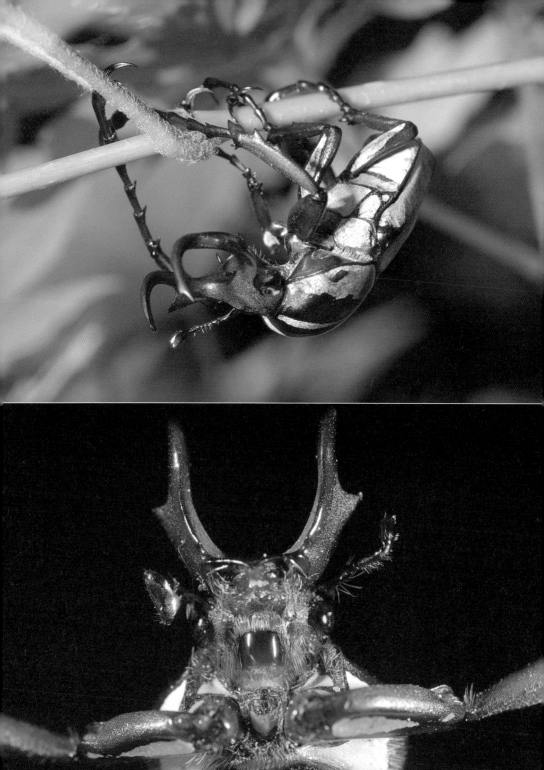

로 쭉 뻗으면 괴물처럼 보입니다.

뭐니 뭐니 해도 사슴풍뎅이 수컷의 매력은 '뿔'. 뿔이 수사슴의
웅장한 뿔을 떠올리게 해 이름에 '사슴'이 들어갔고, 몸이 장수풍
뎅이처럼 묵직해 이름에 '풍뎅이'가 들어갔습니다. 그런데 녀석의
뿔은 뿔이 아니라 이마방패입니다. 이마방패라는 말이 낯설지요?
사람 입과 달리 곤충 입(mouthpart)은 윗입술, 큰턱 1쌍, 작은턱 1
쌍, 아랫입술, 인두로 이뤄져 있습니다. 그래서 곤충 입을 입틀 또
는 한자로 구기라고 합니다. 그 입틀을 방패처럼 보호하는 기관이
이마방패입니다. 이마방패는 대개 입틀 위쪽에 납작하게 붙어 있
는데, 어찌 된 일인지 사슴풍뎅이 수컷은 이마방패 양옆이 앞쪽으
로 훌쩍 늘어나 우람하고 멋진 '뿔'처럼 보입니다. 그래서 흔히 일
반 사람들은 녀석의 이마방패를 알아듣기 쉽게 뿔이라고 부르지
만, 곤충학자들은 전문 용어인 이마방패라고 합니다. 사슴풍뎅이
수컷 뿔 길이는 제 머리보다 몇 배나 더 깁니다. 게다가 불쑥 솟아
오른 뿔 끄트머리가 갈고리처럼 휘어져 있어 용맹스럽기 그지없습
니다. 그 모습을 보면 용맹한 장수가 갑옷을 차려입고 싸움터에 나
갈 것 같은 착각이 듭니다. 반면에 사슴풍뎅이 암컷은 무시무시하게
생긴 뿔이 없습니다. 대신 네모진 이마방패가 꼬마 불도저처럼 붙어
있어 순둥이처럼 보입니다.

수컷은 뿔이 저리도 큰데 식사할 때 지장이 없을까요? 뿔이 있
어도 먹을 건 다 먹습니다. 사슴풍뎅이는 생긴 것과 달리 나뭇진이
나 과일즙 같은 즙만 우아하게 핥아 먹습니다. 아랫입술 안쪽에 빗
자루처럼 생긴 털들이 빽빽하게 달려 있어 나뭇진이나 과일즙 따
위를 쓱쓱 핥아 먹을 수 있습니다.

수컷 사슴풍뎅이
결투

사슴풍뎅이 수컷이 위험을 느끼자 한쪽 앞다리를 앞으로 쭉 뻗으며 겁을 주고 있다.

사슴풍뎅이 수컷이 좀 떨어져서 식사하는 암컷에게 뚜벅뚜벅 걸어갑니다. 암컷은 흠칫 놀랐는지 본능적으로 앞다리를 번쩍 치켜들고 가까이 오지 말라고 경고합니다.

바로 그때 부-웅 요란한 소리를 내며 다른 사슴풍뎅이 수컷이 나뭇진 옹달샘에 내려앉습니다. 그 순간 나뭇진 옹달샘에 모여 사이좋게 식사하던 곤충들이 화들짝 놀라 이리저리 흩어집니다. 졸지에 나뭇진 옹달샘 한가운데를 차지한 이 수컷은 먼저 온 수컷 옆에서 주둥이를 나뭇진에 박고 갈참나무 즙을 쓱쓱 핥아 먹습니다. 처음에는 '사이좋게 앉아 먹는구나.' 하고 생각했는데, 그것도 잠시뿐이네요. 먼저 온 사슴풍뎅이가 신경에 거슬렸는지 머리를 번쩍 들어 나중에 온 사슴풍뎅이를 노려봅니다. 나중에 온 사슴풍뎅이도 만만치 않습니다. 두 녀석이 싸움 자세로 서로 마주 보고 있습니다.

긴장감이 팽팽 돕니다. 드디어 먼저 온 수컷의 선제공격! 자신의 우람한 뿔을 나중에 온 수컷 머리 쪽에 들이댑니다. 그러자 나중에 온 수컷이 앞다리를 번쩍 치켜들고 위협을 하며 맞서는군요. 하지만 헛수고. 먼저 온 수컷의 강력한 뿔 공격 한 방에 몸이 번쩍 들리더니 땅에 뚝 떨어집니다. 뒤집혀 떨어진 녀석이 몸을 버둥거리며 똑바로 일어섭니다. 그리고 성질이 잔뜩 났는지 성큼성큼 걸어 나무를 타고 올라갑니다. 먼저 온 사슴풍뎅이 앞에 도착하자 복수라도 하려는 듯이 뿔을 들이대며 돌진해 수컷 배를 뿔로 번쩍 들어

내동댕이치네요. 졸지에 나무 아래로 뚝 떨어진 먼저 온 수컷, 체면이 말이 아닙니다. 그렇게 10분 넘게 뒤엉켜 뿔로 치고 박고, 튼튼한 다리로 밀고 잡아당기며 싸웁니다. 네가 힘이 센지, 내가 힘이 더 센지 마치 힘자랑이라도 하듯 격렬하게 싸웁니다. 마침내 먼저 온 녀석이 땅바닥에 다시 뚝 떨어져 나뒹굴면서 싸움이 끝났습니다. 나중에 온 사슴풍뎅이 승!

승리한 사슴풍뎅이는 뽐내듯이 뿔을 이리저리 휘두르며 암컷에게 다가갑니다. 수컷들이 결투를 하든 말든 나뭇진 식사 삼매경에 푹 빠진 암컷은 수컷을 순순히 받아들입니다. 수컷이 등에 타도 그저 밥만 먹는군요. 암컷 등에 올라탄 수컷은 긴 앞다리로 암컷 몸을 꼭 잡고 배 끝을 암컷 배 끝에 갖다 댑니다. 누가 방해만 하지 않으면 1시간 넘게 오래도록 짝짓기를 합니다. 내 키보다 더 높은 나무줄기 위에서 일어난 일이라 흥미진진한 모습을 카메라에 담지 못해 못내 아쉽기만 합니다.

양쪽 앞다리를 쭉 뻗은 사슴풍뎅이 수컷 배쪽 모습

사슴풍뎅이 수컷끼리 싸울 때 가장 중요한 무기는 뿔, 즉 이마방 패입니다. 뿔이 튼튼해야 경쟁자를 이길 수 있고, 또 이긴 수컷이 암컷과 짝짓기를 할 수 있어 자기 유전자를 남길 수 있습니다. 뿐만 아니라 뿔은 자신을 공격하는 포식자를 막거나 물리칠 때 무기로도 쓰입니다.

만세 부르는 사슴풍뎅이

싸움에 진 수컷이 뒤집혀 땅에 드러누워 있습니다. 몸을 일으키려고 여섯 다리를 사방팔방으로 버둥거리며 용을 쓰고 있군요. 그러다 한순간에 몸을 확 뒤집어 똑바로 일어납니다. 어기적어기적 몇 걸음 걷더니 줄딸기 덩굴나무가 코앞에 있자 잽싸게 줄딸기 나무줄기를 여섯 다리로 잡고 위로 위로 오릅니다. 사진을 찍으려고 카메라를 들이대니 몸을 벌떡 일으키며 다리를 옆으로 쫙 폅니다. 그래도 사진을 찍어 대니 화가 잔뜩 났나 봅니다. 옆으로 펼쳤던 기다란 앞다리를 들어 올려 겁을 줍니다. 그 모습이 꼭 '만세'를 부르는 것 같아 웃음이 빵 터져 나옵니다. 한참 동안 '만세'를 부르던 녀석이 지쳤는지 들어 올린 앞다리 중 왼쪽 다리를 딱지날개 쪽에 내려놓고 오른쪽 다리만 옆으로 쭉 뻗어 '나 무섭지?' 하며 위협하는군요.

가만 보니 정말 녀석은 몸이 무기입니다. 가장 강력한 무기 1호는 뿔(이마방패), 무기 2호는 튼튼한 다리, 3호는 바늘도 휘어질 만

큼 딱딱한 피부(표피층)입니다. 몸 일부분이기도 한 무기의 용도는
상황에 따라 달라집니다. 이들 무기는 어떤 때는 방어용, 어떤 때
는 공격용입니다. 즉 파리매나 잠자리 같은 포식자는 녀석의 육중
한 몸도 몸이지만 단단한 뿔과 다리를 보고는 사냥을 포기하고 가
버리기도 합니다. '저 딱딱하고 큰 걸 어떻게 먹어?' 하듯이 말이지
요. 또 뿔을 휘두르며 기다란 다리를 있는 대로 뻗치면 새나 도마
뱀 같은 힘센 포식자도 주눅이 드는지 슬그머니 피하기도 합니다.
몸에 독이라고는 하나도 없는 녀석이 들기만 해도 쟁쟁한 포식자
들을 따돌리기도 하니 참으로 허세 하나는 대단합니다. 한술 더 떠
암컷을 차지하려고 수컷끼리 싸울 때는 뿔로 경쟁자를 밀어내고,
찌르고, 기다란 다리로 경쟁자를 걸어차며 밀어내니 이보다 더 좋
은 무기가 또 있을까요? 물론 긴 다리는 짝짓기 할 때 암컷을 끌어
안는 데도 한몫합니다.

가랑잎 더미 속
사슴풍뎅이 애벌레

짝짓기를 마친 암컷은 열심히 나뭇진이나 과일즙을 먹고 또 먹습니다. 튼튼하고 건강한 알을 낳으려면 영양가 많은 즙을 많이 먹어야 합니다. 짝짓기 한 사슴풍뎅이 암컷이 나뭇진 옹달샘을 떠나 땅으로 내려옵니다. 도착한 곳은 가랑잎 더미. 암컷은 앞다리로 가랑잎 더미를 헤치고, 불도저 같은 네모난 이마방패로 흙을 파면서 땅속으로 들어가 알을 낳습니다. 알을 다 낳은 암컷은 힘이 빠져 시름시름 앓다가 얼마 안 있어 죽습니다. 그래도 암컷은 자신이 해야 할 일을 훌륭하게 해냈습니다. 사슴풍뎅이 암컷이 맡은 일은 오로지 알을 낳아 대를 잇는 일이니까요.

암컷이 알을 낳은 지 열흘쯤 지나자 드디어 알에서 사슴풍뎅이 애벌레가 깨어납니다. 이제부터 사슴풍뎅이 애벌레의 땅속 생활이 시작됩니다. 녀석은 깜깜한 흙 속에서 썩은 가랑잎이나 썩은 나무 부스러기 따위를 먹으며 애벌레 시절 내내 살아갑니다. 비가 오든 바람이 불든 그저 땅속에서 먹고 자며 무럭무럭 자랍니다. 추운 겨울이 오면 더 깊은 땅속으로 들어가 겨울잠을 잔 뒤 이듬해 봄에 잠에서 깨어나 썩은 가랑잎이 듬뿍 들어 있는 부엽토를 먹고 몸을 키웁니다. 재미있게도 몸이 C자로 구부러진 탓에 거의 모든 시간을 옆으로 누워서 지냅니다. 또 몸이 뚱뚱하고 두루뭉술해 행동이 굼뜨고, 다리가 짧아 잘 기어 다니지 못합니다. 그래서 사슴풍뎅이 애벌레를 '굼벵이'라고 합니다. 사실 풍뎅이상과(上科) 애벌레를 모두 '굼벵이'라고 하지요. 하기야 썩은 두엄이나 썩은 가랑잎이 섞여 있는 땅속에서 사니 먹이 찾아 멀리 돌아다닐 필요가 없습니다. 굳이 여기저기 돌아다니며 에너지 낭비할 필요가 없는 것이지요. 그저 두엄 속에서 썩어 가는 가랑잎이나 나무 부스러기만 실컷 먹으면 되니까요.

어느덧 초록빛 신록이 온 세상을 뒤덮는 5월, 아기 사슴풍뎅이가 번데기로 탈바꿈할 계절입니다. 녀석은 애벌레 시절을 보낸 땅속에서 큰턱과 다리로 흙을 끌어오거나 밀어내면서 번데기 방을 만듭니다. 방이 완성되면 그 속에서 애벌레 시절 입었던 옷인 허물을 벗고 번데기로 탈바꿈합니다. 번데기는 깜깜한 흙 속에서 지내면서 어른벌레가 되어 바깥세상을 날아다닐 날을 손꼽아 기다립니다. 알에서 어른벌레로 탈바꿈하기까지 모든 것이 땅속에서 이뤄지다 보니 아직까지 밝혀진 것이 그리 많지 않습니다. 앞으로 사슴풍뎅이 한살이가 세세하고 명확히 밝혀지길 학수고대합니다.

사슴풍뎅이 수컷이
물봉선잎 위를 걸어
가고 있다.

소 잃고
외양간 고치기

얼마 전 인터넷 검색을 하다가 깜짝 놀랐습니다. 사슴풍뎅이를 잡은 영웅담이 등장했더군요. 어디에 가면 '사슴풍뎅이 나무(사슴풍뎅이가 나무에 다닥다닥 붙어 있는 모습을 비유한 말)'가 있더라, 사슴풍뎅이는 이렇게 해야 엄청 많이 잡는다, 사슴풍뎅이를 많이 채집해 왔으니 누구 다른 곤충과 교환할 사람 있느냐, 사슴풍뎅이를 커다란 사탕 통을 채울 만큼 잔뜩 잡았다 같은 이야기들이 수두룩합니다. 사슴풍뎅이가 멋지게 생기다 보니 사람들은 사슴풍뎅이를 가지려고 마구 잡고, 또 다른 나라에 팔아넘기려고 잡는 경우도 있습니다. 그 좋은 예로 사슴풍뎅이가 살지 않는 일본에는 사슴풍뎅이 표본이 많습니다. 그게 다 어느 나라 사람들이 잡아서 팔아넘겼을까요?

그뿐이 아닙니다. 개발 때문에도 죽어 갑니다. 녀석이 사는 곳은 나무가 우거진 숲이나 낮은 산입니다. 사슴풍뎅이 어른벌레는 나뭇진을 먹고, 사슴풍뎅이 애벌레는 썩은 가랑잎을 먹습니다. 그런데 낮은 산들은 해마다 파헤쳐져 도로와 건물이 들어서고 있습니다. 사슴풍뎅이 서식지가 자꾸만 사라지니 사슴풍뎅이 개체 수가 시나브로 줄어들고 있습니다. 언제 이 땅에서 사라질지 모릅니다. 녀석이 사라진 뒤 보호종이나 멸종위기종으로 지정한들 무슨 소용이 있을까요? '소 잃고 외양간 고치는 격'이지요. 이제 위풍당당한 사슴풍뎅이를 만나면 어떻게 하실 건가요? 잡으시겠습니까?

대
유
동
방
아
벌
레

대유동방아벌레

몸빛이 새빨간 대유동방아벌레가
풀 위에 앉아 있습니다.

꽃샘추위가 소리 소문 없이 물러가자

4월의 따사로운 햇볕이 온 대지를 감쌉니다.

눈부신 봄 햇살을 받으며 양지바른 산길을 걷습니다.

길옆에는 노란 양지꽃과 보랏빛 남산제비꽃이 피어 있습니다.

막 날개돋이 한 큰줄흰나비가

이 꽃 저 꽃을 찾아 나풀나풀 날아다니고,

양지꽃 속에서 봄산하늘소가 짝짓기를 합니다.

유유자적 걷는데 '부-웅' 하며 앞을 가로질러 날아가는 녀석,

누굴까? 궁금해하며 걷는데 또 한 녀석이

'부-웅' 비행접시처럼 날아오르더니

코앞에 있는 줄딸기 잎사귀에 뚝 떨어져 앉습니다.

'아, 너였구나! 대유동방아벌레!'

올해도 어김없이 빨간색 옷을 어여쁘게 차려입고 봄나들이 나왔군요.

하도 반가워 녀석과 한참을 눈 맞춥니다.

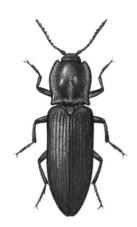

대유동방아벌레

이 꼭지는 딱정벌레목 방아벌레과 종인 대유동방아벌레(*Agrypnus argillaceus argillaceus*)
이야기입니다.

고혹적인
대유동방아벌레

　오늘은 방아벌레의 날인가 봅니다. 여기서 '부-웅' 저기서 '부-웅' 하며 날고, 풀잎 위에서 해바라기하며 망중한을 즐기고, 풀 줄기를 타고 정신없이 오르락내리락하고, 가느다란 개암나무 가지에 앉아 물오른 껍질을 뜯어 먹기도 합니다. 산에 사는 대유동방아벌레가 다 출동한 것 같군요. 마침 한 녀석이 줄딸기 꽃 옆에 얌전히 앉아 볕을 쬐며 망중한을 즐깁니다. 왼쪽 앞다리로 왼쪽 더듬이를 씻다가 오른쪽 앞다리로 오른쪽 더듬이를 씻다가 이내 앞다리로 머리까지 씻고 있습니다. 곤충치고는 몸집이 커서 몸길이가 12~18 밀리미터쯤 되니 녀석 하는 짓이 한눈에 다 들어옵니다.

—
대유동방아벌레가
줄딸기를 찾아왔다.

녀석의 몸 색깔은 정말이지 고혹적입니다. 늘 시커멓고 거무칙칙한 방아벌레류만 보다 빨간 옷을 입은 녀석을 보니 눈이 번쩍 뜨입니다. 머리도 앞가슴등판도 딱지날개도 온통 진한 주홍빛이고, 더듬이와 여섯 다리는 까만색으로 잔뜩 멋을 부렸군요. 더구나 머리와 앞가슴 사이에 목도리를 두른 것처럼 까만색 털 뭉치가 덮여 있고, 몸에는 비늘 같은 짧은 주홍빛 털들이 물샐틈없이 빽빽이 덮여 있어 카펫이 깔려 있는 것 같습니다.

뭐니 뭐니 해도 방아벌레 하면 더듬이가 일품입니다. 더듬이는 톱니 모양(거치형)으로 모두 11마디이며, 4번째 마디에서 10번째 마디까지 모두 삼각형으로 실에 꿴 것처럼 이어져 있어 마치 톱날을 보는 것 같습니다. 더듬이에는 감각 기관이 집중되어 있어 몸 바깥에서 일어나는 일들을 금방 알아차립니다. 온도가 낮은지, 습기가 많은지, 바람이 어느 방향에서 부는지, 포식자가 가까이 다가오는지 같은 것들을 말이죠.

쉬던 녀석이 갑자기 주홍빛 딱지날개를 펼치고 날아 개암나무 줄기에 내려앉습니다. 나뭇가지에 앉아 잠시 숨을 고르는가 싶더니 이내 머리를 살그머니 숙여 나뭇가지에 박는군요. 무엇을 하는 걸까? 나뭇잎 틈으로 들여다보니 와! 식사를 하고 있습니다. 앉아 있거나 날아다니는 것만 봐서 도대체 무엇을 먹는지 알 수가 없었는데, 드디어 그 궁금증이 풀렸습니다. 대유동방아벌레는 연구가 되지 않아 생활사 정보가 거의 없습니다. 녀석은 큰턱을 양옆으로 벌렸다 오므렸다 하면서 연한 나무껍질을 살살 뜯어 씹어 먹습니다. 게걸스럽게 먹지 않고 아주 조금씩 먹어 나무줄기에 상처가 거의 나지 않습니다. 진홍색방아벌레가 맵시벌류를 먹는 걸 본 적이

대유동방아벌레 더듬이는 작은 삼각형 마디들이 톱니처럼 쭉 이어져 있다.

대유동방아벌레가 나무줄기를 기어가고 있다.

있지만, 대유동방아벌레가 식물을 먹는 장면은 처음 보는 거라 숨
죽이며 한참을 바라봅니다. 얌전하게 식사하는 녀석을 살짝 손끝
으로 만져 봅니다. 눈 깜짝할 사이에 녀석이 땅바닥으로 뚝 떨어집
니다. 개도 밥 먹을 때는 안 건드린다 했는데, 미안한 마음에 땅바
닥에 쪼그리고 앉아 녀석을 찾고 또 찾습니다.

곤충계의
체조 선수

한참 동안 땅바닥을 뒤져 녀석을 찾았습니다. 녀석은 흙바닥에
등을 대고 벌러덩 누워 꼼짝도 안 합니다. 살짝 건드려도 아무런
기척도 없이 몸이 굳어 뻣뻣하기만 합니다. 정말이지 나무토막하
고 똑같아 처음 보는 사람은 녀석이 방아벌레인 줄은 상상도 못할
것 같습니다. 떡 본 김에 제사 지낸다고 누워 있는 녀석을 꼼꼼히
살펴봅니다. 배 부분에도 비늘처럼 짧은 털이 등처럼 빽빽하게 덮
여 있고, 다리 여섯 개를 모두 오그려 배 쪽에 딱 붙이고 있어 등 쪽
에서 보면 다리가 보이지 않습니다. 더듬이는 얼굴 아래쪽에 길게
파 놓은 홈 속에 쏙 집어넣어 보이지도 않습니다.

얼마나 지났을까? 붙박이처럼 몸에 딱 붙어 있던 다리가 꼬물꼬
물 움직이고, 이어서 더듬이도 꼬무락거리며 움직거립니다. 그러
더니 몸이 훌쩍 공중으로 튀어 올랐다가 번개처럼 땅에 뚝 떨어집
니다. 더 놀라운 것은 땅에 떨어진 녀석이 뒤집혀 있지 않고 똑바

로 앉아 있습니다. 순식간에 일어난 '묘기 대행진'이라 어안이 벙벙합니다.

'걸음아 날 살려라.' 하며 풀숲으로 정신없이 도망치는 녀석을 툭 건드립니다. 잘 짜인 각본처럼 또 몸을 뒤집은 채 꿈적도 하지 않습니다. 여섯 다리를 오그리고 더듬이를 머리 아랫면에 숨기고서는 '나 죽었다.' 하며 나무토막처럼 꿈적도 안 합니다. 지금 녀석은 혼수상태입니다. 죽은 척하는 게 아니라 실제로 정신이 혼미한 상태라 아무리 건드려도 반응이 없습니다. 이런 현상을 가짜로 죽은 상태, 즉 '가사 상태'라고 합니다. 가사 상태에 빠지면 일정한 시간이 지나야 제정신으로 돌아오는데, 30초 만에 깨어나는 녀석, 1분 만에 깨어나는 녀석, 5분 만에 깨어나는 녀석처럼 개체에 따라 저마다 다릅니다.

1분, 2분, 3분…… 기절한 지 5분이 지났습니다. 다리와 더듬이가 꼬물꼬물 움직이더니 자그마한 몸뚱이가 '탁' 소리를 내며 하늘로 치솟았다 땅으로 사뿐히 내려앉습니다. 그 자세가 얼마나 부드럽고 정확한지 체조 선수 뺨칠 정도입니다. 다시 녀석 몸을 잡아 뒤집어 놓으니 이번에도 어김없이 펄쩍 뛰어 공중제비를 돌아 바닥에 사뿐히 내려앉습니다. 열 번에 아홉 번은 신들린 듯 펄쩍 잘도 뛰어올라 공중제비 돌기를 합니다. 정말이지 타고난 체조 선수입니다.

공중제비 돌기
대가

도대체 어떻게 공중제비 돌기 재주를 부릴까요? 비결은 '앞가슴 복판 돌기'에 있습니다. 이 돌기는 지렛대 노릇을 합니다. 녀석이 땅에 뒤집혀 떨어졌다가 혼수상태에서 깨어나면 먼저 다리와 더듬이를 꼬물꼬물 움직이는데, 다리가 짧아 아무리 내뻗어도 바닥에 닿지 않습니다. 다리로 붙잡을 것이 있으면 일어나지만 붙잡을 게 없으면 마냥 뒤집힌 채 버둥거리고 있어야 할 판이죠. 이럴 때 포식자가 나타나면 꼼짝없이 당할 게 빤합니다. 방아벌레 입장에서는 마냥 뒤집혀 있기만 할 수는 없는 법. 녀석에게는 비장의 무기인 '앞가슴복판 돌기'가 있습니다.

'앞가슴복판 돌기'는 말 그대로 앞가슴 아랫면인 배 쪽에 붙어 있는 돌기입니다. 이 돌기는 길어서 가운데가슴 앞 가장자리까지

대유동방아벌레 앞 가슴복판에는 지렛 대 노릇을 하는 돌기 가 있다.

닿고, 가운데가슴 앞 가장자리 한가운데에 홈이 움푹 파여 있어 돌기 끝부분이 홈으로 쏙 들어갑니다. 평소에는 기다란 돌기 끝부분이 홈에 들어가 있습니다.

녀석이 어떻게 튀어 올라 공중에서 한 바퀴를 도는지 알아볼까요? 뒤집혀 있다가 깨어나면 맨 먼저 여섯 다리와 더듬이를 꿈틀대다 어느 순간 사람이 고개를 뒤로 젖히듯 앞가슴과 가운데가슴을 활처럼 구부려 등과 맞닿은 땅 쪽으로 확 젖힙니다. 이때 앞가슴과 가운데가슴 사이를 될 수 있는 한 넓게 벌려 앞가슴 등 쪽과 딱지날개가 땅바닥에 닿도록 합니다. 그러면 '앞가슴복판 돌기'가 홈에서 빠져나와 하늘 쪽으로 들어 올려지는데, '돌기'가 들어 올려지자마자 곧바로 윗몸일으키기 하듯이 머리와 가슴 부분을 배 쪽으로 구부려 일으킵니다. 그러면 돌기가 가운데가슴의 앞 가장자리 표면에 걸리면서 가슴 근육이 한껏 긴장됩니다. 이어 순식간에 가운데가슴 표면에 걸려 있던 돌기의 긴장감이 풀리면서 돌기가 다시 가운데가슴 홈 속으로 미끄러지듯이 쏙 들어가면 '똑딱' 소리를 내고, 동시에 앞가슴과 가운데가슴이 수평이 되면서 몸이 공중으로 부─웅 튀어 오릅니다. 튀어 오르면서 뒤집혔던 몸은 반 바퀴 공중에서 돌아 자세를 똑바로 잡은 뒤 바닥에 사뿐히 내려앉습니다. 그러고는 재빨리 저쪽으로 걸어 도망갑니다.

방아벌레과 식구들은 얼마나 높이 튀어 오를까요? 종에 따라, 몸집 크기에 따라 다르겠지만, 어떤 녀석은 25센티미터까지 '똑딱' 소리를 내며 튀어 오릅니다. 이 경우 방아벌레 몸길이를 1센티미터로 가정해 보면 멈춘 자세에서, 그것도 다리를 하나도 사용하지 않고 오로지 몸의 반동만 이용해 제 몸길이에 25배나 되는 25센티미터를 뛰는 것이니 놀랍기만 합니다. 이 높이는 키가 180센티미터인 사람이 45미터를 뛰어오르는 것과 같습니다.

방아벌레과 집안 식구들이 현란하게 공중으로 튀어 오르는 까닭은 무엇일까요? 포식자를 따돌리기 위해서입니다. 방아벌레과 식구들은 새나 거미, 파리매 같은 포식자를 만나면 가짜로 죽어서 포식자가 포기하고 가 버리게 만들 뿐 아니라 갑자기 '똑딱' 소리를 내며 공중으로 튀어 올라 눈앞에 있는 포식자를 놀라게 합니다. 즉 포식자가 놀라 멈칫하는 사이 바삐 도망갑니다. 또 튀어 올랐다가 바닥에 떨어지는 순간 포식자가 잡아먹으려고 달려들면 또다시 튀어 올라 포식자를 따돌립니다. 이렇게 튀어 오르기를 하다 보면 포식자는 혼이 나가 먹잇감이 도망가도 어디로 갔는지 몰라 놓치기도 합니다. 포식자를 만났을 때 우선적으로 시도하는 '가짜로 죽는 행동'이 소극적인 방어 전략이라면, 튀어 올라 공중에서 회전을 도는 것은 '가짜로 죽는 행동'을 보완한 보다 적극적인 방어 전략인 셈입니다.

물론 공중제비 돌기로 늘 포식자를 피할 수 있지는 않습니다. 언제나 공중제비 돌기를 성공하는 것은 아니니까요. 운 나쁘게 자세를 똑바로 잡지 못한 채 땅바닥에 뒤집혀 떨어질 때가 있는데, 다시 공중제비 돌기를 시도하는 동안 포식자에게 잡아먹히기도 합니다. 그렇다 할지라도 공중제비 돌기는 방아벌레과 식구들에게 자신을 지키는 훌륭한 방어 전략입니다.

이렇게 공중제비 돌기를 잘하는 덕에 방아벌레라는 이름이 붙었습니다. 공중으로 튀어 올라 바닥으로 뚝 떨어지는 모습이 위아래로 움직여 곡식을 찧는 디딜방아와 닮았기 때문입니다. 또 어떤 사람은 튀어 오를 때 '똑딱' 소리를 내서 '똑딱벌레'라고도 하고, 서양에서는 '똑딱'이란 말이 들어간 '클릭 비틀(click beetle)'이라고 합니다. '똑딱 소리를 내는 딱정벌레'라는 뜻입니다.

빨간 옷도
방어 무기

녀석은 왜 눈에 띄는 붉은색 옷을 입을까요? 붉은색은 경고색으로, 힘센 포식자에게 자신을 잡아먹지 말라고 경고하는 것입니다. 한 예로 새들은 영리해서 먹어봤을 때 맛이 없었거나 독이 있었던 먹이는 잘 먹지 않습니다. 그래서 새들은 본능적으로 빨간색, 노란

대유동방아벌레는 빨간 몸빛으로 천적에게 독이 있는 것처럼 속인다.

색처럼 화려한 옷을 입은 곤충들이 대부분 맛이 없고, 입이 아릴 정도로 독이 있다는 걸 알고 있습니다. 그래서 화려한 동물들을 잘 거들떠보지 않습니다.

힘없는 대유동방아벌레가 사는 곳은 나무껍질이나 산 가장자리 풀밭입니다. 이런 장소에는 독을 품은 곤충들이 살고 있는데, 그중에 홍반디도 끼어 있습니다. 홍반디 몸 색깔은 새빨간 데다 독까지 품고 있습니다. 그래서 홍반디와 같은 곳에서 살고 있는 곤충들 가운데 홍반디 몸 색깔을 흉내 낸 곤충들, 홍반디를 흉내 낸 곤충을 또 흉내 낸 곤충들이 있습니다. 이렇게 흉내 내는 것을 '뮐러 흉내 내기'라고 합니다. 대유동방아벌레도 이 대열에 끼어들어 몸 색깔을 빨갛게 치장하고 포식자를 따돌립니다. 대유동방아벌레의 자랑거리인 공중제비 돌기 작전과 더불어 흉내 내기 작전인 화려한 몸 색깔도 자신을 지키는 데 한몫합니다.

물론 가짜로 죽고, 몸 색깔을 화려하게 치장하고, 공중제비 돌기로 도망친다 해도 늘 마음을 놓을 수 없습니다. 실제로 야외에서 관찰해 보면 녀석들은 전문 사냥꾼인 파리매의 단골 식사 메뉴입니다. 파리매는 도망치려고 버둥거리는 녀석을 여섯 다리로 꼭 끌어안고는 뾰족한 주둥이를 녀석 몸에 푹 찔러 소화액인 침을 집어넣습니다. 대유동방아벌레는 속살이 죽처럼 흐물흐물해지면서 죽어 가고, 파리매는 죽어 가는 녀석의 체액을 쭉쭉 빨아 마십니다.

갖은 시련을 겪으면서도 대유동방아벌레 한살이는 일 년에 한 번 돌아갑니다. 다행히도 아직까지는 산과 들에서 자주 볼 수 있지만, 서식지가 지금과 같은 속도로 망가지면 얼마 못 가 아무도 모르는 사이에 슬그머니 사라질지도 모릅니다.

노랑테가시잎벌레

노랑테가시잎벌레

노랑테가시잎벌레가 쑥 잎 위에 앉아 있습니다.
온몸에 뾰족한 가시가 돋아 있습니다.

6월 삼엄한 민통선 DMZ에 들어왔습니다.

나지막한 일월산의 오솔길, 사람들 발길이 끊겨 고즈넉한데

이따금 산 너머 군부대 훈련장에서 들리는

'탕-탕-탕' 총소리가 정적을 깹니다.

그러든 말든 평화로운 숲길은 온통 벌레들 세상입니다.

자로 잰 듯 따박따박 기어가는 자벌레,

주둥이에서 명주실을 뽑아 번데기 방을 짓는 나방 애벌레,

무지개보다 더 찬란한 청줄보라잎벌레,

나풀나풀 춤추는 큰표범나비,

포르르 도망가는 아이누길앞잡이,

꽃가루 만찬을 즐기는 붉은산꽃하늘소…….

혹시나 쑥 잎을 먹고 사는 가시잎벌레류도 왔나 싶어 쑥 잎을 뒤집습니다.

아, 역시 있군요.

온몸에 가시 돋친 노랑테가시잎벌레를 지뢰밭에서 보다니,

하도 신통해 보고 또 봅니다.

청줄보라잎벌레

이 꼭지는 딱정벌레목 잎벌레과 종인 노랑테가시잎벌레(*Dactylispa angulosa*) 이야기입니다.

가시 돋친
가시잎벌레류

노랑테가시잎벌레가 한가롭게 쑥 잎사귀 만찬을 즐기고 있습니다. 큰턱을 오물오물하며 잎살을 갉아 씹어 먹습니다. 큰턱이 튼튼하지 못해 쑥 잎사귀 뒷면에 난 털들은 못 먹고 고스란히 남깁니다. 몸집이 하도 작아 접사 렌즈를 가까이 대고 보려는 순간 녀석이 낌새를 알아채고 식사를 딱 멈춥니다. 그러더니 다리를 모두 오그리고 더듬이를 만세 부르듯 11자로 앞으로 쭉 뻗은 채 꼼짝도 하지 않습니다. 미동도 않는 것을 보니 기절했나 봅니다. 혼수상태에 빠진 녀석을 구석구석 들여다보다 깜짝 놀랍니다. 세상에! 온몸에 가시가 돋쳤군요. 아무리 커 봤자 5밀리미터쯤 되는 몸 등에 셀 수도 없이 많은 '침'들이 빽빽이 꽂혀 있습니다. 말 그대로 가시투성이입니다. 예전에는 노랑테가시잎벌레와 큰노랑테가시잎벌레(*Dactylispa masonii*)를 다른 종으로 여겼습니다. 하지만 요즘에는 두 종을 같은 종으로 여깁니다. 다만 큰노랑테가시잎벌레가 노랑테가시잎벌레보다 몸집이 더 큽니다.

몸 색깔은 전체적으로 까만색이고 더듬이와 다리는 노란색으로 깜찍하게 멋을 부렸군요. 더듬이는 모두 11마디로 구슬을 촘촘히 꿰어 만든 목걸이처럼 가지런합니다. 머리에 붙은 눈은 초롱초롱하고 새까맣고 동그랗습니다. 딱지날개는 긴 네모 모양이고 붉은 밤색이 군데군데 섞여 있군요. 다리는 몸집에 비해 짧고, 사람 발가락에 해당되는 발목마디는 넓적하고 미세한 털들로 빽빽하게 덮여 있고, 발목마디 끝에는 발톱까지 달려 있어 식물 잎이나 줄기를

잘 붙잡을 수 있습니다. 놀랍게도 하늘소처럼 머리와 가슴 사이에 마찰을 해서 소리를 내는 기관을 지니고 있습니다. 머리 뒤쪽에 있는 아주 자잘한 돌기와 앞가슴등판 안쪽에 있는 빨래판 같은 융기선들을 서로 비벼 소리를 냅니다. 이 소리는 음높이가 2~3도 밖에 안 될 만큼 아주 작아서 사람 귀에는 안 들리지만, 녀석들끼리 서로 경고할 때나 교신할 때 쓰입니다.

이름에 '가시잎벌레'가 붙은 녀석들은 가시가 유명합니다. 딱지날개 등 쪽과 몸 가장자리 쪽에 뾰족한 가시와 가시 같은 돌기들이 빽빽이 꽂혀 있습니다. 온몸에 홈(점각)들이 거칠게 찍혀 있는 것도 모자라 뾰족한 가시까지 줄 맞춰 쫙 깔려 있어 살짝 만지지만 해도 찔릴 것 같습니다. 자세히 보니 앞가슴등판 위와 딱지날개 위에는 뭉툭한 가시돌기가 빽빽이 박혀 있고, 앞가슴등판 가장자리와 딱지날개 가장자리에는 찔레 가시처럼 뾰족한 가시가 쭈르륵 박혀 있습니다. 딱지날개 가장자리에 돋은 가시를 세어 보니 15개입니다. 그래서 가시잎벌레라고 부르니 이름을 참 잘 지었군요.

왜 몸에 가시를 달고 있을까요? 다 살아남기 위해서이지요. 힘없는 녀석이 힘센 포식자와 맞서 싸울 수는 없는 일! 그래서 몸이라도 험상궂고 먹기 불편하게 만들어 잡아먹지 못하게 하는 것입니다. 실제로 몸집이 작은 포식자들은 뾰족한 가시와 가시 같은 돌기가 박힌 가시잎벌레류를 씹어 먹기가 불편해서 잡아먹기를 포기하기도 하고, 심지어 이름난 사냥꾼인 침노린재도 가시잎벌레 몸이 단단해 어디에 침처럼 생긴 뾰족한 주둥이를 꽂아야 할지 망설입니다. 이쯤이면 몸에 박힌 가시는 자신을 보호해 주는 믿음직한 무기인 셈입니다.

가시잎벌레류
사랑

노랑테가시잎벌레
가 쑥 잎 위에서 짝
짓기를 하고 있다.

　바다가 내려다보이는 강릉 오산 해수욕장. 노랑테가시잎벌레 암
컷이 시원한 바닷바람 맞으며 여유롭게 쑥 잎을 먹고 있고, 새로
등장한 노랑테가시잎벌레 수컷이 종종걸음으로 식사 중인 암컷에
게 다가가 찝쩍거립니다. 아마도 암컷이 수컷을 유혹하는 성페로
몬을 뿜은 것 같습니다. 공기를 타고 떠다니는 페로몬 냄새를 맡고
날아온 수컷은 더듬이로 툭툭 치며 암컷에게 청혼을 합니다. 암컷
은 첫눈에 마음에 들었는지 수컷이 찝쩍거리든, 자기 등에 올라타
든 상관하지 않습니다.

　수컷은 암컷 머리 쪽으로 올라가더니 몸을 180도 돌려 암컷 등
을 여섯 다리로 꼭 붙잡습니다. 하지만 다리가 짧아 암컷 몸을 다
끌어안지 못하고 암컷의 가시 박힌 딱지날개 위에 그냥 올려놓는
군요. 곧바로 수컷은 배 끝을 길게 늘여 암컷 배 끝에 갖다 댑니다.
짝짓기 성공! 재미있게도 암컷은 짝짓기를 하면서도 쑥 잎을 갉아
먹고, 수컷은 가시 돋친 암컷 등에 얌전히 앉아 있습니다.

　이때 짓궂게도 세찬 바닷바람이 녀석들을 덮칩니다. 순간 암컷
이 놀라며 식사를 멈추고 쑥 잎 뒷면으로 서둘러 도망가고, 당황한
수컷은 암컷 등에서 떨어지지 않으려고 안간힘을 씁니다. 암컷이
그만 발을 헛디뎌 땅으로 떨어져 나뒹굴어도 수컷은 온 힘을 다해
암컷을 꼭 붙잡고 있습니다. 수컷은 다리 끝 부분에 있는 발목마디
가 은행잎처럼 넓게 옆으로 늘어나 있고, 안쪽에 거친 센털이 빽빽
이 나 있어 무엇이든 잘 잡을 수 있습니다. 대를 잇기 위해 암컷 등

노랑테가시잎벌레
가 땅에 떨어졌어도
꿋꿋하게 짝짓기를
하고 있다.

에 꼭 매달려 있어야 하니 수컷 발목마디가 암컷 발목마디보다 더 넓적한 것 같습니다.

그런데 암컷이 심상치 않습니다. 짝짓기를 이쯤에서 끝내야겠다고 마음을 먹었는지 걸어가면서 몸을 뒤틉니다. 그래도 수컷이 좀처럼 떨어질 생각을 하지 않자 암컷이 행동 개시! 수컷을 등에서 떼 내려고 몸을 심하게 움직거리고 뒷다리를 뻗어 수컷을 걷어 찹니다. 수컷은 안간힘을 써서 매달리지만 힘에 부치는지 암컷 등에서 뚝 떨어집니다. 이제 암컷과 수컷은 남남이 되어 제각각 다른 곳으로 포르르 날아갑니다.

잎 속에서 굴 파는
광부 곤충

짝짓기를 마친 암컷! 멀리 갈 필요 없이 자신이 있던 쪽에 알을 낳으면 됩니다. 암컷은 알 낳을 잎을 찾습니다. 마음에 드는 잎을 찾자 잎 끄트머리 쪽으로 걸어갑니다. 그런 다음 배 끝을 잎 가장자리에 대고 움찔움찔하면서 알을 낳습니다.

시간이 지나 알에서 깨어난 노랑테가시잎벌레 애벌레는 잎 속으로 파고들어 갑니다. 얇은 잎 속에 뭐 먹을 것이 있다고 들어갈까요? 녀석은 잎 윗면 표피층과 잎 뒷면 표피층 사이로 들어가 광부처럼 굴을 파면서 잎살을 먹습니다.

노랑테가시잎벌레 애벌레가 잎살을 먹은 자리는 허연 표피층만 남습니다. 그래서 언뜻 보면 곰팡이가 핀 것 같지요. 녀석은 얇은 잎사귀 속에서 잎살을 먹으면서 무럭무럭 자랍니다. 몸집이 커지면 허물을 벗어 굴속에 버리고 똥도 자기 식당인 굴속에 쌉니다. 굴속이 더러워지고 쓰레기가 차도 어쩔 수 없습니다. 잎 밖으로 통하는 통로가 없으니 말이지요. 어른벌레가 되기 전에는 굴 밖으로 나오지 않기 때문에 녀석이 살고 있는 잎을 햇빛에 대 보면 녀석이 지나간 굴속에 작은 모래알 같은 똥들이 보입니다.

어느덧 애벌레가 다 자라 번데기 될 때가 되었습니다. 물론 번데기도 자기가 살았던 쑥 잎의 굴속에 만듭니다. 굴속에서 번데기 시절을 무사히 마친 뒤 어른 노랑테가시잎벌레로 탈바꿈해 잎 표피층을 뚫고 굴 밖으로 빠져나옵니다.

이렇게 잎 속에서 굴을 파며 사는 곤충을 '굴벌레' 또는 '광부 곤충'이라 부르고, 영어로는 '리프 마이닝 리프 비틀(Leaf-Mining Leaf

노랑테가시잎벌레
가 쑥 잎을 먹고 난
흔적

Beetle)'이라 합니다. 광부 곤충 중에는 파리류나 나방류가 많은 편입니다. 딱정벌레목 식구인 가시잎벌레류가 광부 곤충 대열에 든다니 좀 놀랍습니다. 노랑테가시잎벌레를 비롯한 가시잎벌레류는 대부분 애벌레 시절을 잎 속에서 생활하고, 어른벌레 시절에 날카로운 가시를 달고 생활하기 때문에 다른 곤충들에 비해 포식자들을 잘 피할 수 있습니다. 특히 잎 속에 사는 애벌레는 개미 공격을 잘 받지 않으니 잎 속에 숨어 사는 잠엽성 생활 습관 덕을 보는 셈이지요. 그래도 천적은 있습니다. 수중다리좀벌은 호시탐탐 녀석의 알만 노리고, 무늬좀벌류와 외줄좀벌류는 녀석의 애벌레와 번데기를 찾아다니며 알을 낳습니다. 주로 마지막 애벌레 시절에 전체 애벌레의 75퍼센트 정도가 기생당한다 하니 녀석들 삶도 사람들 못지않게 녹록치 않습니다.

우리나라에서 가장 흔한
노랑테가시잎벌레

가시잎벌레류의 기원은 열대 지역입니다. 가시잎벌레류 후손들은 수많은 세월 동안 온대 지방으로 조금씩 퍼지다가 지금은 뉴질랜드를 뺀 온 세계에 삽니다. 열대 지역에서도 고도 2천 미터 이상에는 살지 않는 것을 보면 추위에 비교적 약한 것 같습니다. 녀석들은 주로 벼과, 사초과, 난초과, 야자나무과, 파초과 같은 외떡잎식물을 좋아하는데, 신생대 3기 이후에 쌍떡잎식물에 점차 적응한 것으로 알려졌습니다. 가시잎벌레류는 온 세계에 3천 종쯤 살고 있습니다.

우리나라에는 가시잎벌레 집안인 가시잎벌레아과(亞科) 식구들이 많지 않습니다. 손꼽아도 8종밖에 안 되는데, 그나마 있는지 없는지 아무도 관심을 주지 않습니다. 우리나라에 사는 가시잎벌레류는 농작물에 피해를 주지 않기 때문에 사람들 관심을 끌지 못하는 것 같습니다. 그래서인지 녀석의 한살이가 어떻게 돌아가는지 알려진 게 없습니다. 하지만 열대 지방에 사는 가시잎벌레류는 명성이 대단합니다. 녀석들이 벼, 옥수수, 야자수 같은 벼과 식물 잎을 먹어 치워 '해충'으로 취급 받습니다.

가시잎벌레류도 식물 잎을 먹고 사는 잎벌레다 보니 자기가 좋아하는 먹이식물이 정해져 있습니다. 우리나라에 사는 토박이 가시잎벌레류 8종 가운데 5종만 먹이식물이 알려져 있고, 우리나라를 포함해 온 세계에 사는 가시잎벌레류 애벌레는 대부분 잎 표피층

노랑테가시잎벌레는 국화과 식물을 갉아먹는다.

노랑테가시잎벌레

사각노랑테가시잎벌레

안장노랑테가시잎벌레

사이에 굴을 파고, 일부는 줄기에 굴을 파고 사는 광부 곤충입니다.

- 노랑테가시잎벌레: 국화과(쑥, 머위, 쑥부쟁이 따위), 꿀풀과(산박하, 꿀풀 따위), 참나무과(가시나무, 상수리나무, 졸참나무 따위), 장미과(사과나무, 벚나무, 장미류 따위) 식물 잎
- 사각노랑테가시잎벌레: 참나무과(가시나무, 상수리나무, 졸참나무, 모밀잣밤나무 따위) 식물 잎
- 가시잎벌레: 벼과(참억새, 억새류) 식물 잎
- 검정가시잎벌레: 벼과(참억새, 억새류) 식물 잎

노랑테가시잎벌레는 봄부터 여름까지 보입니다. 먹이식물은 머위, 쑥부쟁이, 쑥 같은 국화과 식물이며 한살이는 1년에 한 번 돌아갑니다. 너무 작아 눈에 잘 띄지 않지만 오늘도 어느 풀숲 쑥 잎에서 식사를 하며 씩씩하게 살아갈 것입니다.

갑옷으로 무장한

왕바구미

왕바구미

왕바구미는 단단한 갑옷과 나무껍질 색을 띤
보호색을 띠고 있습니다.

6월 말, 울진에 있는 불영계곡 가는 길.

산모퉁이 하나를 끼고 돌면 또 다른 산모퉁이…….

끝도 없이 굽이치는 40리 산모퉁이 길을 돌고 돕니다.

하늘로 쭉쭉 뻗은 금강송, 바람 장단에 춤추는 하얀 큰까치수염,

바위에 앉아 꼬리를 까닥이는 노랑할미새,

나뭇가지에 숨어 앉아 노래하는 꾀꼬리…….

사람 하나 없으니 금방이라도 신선이 내려와 놀 것 같습니다.

한참을 걸어가니 길옆에 산더미처럼 차곡차곡 쌓여 있는

아름드리 통나무 더미가 눈에 들어옵니다.

통나무 더미를 천천히 살피니 시커먼 벌레가

통나무 위에서 엉거주춤 버티고 있습니다.

레슬링 선수가 반칙을 해 파테르 벌을 받는 것 같아

웃음이 터져 나옵니다.

'넌 누군데, 그렇게 산적처럼 버티고 있어?' 하며 다가가자

느닷없이 아래로 뚝 떨어져 땅바닥에 뒹구는데, 누굴까요?

바구미 중의 바구미, 왕바구미입니다.

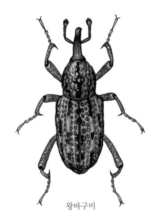

왕바구미

이 꼭지는 딱정벌레목 바구니과 종인 왕바구미(*Sipalinus gigas*) 이야기입니다.

철갑을 두른
왕바구미

땅에 떨어진 왕바구미 암컷이 하늘을 보고 벌러덩 누워 꼼짝도 하지 않습니다. 바로 그때 바로 옆 통나무 위에 다른 왕바구미가 얼쩡거립니다. 보아하니 땅에 떨어진 암컷이 풍긴 성페로몬 향기에 이끌려 온 수컷이군요. 어기적어기적 나무 위를 걸어 다니는데, 몸집이 얼마나 우람한지 맨눈으로 몸 구석구석이 다 보입니다. 몸 길이가 자그마치 30밀리미터가 넘어 왕바구미라고 부르니 이름 한번 잘 지었습니다.

왕바구미 몸 색깔은 거무칙칙하고 피부는 울퉁불퉁한 땅콩 껍질 같으니 어디 하나 깜찍한 구석이 없습니다. 겹눈은 머리 아랫면을 완전히 덮고 있어 외계인 같습니다. 두툼한 주둥이는 코끼리 코처

왕바구미는 단단한 갑옷을 입은 것처럼 몸이 단단하고, 나무껍질 같은 몸빛을 가지고 있다.

럼 길게 늘어났는데, 주둥이 끝에 큰턱이 달려 있어 잎을 뜯어 먹을 수 있고 딱딱한 나무도 뜯어낼 수 있습니다. 신기하게도 더듬이가 주둥이 중간쯤에 붙어 있군요. 거기다 얼마나 희한하게 생겼는지 L자 모양으로 역도 선수가 역기를 들고 서 있는 것 같습니다.

왕바구미 하면 두꺼운 피부(표피층)를 빼놓을 수 없습니다. 철갑옷으로 무장한 장군 같다고나 할까요? 손으로 살살 만져 보면 몸뚱이 전체가 나무껍질처럼 단단해 웬만한 돌멩이로 내리쳐도 우그러들 것 같지 않습니다. 한번은 명줄이 다해 죽은 녀석을 연구실로 데려왔습니다. 표본을 만들기 위해 녀석 몸을 가지런히 손질한 뒤, 딱지날개에 뾰족하고 날카로운 핀을 살살 꽂는데, 글쎄 철로 된 뾰족한 핀이 딱지날개를 뚫지 못하고 되레 휘어져 버렸습니다. 몸이 얼마나 단단하면 핀이 구부러질까요? 그래서 실제로 웬만한 포식자들은 녀석의 단단한 몸을 먹을 수 없어 포기하고 떠납니다. 힘센

왕바구미는 주둥이가 아주 길고 주둥이 가운데에 ㄴ자로 꺽인 더듬이가 있다.

포식자들을 따돌렸으니 녀석에게 딱딱한 몸은 훌륭한 무기인 셈입니다.

바로 그때 배나무육점박이비단벌레 한 마리가 왕바구미 가까이에 날아와 앉습니다. 기다란 산란관을 매단 맵시벌도 더듬이를 흔들며 왕바구미 가까이로 걸어옵니다. 순간 눈치 빠른 왕바구미는 눈 깜짝할 사이에 바닥으로 툭 떨어집니다.

곤충 피부는
뼈

사람 뼈는 몸속에 있고, 근육과 살이 그 뼈를 감쌉니다. 하지만 곤충 뼈는 몸 맨 바깥쪽에 있고, 그 뼈는 내장 기관과 근육 따위를 감쌉니다. 다시 말하면 곤충 피부는 사람으로 치면 뼈에 해당됩니다. 그래서 곤충을 외골격 동물이라고 부르지요. 놀랍게도 곤충은 죽을 때까지 뼈로 된 옷을 입고 삽니다. 방아깨비를 만져 보셨나요? 호랑나비 애벌레를 만져 보셨나요? '말랑말랑한데 도대체 어디에 뼈가 있다는 거지?'라는 의문이 들 겁니다. 척추동물인 사람 뼈는 단단하고 두껍지만, 곤충 뼈는 얇고 가벼우며 두껍지도 않아 도무지 뼈처럼 느껴지지 않습니다. 그건 곤충 뼈가 '큐티클'이라는 매우 얇고 질긴 재질로 만들어졌기 때문입니다. 이 큐티클은 굉장히 기능적이라서 몸속 수분이 몸 밖으로 날아가는 것을 막아 몸속 삼투압을 제대로 유지해 줍니다. 또한 큐티클은 비바람이 치거나,

위험한 사고에 맞닥뜨릴 때도 소화 기관 같은 중요한 내부 기관을 잘 보호해 줍니다.

큐티클은 어디에서 만들어질까요? 표피 아래에서 분비되어 몸 표면을 갑옷처럼 둘러쌉니다. 다행히도 몸통에 다리, 더듬이, 날개 같은 부속지가 이어지는 부분은 큐티클이 얇고 유연하며 신축성이 있어 관절을 자유자재로 움직일 수 있습니다. 하지만 곤충류와 함께 절지동물문 가문에 속하는 갑각류의 큐티클은 사정이 좀 다릅니다. 갑각류는 큐티클 안쪽 일부분에 칼슘염이 섞여 있어 부드럽지 않고 신축성과 유연성이 뚝 떨어집니다. 특히 바닷가재와 게 몸을 둘러싼 단단한 껍질은 이러한 석회화가 극단적으로 일어나 매우 딱딱합니다.

그럼 큐티클 성분은 무엇일까요? 큐티클은 단백질과 지질, 질소 다당류로 이뤄져 있습니다. 무엇보다도 큐티클의 가장 중요한 재질은 단백질과 결합된 키틴(chitin)질입니다. 키틴은 단단하고 저항성이 강한 질소 다당류라 물, 알칼리, 약산에도 녹지 않습니다. 그래서 물에 끓여도, 심지어 양잿물에 담가 놓아도 흐물거리지도 녹지도 않습니다. 이렇게 신비로운 큐티클 재질로 된 뼈옷을 입은 덕에 곤충은 변화무쌍한 지구 환경에 효과적으로 대처하며 현재까지 살아남은 지혜로운 동물입니다.

하지만 큐티클도 취약점이 있습니다. 큐티클로 된 외골격은 너무 질기고 신축성이 없는 바람에 곤충과 그 애벌레가 커 가는 데 걸림돌이 됩니다. 음식을 먹으면 몸집이 쑥쑥 크는 게 당연한데, 신축성이 없는 큐티클에 둘러싸여 갇히게 되면 더 이상 자라지 못하기 때문이지요. 그래서 곤충은 특단의 조치를 취합니다. 몸집을 키우기 위해서는 주기적으로 몸을 덮고 있는 큐티클을 벗어 버립니다. 즉 헌 껍질을 벗고 새 껍질을 새로 만들어서 입는 과정을 거치는 것이지요. 이러한 행동을 '허물벗기(ecdysis)' 또는 '탈피'라고 합니다. 완전한 상태가 되기 전까지 여러 번 허물벗기가 이루어집니다. 허물벗기는 애벌레 시절에 주로 정기적으로 여러 차례에 걸쳐 일어나며, 어른벌레 시절에도 드물게 일어납니다. 특히 허물벗기 중에서 번데기가 껍질을 벗고 어른벌레로 탈바꿈하는 것을 '날개돋이(우화, eclosion, emergence)'라고 합니다.

왕바구미가 바닥에 떨어져 가사 상태에 빠졌다.

가짜로
죽다

바닥에 떨어진 왕바구미는 더듬이를 오그리고 여섯 다리를 쭉 펼치고 하늘을 쳐다보고 벌러덩 누워 있습니다. 버둥거리지도 않고, 꿈틀거리지도 않고 꼼짝을 않고 드러누워 있습니다. 정말 죽었을까? 손끝으로 살짝 녀석을 건드려 봅니다. 온몸에 힘이 잔뜩 들어가 경직되어 움직이지 않습니다. 가사 상태에 빠져 있기 때문입니다. 1분, 2분, 3분…… 6분이 지났습니다. 드디어 접었던 더듬이가 꼼지락꼼지락, 막대기처럼 쭉 뻗은 다리가 버둥버둥, 몸을 몇 번 들썩들썩 하더니 몸을 홀러덩 뒤집어 여섯 다리로 땅을 짚고 똑바로 앉습니다. 그리고 뚜벅뚜벅 통나무 쪽으로 걸어갑니다.

다시 도망가는 녀석을 슬쩍 건드립니다. 역시, 1초도 안 되어 툭

가사 상태에 빠진 왕바구미 얼굴 모습

아래로 떨어져 '나 죽었다!' 하며 등을 땅에 대고 누워 버립니다. 왜 위험하면 가사 상태에 빠질까요? 포식자를 따돌리기 위해서입니다. 녀석은 독 물질도 지니지 않고, 행동도 민첩하지 않고, 날개는 있지만 몸이 무거워 잘 날 수 없어 포식자와 마주치면 잡아먹힐 가능성이 높습니다. 위험에 맞닥뜨리는 순간 아래로 뚝 떨어져 가사 상태에 빠지게 되면 포식자 눈을 피할 수 있습니다.

소나무 집에 사는 왕바구미 애벌레

왕바구미는 밤낮을 가리지 않고 활동합니다. 밤에는 가로등 같은 불빛에 날아들고, 낮에는 통나무에서 밥도 먹고 짝짓기도 합니다. 짝짓기를 마친 암컷은 죽은 지 얼마 되지 않은 소나무를 찾아다닙니다. 왜냐하면 왕바구미 애벌레 먹이는 썩어서 조직이 부드러운 죽은 소나무가 아니라 죽은 지 얼마 되지 않아 아직 생생한 소나무이기 때문입니다. 알 낳을 소나무를 찾은 어미 왕바구미는 줄기 위아래를 엉금엉금 오르락내리락합니다.

곤충들이 그렇듯이 왕바구미도 줄기에 거꾸로 매달려도 떨어지지 않습니다. 왜일까요? 녀석 다리를 보면 종아리마디가 활처럼 휘어져 뭐든지 잡거나 매달리기 딱 좋습니다. 뿐만 아니라 종아리마디 끝부분에 갈고리 같은 며느리발톱(거, spur)이 달려 있어 무엇이든 잡으면 놓치지 않습니다. 물론 다리 맨 끝에 있는 발톱도 꽉 붙

잡는 데 한몫합니다. 한번은 윗도리 소매를 타고 기어 올라가는 녀석을 떼려고 했는데, 떨어지지 않고 되레 옷에 보푸라기가 일었습니다. 옷뿐 아니라 피부에 붙은 녀석을 떼려 해도 마찬가지입니다. 피는 나지 않지만 피부가 긁혀 따갑습니다.

암컷이 알 낳을 명당을 찾았나 봅니다. 통나무 줄기를 왔다 갔다 하던 어미가 한곳에 멈추더니 기다란 주둥이로 나무에 흠집을 내기 시작합니다. 흠집이 나자 얼른 몸을 180도 돌린 뒤 배 끝을 흠집에 넣고 알을 낳습니다. 줄기를 오르내리며 알을 다 낳은 뒤 어미 왕바구미는 짧았던 어른벌레 생활을 마감하고 죽습니다.

알에서 깨어난 왕바구미 애벌레는 단단한 나무속을 파먹으면서 나무 안쪽으로 들어갑니다. 큰턱이 굉장히 튼튼해 아직 썩지 않은 생생한 나무를 한 입씩 뜯어 씹어 먹는 건 일도 아닙니다. 깜깜한 아름드리 소나무 줄기 속에서 먹고 자고 쉬면서 무럭무럭 자랍니다. 몸이 불어나면 허물을 벗는데, 허물은 자신이 사는 줄기 속 방에 그냥 버립니다.

바구미류 애벌레는
튼튼한 큰턱을 가지
고 있다.

물론 소나무 줄기 밖으로는 나오지 않습니다. 밖으로 기어 나왔다가는 포식자에게 바로 들켜 제삿날이 될 테니까요. 애벌레 몸은 깜깜한 나무속에서 살도록 되어 있습니다. 즉 좁은 나무속에서 살기 때문에 몸이 차지하는 면적을 최대한 줄이려고 몸을 C자로 구부리고 있습니다. 또 가슴에 붙은 다리 6개는 흔적만 남아 있는데, 깨어난 곳이 먹이식물이다 보니 먹이를 찾아 멀리 돌아다닐 필요가 없어 퇴화되었습니다. 이뿐 아니라 녀석 피부는 나뭇잎이나 나무줄기 위에서 사는 곤충 애벌레보다 야들야들해 포식자들에게 쉽게 먹힙니다. 또 녀석 밥인 나무 조직은 나무속에 있지 나무 바깥에 없습니다. 나무 밖으로 나오면 먹이가 없어 금방 굶어 죽거나 다리가 퇴화해 잘 이동할 수 없으니 개미에게 끌려가거나 침노린재 같은 포식자에게 잡아먹힐 것입니다.

나무속에서 살다 보니 왕바구미 애벌레의 사생활이 잘 알려지지 않았습니다. 허물을 얼마 만에 벗는지, 애벌레 기간은 얼마나 되는지, 번데기에서 얼마 만에 어른벌레로 날개돋이 하는지 등등 알려진 것이 거의 없습니다. 다 자란 애벌레는 자신이 살던 나무속 방 안에서 번데기로 탈바꿈합니다. 어른벌레는 5월에서 7월 사이에 나무속에서 바깥세상으로 나와 가문을 잇기 위해 한살이를 시작합니다.

2장

보호색_
위장

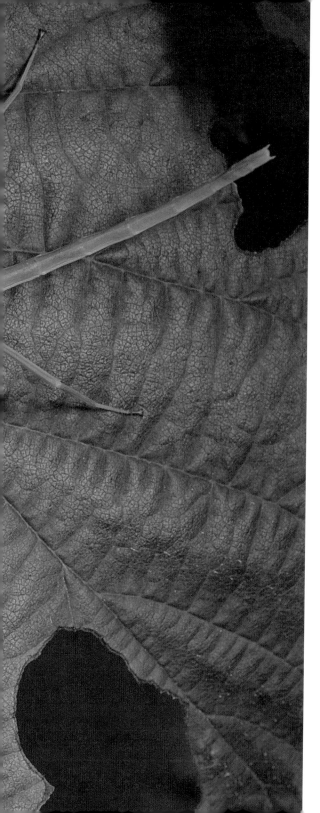

위장술의 대가

대벌레

감쪽같이 숨는 대벌레

대벌레는 몸빛이 풀색이어서
나뭇잎에 앉아 있으면
몸을 감쪽같이 숨길 수 있습니다.

6월, 아침부터 가리왕산에 안개비가 살포시 내립니다.

뽀얀 안개가 숲길에 자욱하게 앉으니

어디가 땅이고 어디가 하늘인지 가늠이 안 됩니다.

어느새 옷이 축축해져 잠시 쉴 겸 시골집 처마 밑에 몸을 맡깁니다.

흙돌담 한구석에 요즘 보기 힘든 대나무 빗자루가 놓여 있습니다.

무심코 보는데 빗자루 위를 기다란 나뭇가지 같은 게

꾸무럭꾸무럭 기어갑니다.

한두 마리가 아닙니다. 얼른 세어 보니 50마리가 넘네요.

떼 지어 나뭇가지가 바람에 흔들리듯

가늘고 기다란 몸으로 느릿느릿 움직이는 모습이 장관입니다.

누굴까요? 바로 대벌레입니다.

긴수염대벌레

이 꼭지는 대벌레목 대벌레과 종인 대벌레(*Ramulus mikado*) 이야기입니다.

숨은
대벌레 찾기

안개비 걷히니 무릉도원 같던 숲길이 선명한 초록빛으로 물듭니다. 이곳에는 찰피나무가 유난히 많군요. 그런데 어른 손바닥보다 큰 찰피나무 잎이 성한 게 별로 없습니다. 제멋대로 구멍이 뻥뻥 뚫린 잎, 잎맥만 남아 너덜너덜한 잎, 대체 누가 이리도 험하게 먹어 댔을까? 잎을 살펴도 아무도 없습니다. 바로 그때 뭔가가 움직입니다. 아, 대벌레가 납작 엎드려 앉아 있군요. 굵은 잎맥들이 쭉쭉 뻗어 있는 찰피나무 잎 위에 앉아 있으니 다리며 몸통이며 더듬이가 온통 가늘어 대벌레가 아니라 잎맥으로 착각했습니다.

몸만 길 뿐 볼품없는 녀석이 앉아 있는 폼은 너무도 비장해 나도 모르게 킥킥댑니다. 가운뎃다리와 뒷다리는 있는 대로 벌려 잎 표면을 딛고 있는데, 앞다리는 어디로 갔을까? 머리 앞쪽에 앞다리가

대벌레가 찰피나무 잎맥 위에 앉아 있다. 그래서 마치 잎맥처럼 보인다.

있군요. 두 다리를 '앞으로나란히' 하듯 가지런히 모아 앞으로 쭉 뻗고 있으니 더듬이인 줄 착각했습니다. 그럼 더듬이는? 더듬이는 쭉 뻗은 앞다리 사이에 숨어 있군요. 앞다리 길이의 1/15 정도로 짧아 표도 안 납니다. 더듬이는 작은 구슬을 실에 꿰어 놓은 것처럼 앙증맞습니다. 겹눈까지 동그라니 참으로 귀엽군요. 잘 살펴보면 겹눈 사이에 아주 자그마한 홑눈이 있습니다. 그런데 날개가 보이지 않습니다. 날개는 퇴화되어 안 보입니다.

날개가 없다 보니 몸이 그대로 드러납니다. 마디와 마디를 잇는 연결막이 다 보여 마치 대나무 줄기 같습니다. 그래서 우리나라에서는 대나무를 닮았다 해서 대벌레라 부르고, 중국에서는 '대나무 마디'를 빗대어 '대나무 마디 벌레'라는 뜻인 '죽절충(竹節蟲)'이라 합니다. 서양에서는 지팡이를 닮아서 '지팡이벌레(stick insects)'라 하니 동서양을 막론하고 느낌이 비슷한 듯합니다.

죽어야
산다

넙죽 엎드리듯 앉아 있는 녀석을 살짝 건드리자 별안간 더듬이처럼 쭉 뻗치고 있던 앞다리가 슬금슬금 꿈틀거리고 이어 가운뎃다리와 뒷다리도 덩달아 움직이기 시작합니다. 그러더니 여섯 다리에 힘을 바짝 주면서 팔 굽혀 펴기 준비 자세라도 하듯 몸을 일으켜 세웁니다. 그런 다음 좌우로 몸을 살살 흔들면 가느다란 나뭇가지가 바람에 나부끼는 것 같습니다. 기막힌 위장술이지요. 그래서 쌍살벌이나 사마귀 같은 포식자들이 녀석을 봐도 생명체가 아닌 나뭇가지로 착각하고 지나쳐 버립니다. 독 물질은 고사하고 방어 무기라고는 하나도 없는 녀석인데, 몸을 나뭇가지로 위장해 살 궁리를 하니 이보다 더 경제적일 순 없습니다. 대벌레는 몸 색깔도 위장술, 몸 생김새도 위장술입니다.

몸에 힘을 잔뜩 주고 긴장한 녀석을 톡 건드립니다. 겁먹은 녀석이 어기적어기적 잎 뒤쪽으로 걸어갑니다. 잎을 살며시 뒤집으니 겁을 더 먹고 제법 빠른 걸음으로 도망칩니다. 이번에는 도망치는 녀석을 슬그머니 잡습니다. 아, 이 일을 어쩌나! 녀석이 뒷다리 하나를 뚝 떼어 버리고 도망치는군요. 마치 도마뱀이 적을 만나면 꼬리 일부를 잘라 버리고 도망치는 것처럼 말이죠. 녀석이 뒷다리를 떼어 낼 때는 어딘가에 뒷다리를 걸리게 해서 떼어 냅니다. 즉 겁먹었다 해서 저절로 떨어지는 게 아니라 누군가가 붙잡으면 도망치려 몸부림칠 때 다리가 연결된 부분이 연약해 떨어지는 것이지요. 다리를 떼어 내고 동시에 나머지 다리를 이용해 도망치면 포식자에게서 벗어날 수 있습니다. 다리와 몸통이 이어진 곳이 태생적으로 연약한 것도 또 다른 생존 전략인 셈입니다. 다행히 애벌레 시기에 잘려 나간 다리는 허물을 벗으면 다시 돋아납니다. 물론 돋아난 다리는 온전하게 다 자라지는 않지만 그런대로 다리 노릇을 합니다.

바로 그때 호박벌이 '부-웅' 하며 녀석을 스치고 날아갑니다. 녀석은 위험을 느끼자 곧바로 아래로 뚝 떨어져 발라당 누워 버립니다. 앞다리는 앞으로 쭉 뻗치고, 가운뎃다리와 뒷다리는 양옆으

대벌레는 위험할 때면 다리를 끊고 도망간다.

대벌레는 위험하면 다리를 세우고 바람에 나부끼듯 좌우로 흔든다.

로 펼쳐 대(大)자로 누워 있군요. 하늘을 보고 누워 있는 녀석을 아무리 건드려도 꼼짝하지 않습니다. 가짜로 죽은 것이지요. 이것을 '가사 상태'라고 합니다. 손끝으로 만져 보니 나무 막대기처럼 몸이 완전히 굳었습니다.

2분쯤 지났을까? 누워 있던 녀석의 다리가 조금씩 꿈틀대는 걸 보니 가사 상태에서 풀렸나 봅니다. 여섯 다리를 버둥거리더니 몸을 뒤집어 똑바로 세우고 아무 일 없었다는 듯 걸어갑니다. 대벌레는 포식자를 만나거나 위험에 처하면 바구미류나 방아벌레류 같은 대부분의 곤충들처럼 가짜로 죽습니다. 몸에 독 한 방울도 없는 녀석이 포식자를 피하기 위해 나뭇가지로 위장도 하고 가짜로 죽기도 하니 방어 전략치고는 굉장히 소박하고 신사적입니다.

암컷만
바글바글

혹시 밤색 대벌레를 본 적이 있나요? 자연 세계에서는 밤색을 띠는 대벌레보다 풀색을 띠는 대벌레가 더 흔합니다. 그러니 운이 좋아야 밤색을 띤 대벌레를 만날 수 있습니다. 대벌레는 대개 허물을 벗을 때 둘레 환경 색깔에 맞춰 몸 색깔을 바꿉니다. 둘레에 초록빛 풀과 나무가 많으면 허물 벗고 나오는 대벌레 몸 색깔이 풀색이고, 둘레에 단풍이 들거나 시든 나무와 풀이 많으면 밤색입니다. 대벌레가 자신이 드러나지 않도록 보호색을 띠는 것이죠. 실제로 몸 색깔이 둘레 환경과 비슷하면 아무리 찾으려 해도 찾지 못합니다. 고등 동물인 카멜레온은 시시때때로 몸 색깔을 둘레 색으로 바꾸지만 하등 동물인 대벌레는 다음번 허물을 벗을 때까지 같은 색으로 지냅니다.

마침 찰피나무 잎 위에 대벌레가 수십 마리 앉아 있군요. 놀랍게도 모두 암컷입니다. 수컷은 어디에 있을까? 모릅니다. 가뭄에 콩 나듯이 아주 가끔 암컷과 수컷이 짝짓기 하는 걸 보았지만 수컷과 마주친다는 건 어마어마한 행운입니다. 십수 년 산과 들을 헤매고 다녔지만 대벌레 짝짓기 광경을 구경한 건 단 두 차례이니 말 다했지요. 짝짓기 방법은 먼 친척뻘인 메뚜기류나 사마귀류와 비슷합니다. 수컷은 암컷 등 위에 올라탄 뒤, 배 끝을 S자로 구부려 암컷 배 끝에 갖다 댑니다. 건드리지 않으면 몇십 분 넘게 짝짓기를 합니다. 방해를 받으면 암컷이 어기적어기적 걸어 도망가고, 이때 수컷은 암컷 몸에서 떨어지지 않게 암컷 몸을 꽉 잡습니다.

수컷을 잘 만날 수 없는데, 암컷은 어떻게 자손을 낳을까요? 다 방법이 있습니다. 대벌레는 보통 짝짓기를 하지 않고 암컷 혼자 알을 낳습니다. 곤충 세계에서는 이것을 '처녀 생식' 또는 '단위 생식'이라고 합니다.

요즘은 대벌레가 학습 애완 곤충으로 대우를 받는 바람에 경기도 농업기술원에서 대벌레를 키우며 여러 실험을 했습니다. 그 연구소에서 키운 대벌레는 모두 암컷이었고, 그들이 낳은 알에서 부화에 성공한 애벌레 중 98퍼센트가 암컷이었습니다. 따지고 보면 이 암컷들은 모두 엄마의 복제품이지요. 수컷과 짝짓기 하지 않고 낳은 알이니 알에는 어미 유전자만 들어 있습니다. 그런데 유전자

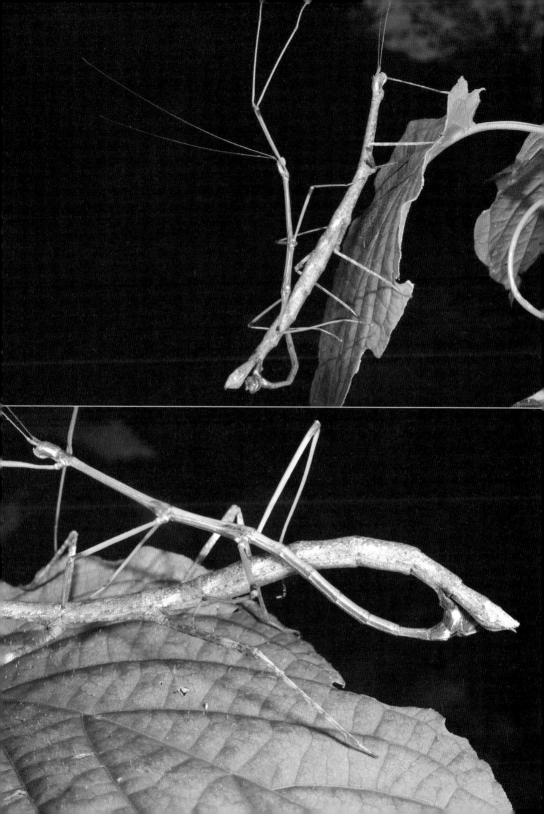

가 다양해야 환경이 바뀌어도 살아남을 가능성이 높습니다. 대벌레처럼 처녀 생식을 하면 짝짓기 과정을 건너뛰니 손쉽게 자손을 많이 낳을 수 있습니다. 하지만 환경이 갑작스럽게 바뀌면 적응을 못해 모두 죽을 수도 있습니다. 그래서인지 대벌레 암컷은 가끔 수컷을 만나 짝짓기를 하면서 유전자를 섞는 것으로 알려져 있습니다. 그래야 갑작스런 환경 변화에 적응하기가 쉽습니다.

알을 땅에 뿌리는
엄마 대벌레

어미 대벌레는 알을 어디에 낳을까요? 그냥 땅 위에다 뿌립니다. 아무리 곤충이라지만 무책임해 보이나요? 암컷은 나무 위에 앉아 한 번에 100~130개 되는 알을 낙하산 투하하듯 땅 위로 떨어뜨립니다. 다행히 알이 2~3밀리미터 될 만큼 작고, 생김새가 식물 씨앗 같아 땅 위에 있어도 눈에 잘 띄지 않습니다. 알은 무슨 일이 있어도 추운 겨울을 무사히 견뎌 내야 합니다.

봄이 되자 알 속 애벌레가 알 윗부분을 뚜껑처럼 동그랗게 오린 뒤 뚜껑을 열고 꼬무락꼬무락 기어 나옵니다. 녀석은 새로 돋아난 새싹이나 여기저기 흐드러지게 피어난 꽃잎처럼 부드러운 것만 골라 먹습니다. 몸이 자라면 허물을 벗고, 또 먹다가 몸이 자라면 허물을 벗습니다. 허물은 뒷다리로 나뭇가지를 꼭 잡고 거꾸로 매달려 벗습니다. 이때 혹시라도 사고를 당해 몸에 상처가 나면 허물을

긴수염대벌레 애벌레는 더듬이가 앞다리보다 길다.

대벌레 애벌레는 더듬이가 앞다리보다 짧다.

벗지 못하고 그대로 죽습니다. 우여곡절을 겪으며 6번 허물을 벗으면 드디어 어른벌레로 탈바꿈합니다. 대벌레는 번데기 시절이 없습니다. 이렇게 애벌레가 번데기 시기를 거치지 않고 곧바로 어른벌레로 탈바꿈하는 것을 '안갖춘탈바꿈(불완전변태)'이라고 합니다. 대벌레목(目) 가문 외에도 메뚜기목, 사마귀목, 집게벌레목, 바퀴목, 잠자리목, 하루살이목, 노린재목 따위가 안갖춘탈바꿈을 합니다.

날개대벌레는 머리와 앞가슴 옆이 풀색이다. 또 날개가 덮고 있는 배 등은 주황색이다.

날개대벌레와 분홍날개대벌레

10월 중순, 가을이 무르익어 갑니다. 곱게 단풍으로 물들어 가는 천마산에 오릅니다. 얼굴을 스치는 가을바람이 싸하게 차가운 걸 보니 겨울이 코앞입니다. 예상한 대로 곤충들이 겨울나기에 들어간 탓에 눈에 잘 띄지 않습니다. 이따금씩 노래하는 늦털매미, 잎 위에서 해바라기하는 먹세줄흰가지나방, 볕 좋은 땅바닥에서 툭툭 튀는 팥중이, 산국 꽃을 찾아온 네발나비처럼 손에 꼽을 정도입니다. 곤충 관찰을 포기하고 천천히 산길을 걸어 내려가는데, 갈참나무 잎 위에 대벌레 한 마리가 앉아 있습니다. 이 추운 날씨에 대벌레가 나와 있다니! 걱정 반 반가움 반입니다. 얼른 다가가 보니 날개 달린 대벌레네요. 흔하게 볼 수 없는 날개대벌레를 여기서 만나니 하도 기뻐 '와우!' 소리를 지릅니다. 언뜻 보기에는 제주도에서 여러 번 만났던 분홍날개대벌레처럼 보이는데, 자세히 보니 머리

날개대벌레는 아주 짧고 불그스름한 뒷날개가 있다.

분홍날개대벌레는
머리와 앞가슴 옆이
분홍색이다.

와 앞가슴등판 가장자리 색깔이 풀색입니다. 가깝게 지내는 전문가에게 연락해 물어보니 '날개대벌레'라고 귀띔해 줍니다.

추운지 꼼짝도 안 하는 녀석을 차근차근 들여다봅니다. 몸 색깔은 나뭇잎과 비슷한 풀색이지만 다리 관절은 분홍색을 띠어 귀엽습니다. 더듬이는 실처럼 생겨서 긴 편이고, 동그란 겹눈은 빨간색, 노란색과 까만색이 섞여 있어 굉장히 이국적입니다. 기다란 앞가슴등판은 살짝 쭈글쭈글하고, 날개가 덮고 있는 배 등 쪽은 주황색입니다. 특이하게 대벌레나 긴수염대벌레와 다르게 날개가 달려 있습니다. 겉날개는 굉장히 짧아 있는지 없는지 표시가 안 나고, 속날개는 배 절반도 못 덮을 만큼 짧아 마치 배꼽티를 입은 것 같습니다. 속날개 색깔은 대부분 아리따운 분홍색을 띠고 있지만, 위쪽은 풀색을 띠어 굉장히 화려하고 매혹적입니다.

우리나라에는 날개 달린 대벌레가 2종 살고 있습니다. 날개대벌레와 분홍날개대벌레인데 생김새가 굉장히 닮아 자세히 톺아보지 않으면 잘 구분하지 못합니다. 가장 큰 구별점은 머리와 앞가슴등판 옆 가장자리 색깔입니다. 분홍날개대벌레 옆 가장자리 색깔은 분홍색이고, 날개대벌레 옆 가장자리 색깔은 풀색입니다. 분홍날개대벌레는 제주도를 비롯한 남부 지방에서 살고, 날개대벌레는 중부와 남부 지방에서 삽니다. 두 종 모두 귀해서 운 좋아야 만날 수 있습니다.

대벌레목 식구들은 대부분 날개가 퇴화되었으나 날개대벌레류와 잎사귀대벌레는 날개를 달고 있습니다. 특히 잎사귀대벌레는 잎사귀와 똑 닮아 완전한 보호색을 띠는데, 우리나라에 살지 않고 열대 지역에서 삽니다.

분홍날개대벌레가
풀잎에 감쪽같이 몸
을 숨기고 있다.

살충제에
몰살당한 대벌레

올여름에 서울특별시 은평구에 대벌레 떼가 출몰했다며 이곳 저곳에서 인터뷰 요청이 왔습니다. 담당 기자에게 곤충을 친근하게 보도할 것인지, 혐오스럽게 보도할 것인지를 물은 뒤, 친근하게 보도한다는 답을 받고 몇몇 인터뷰에 응했습니다. 현장 사진을 보니 대벌레가 떼거리로 정자 기둥이나 나무 따위에 달라붙어 있는 게 장관이었습니다. 실제로 저는 굉장히 자주 곤충을 관찰하러 들과 산을 헤매는 데도 대벌레를 만날 수 있는 기회가 일 년에 몇 번밖에 없었습니다. 그것도 수천 마리 대벌레 떼가 아니라 겨우 한두 마리와 해후를 했었지요. 생태적으로 환경이 교란된 서울 시내에

대벌레가 위험을 느끼자 입에서 노란 물을 토해 내고 있다. 또 앞다리 하나를 떼어 내었다.

서 대벌레가 어인 일로 대발생했는지 그 까닭은 알 길이 없습니다. 대벌레 알이 지구 온난화 덕에 따뜻해진 겨울을 잘 견디어 냈을 수도 있고, 도심의 생태 교란 지역이라 천적이 적은 탓도 있을 수 있습니다. 하지만 대벌레는 무사히 살아남아 사람들이 싫어하는 줄도 모르고, 사람들이 지나는 길목까지 진출했습니다. 대벌레는 몸에 독 물질도 없고, 사람을 공격할 만한 무기도 없습니다. 먹성이 좋아 여러 종류 식물 잎을 먹고 삽니다. 다행히 어른벌레가 알을 낳으면 한살이가 마무리되어 더 이상 식물을 먹지 않습니다. 또 식물 잎들은 생명력이 강해 장마 기간에 다시 돋아나 식물이 죽고 사는 데 아무 지장이 없습니다.

사람들은 대벌레들이 징그럽고 혐오스럽다고 외칩니다. 결국 진귀한 대벌레를 볼 수 있는 현장에는 살충제가 무차별적으로 뿌려지고, 아무 죄 없는 대벌레들은 영문도 모른 채 힘없이 몰살당했습니다. 아무리 징그러운 생각이 들어도 우리와 똑같은 살아 있는 생명이니, 자비로운 마음으로 어른벌레들이 알을 낳을 때까지 잠시만 참아 주면 좋았을 텐데. 차라리 요즘 유행하는 체험 학습 또는 생태 투어 같은 생명 존중 프로그램을 현장에서 진행해 많은 어린이나 어른들에게 생명의 소중함과 경이로움을 경험하고 일깨워 주었으면 좋았을 텐데 말입니다.

자, 숲길을 걷다 숭고한 마음으로 대벌레를 만나 보세요. 우리와 전혀 다른 생김새를 가진 생물에게 정겨운 관심이 생겨날지도 모릅니다.

이름이 가장 긴 나비

작은홍띠점박이푸른부전나비

작은홍띠점박이푸른부전나비

작은홍띠점박이푸른부전나비가
꽃에 날아왔습니다.
날개에 까만 점들이 잔뜩 나 있습니다.

6월 초, 강원도는 아직 봄입니다.

정겨운 대관령 옛길을 걷습니다.

봄꽃들이 활짝 피니 나비들도 신이 나

나풀나풀 날아 이 꽃 저 꽃 위에 앉습니다.

은점표범나비, 애기세줄나비, 작은표범나비, 도시처녀나비,

쇳빛부전나비, 큰줄흰나비 같은 어여쁜 나비들이 총출동했네요.

그 틈에 자그마한 나비가 기린초 잎 위를 날았다

꽃봉오리 위에 내려앉았다 정신이 없네요.

뭔가 심상치 않아 가만히 보니 글쎄 알을 낳고 있군요.

아직 못다 핀 기린초 꽃봉오리 위에 배 끝을 대고

알을 낳고는 재빨리 날아오릅니다.

잠시 날개를 접고서 앉아 쉬는 녀석 뒷날개에

까만 점들이 콕콕 찍혀 있군요. 누굴까요?

이름도 긴 작은홍띠점박이푸른부전나비입니다.

수컷

수컷 옆모습   암컷

작은홍띠점박이푸른부전나비

이 꼭지는 나비목 부전나비과 종인 작은홍띠점박이푸른부전나비(*Scolitantides orion*)
이야기입니다.

이름
열세 자

우리나라에서 사는 나비 가운데 이름이 가장 긴 녀석은 누굴까요? 오늘의 주인공 작은홍띠점박이푸른부전나비입니다. 한 자 한 자 세어 보니 무려 열세 자나 되네요. 몸집 작은 나비로 치면 일 등 이 등을 앞다툴 녀석인데, 이름 한번 깁니다. 그러니 한 번 듣고 뒤돌아서면 잊어버리는 사람들은 여러 번 들어도 기억하기 힘들지요.

이름처럼 녀석 뒷날개 아랫면에는 큼직큼직한 까만 점들이 쫙 깔려 있고, 앞날개와 뒷날개 아랫면 뒤 가장자리 언저리에는 주홍색 띠가 그려져 있습니다. 재미있게도 날개 윗면은 점 하나 찍혀 있지 않고 검은빛이 감도는 진한 푸른색입니다. 나비가 날개를 펴고 앉을 때 모양새가 사진 액자에 들어가는 장식품인 삼각형 부전과 똑 닮아 부전나비라고 부릅니다. 이름은 길지만 하나하나 따져 보니 이해가 되어 고개가 끄덕여집니다.

작은홍띠점박이푸른부전나비가 알을 낳으러 기린초에 날아왔다.

알 낳느라 힘이 다 빠졌는지 엄마 작은홍띠점박이푸른부전나비가 기린초 잎 위에 앉아 쉽니다. 녀석은 늘 날개를 접고 앉는데, 웬일로 오늘은 날개를 살짝 펼쳤다 오므렸다 하며 여유를 부립니다. 녀석은 날개 윗면과 아랫면 색깔이 다릅니다. 아랫면은 점박이 무늬로 가득하고 윗면은 무늬가 없습니다. 그런데 날개 윗면 색깔이 참 묘합니다. 어떤 때는 바닷물보다 더 진한 짙푸른 색이고 어떤 때는 까만색입니다. 게다가 광택까지 나 눈부시게 빛납니다. 왜 그럴까요? 자리를 옮겨 쳐다봐도 짙푸른 색으로 보였다 까만색으로 보였다 하니 귀신에 홀린 것 같습니다.

파랑다가
까맣다가

곤충의 몸 색깔은 어떻게 생기는 걸까요? 몸속에 있는 색소 화합물, 태양 광선과 피부(표피층) 결이 서로 작용해 생깁니다. 기본적인 몸 색깔은 몸속에 선천적으로 갖고 있는 색소 화합물 때문에 나타납니다. 하지만 태양 광선에 노출되면 광선 파장에 따라 몸 색깔이 달라지는 것은 피부(표피층) 결 때문입니다. 즉, 색소를 품은 피부 결이 고르지 않기 때문인데, 태양 광선이 곤충 피부에 닿으면 백색광 중에서 일부 파장만 흡수되고 나머지 파장은 반사되기 때문에 색깔이 제각각 생깁니다. 태양에서 나오는 각 파장의 빛을 적당한 비율로 합하면 흰색 빛이 되는데, 그 빛을 백색광이라고 합니

다. 예를 들면 곤충 피부에 태양 광선 가운데 파란색 파장이 반사되고 다른 색 파장이 흡수되면 파란색으로 보입니다. 물론 모든 파장이 반사되면 하얀색으로, 모든 파장이 흡수되면 까만색으로 보입니다. 어떤 파장은 반사되고, 어떤 파장은 흡수되는 까닭은 피부(표피층)가 울퉁불퉁하기 때문입니다. 대개 곤충의 표피층이 맨눈으로는 매끈해 보이지만 실제로 배율이 높은 현미경으로 보면 여러 모양으로 미세하게 굴곡져 있습니다. 그래서 어떤 곤충은 몸 색깔이 보는 각도에 따라 달라지는데, 이는 색소 화합물이 흩어져 있는 피부(표피층)가 울퉁불퉁해 보는 각도에 따라 반사되는 파장의 색이 달라지기 때문입니다. 이렇게 피부 구조 때문에 달라지는 색깔을 '구조색'이라고 합니다. 구조색은 변덕쟁이라 보는 각도에 따라 색깔이 달라지기도 하고, 몸속 수분 함량이 바뀌어 세포 조직이 줄어들거나 커져도 색깔이 달라집니다.

그러면 작은홍띠점박이푸른부전나비는 카멜레온도 아닌데 왜 날개 색이 보는 각도에 따라 달리 보일까요? 그건 비늘 때문입니다. 즉 날개를 덮고 있는 비늘들이 매끄럽게 깔려 있지 않고 울퉁불퉁 깔려 있기 때문이지요. 다 아시다시피 나비목(目) 식구들은 죄다 날개에 비늘이 빽빽하게 덮여 있습니다. 기왓장을 겹쳐 쌓은 것처럼 비늘 하나하나가 물샐틈없이 차곡차곡 쌓여 있어 비늘과 비늘 사이에 약간의 굴곡이 불규칙적으로 생깁니다. 이렇게 비늘 덮인 날개 표면(표피층)이 울퉁불퉁하다 보니 햇볕이 내리쬐게 되면 태양 광선 파장이 저마다 다르게 반사됩니다. 따라서 작은홍띠점박이푸른부전나비는 날개 비늘에 파란색 색소가 많아 태양 광선 중 파란색 파장이 가장 많이 반사되고 나머지 파장이 흡수됩니다.

그러니 날개 색은 파란색을 띱니다. 또 쌓인 비늘들 때문에 날개 표면이 울퉁불퉁해 반사되는 색의 파장이 달라져 어떤 각도에서는 날개 색이 까만색으로 보입니다.

작은홍띠점박이푸른부전나비는 날개 아랫면에 주변 환경과 비슷한 무늬를 찍어 넣어 포식자 눈을 감쪽같이 속이고, 윗면은 화려하고 번쩍이는 색깔로 치장해 포식자를 놀라게 합니다. 이렇게 작은홍띠점박이푸른부전나비는 위아래 날개 색깔을 다르게 해 포식자를 피합니다. 몸집이 작아 포식자와 맞닥뜨려도 멀리 날아 도망가지 못하니 날개 색으로 포식자를 따돌리려고 한 것이지요. 위장술치고는 참 깜찍합니다.

위장술의 진짜 귀재
작은홍띠점박이푸른부전나비 애벌레

어미 작은홍띠점박이푸른부전나비가 기린초 꽃봉오리에 알을 낳은 지 벌써 2주가 되어 갑니다. 드디어 알에서 작은홍띠점박이푸른부전나비 1령 애벌레가 깨어납니다. 몸길이가 2.5밀리미터 될 만큼 하도 작아 있는지 없는지 표도 안 납니다. 그래서 녀석이 싼 좁쌀 같은 똥을 보고 겨우 녀석을 찾습니다. 1령 애벌레는 두꺼운 기린초 잎에 머리를 묻고 잎을 갉아 오물오물 씹어 먹습니다. 녀석은 끊임없이 먹고 또 먹으면서 몸을 불립니다.

작은홍띠점박이푸른부전나비 애벌레는 모두 3번 허물을 벗습니다. 여느 나비 애벌레들은 보통 4번 허물을 벗고 5령까지 사는데, 녀석은 4령까지 살지요. 또 녀석의 애벌레 기간은 긴 편이라 알에서 깨어나 번데기가 될 때까지 무려 35일 넘게 애벌레로 지냅니다. 1령 시절은 약 8일, 2령 시절은 약 9일, 3령 시절은 약 8일, 4령 시절은 약 13일쯤 됩니다.

하지만 녀석을 만나기가 쉽지 않습니다. 녀석의 생김새며 몸 색깔이 기린초 잎과 너무 똑같아 기린초 잎을 아무리 뒤져도 녀석이 보이지 않습니다. 얼마를 찾았을까. 드디어 잎사귀 위에 사뿐히 앉아 있는 4령 애벌레와 만났습니다. 놀랍게도 녀석은 기린초 잎 생김새와 색깔까지 너무도 비슷해 잎사귀라고 해도 깜박 속아 넘어가기 좋습니다. 생김새는 기린초 잎처럼 길쭉한 타원형에다 짚신처럼 납작한 편입니다. 더 기막힌 것은 몸 색깔입니다. 몸은 전체적으로 기린초 잎처럼 초록색이지만 몸 한가운데와 옆구리 쪽은 붉은색을 띠는데, 기린초 잎도 가장자리가 붉은색을 띱니다. 그러

작은홍띠점박이푸른부전나비 애벌레는 기린초 잎사귀와 똑 닮았다. 몸 가장자리까지 기린초 잎사귀처럼 붉그스름하다.

니 힘센 포식자가 보호색을 띤 녀석을 찾으려면 보통 애를 먹는 게 아닙니다.

보호색을 띤 덕에 녀석은 애벌레 시절을 무사히 마치고 번데기가 될 준비를 합니다. 녀석은 번데기가 되려고 할 때 엉금엉금 땅으로 내려와 땅바닥을 돌아다닙니다. 그리고 돌멩이나 가랑잎 같은 안전한 곳을 찾으면 곧바로 그곳으로 들어간 뒤 입에서 명주실을 토해 자기 몸을 돌멩이 같은 지지대에 꽁꽁 묶습니다. 그런 뒤 죽은 듯이 꼼짝 않고 쉬다가 이틀 뒤 초록빛 옷을 벗어 버리고 까만색 번데기가 됩니다. 번데기 옆구리에는 자그맣고 하얀 숨구멍이 있습니다.

제가 작은홍띠점박이푸른부전나비 한살이를 보기 위해 길러 보니 7월 초에 번데기로 탈바꿈해 이듬해 봄까지 겨울잠만 자다가 5월 중순에 어른 나비로 날개돋이 했습니다. 그러니까 한살이가 일 년에 한 번 돌아갔지요. 하지만 녀석은 일 년에 한살이가 두세 번 돌아간다고 여러 책에 기록되어 있습니다. 지역에 따라 어른 작은홍띠점박이푸른부전나비를 일 년에 두세 번 볼 수 있어 좋긴 하지만 정말로 그런지 좀 더 지켜봐야 할 일입니다.

개미와
공생

그런데 녀석을 찾느라 기린초 잎을 뒤적이니 개미들이 기린초 잎을 오르락내리락합니다.

웬 개미? 개미가 멈춘 잎 위에는 작은홍띠점박이푸른부전나비 애벌레가 앉아 있습니다. 개미는 녀석 등 위를 타고 다니기도 하고, 배 끝 쪽을 건들기도 하면서 애벌레가 뿜어낸 분비물을 받아먹습니다. 재미있게도 작은홍띠점박이푸른부전나비 애벌레가 때때로 잎과 함께 바닥으로 떨어지기도 하는데, 이때 녀석은 말라 가는 잎도 먹습니다. 그러다 위험에 맞닥트리면 둘레에 있는 개미집으로 들어갑니다. 그러면 신기하게도 개미들은 애벌레를 에워싸며 보호합니다. 또 개미의 보호 본능은 끝이 없어 녀석이 번데기로 탈바꿈했을 때도 여전히 보살핍니다. 만일 먼지벌레 애벌레나 풀잠자리류 애벌레나 침노린재류 같은 포식자가 애벌레 옆으로 오면 개미는 큰턱으로 깨물어 쫓아 버립니다. 이 둘은 서로 돕고 사는 공생 관계입니다.

—
작은홍띠점박이푸른부전나비 번데기

꼬리돌기
비비기

어른 작은홍띠점박이푸른부전나비 뒷날개에는 꼬리돌기가 없지만 거의 모든 부전나비들은 꼬리돌기가 있습니다. 꼬리돌기 둘레는 붉은색이고, 검은 점무늬까지 찍혀 있지요. 재미있게도 거의 모든 부전나비들은 날개를 접고 앉아 있을 때 날개끼리 싹싹 비빕니다. 그러면 꼬리돌기와 꼬리돌기 옆 점박이 무늬가 눈에 확 들어오지요.

왜 꼬리돌기를 달고 있을까요? 포식자 눈을 속이려는 것이지요. 새 같은 포식자는 부전나비들의 꼬리돌기를 더듬이로 착각하기도 하고, 꼬리돌기 옆에 찍혀 있는 까만 점을 눈으로 여기기도 합니다. 그래서 부전나비들이 앉아 날개를 비비면 엉덩이 쪽이 마치 머리처럼 보입니다. 꼬리돌기를 머리로 착각한 새가 꼬리돌기 부분을 쪼면 부전나비들은 '걸음아, 날 살려라!' 하며 부리나케 날아갑니다. 꼬리돌기 쪽 날개가 새 부리에 찢겼지만 목숨은 건졌습니다. 그래서 산과 들에 나가면 날개 가장자리가 찢기고 떨어진 부전나비들을 심심찮게 만날 수 있지요. 그중에는 꼬리돌기 부분만 찢기고 목숨을 건진 녀석들도 섞여 있습니다.

여름밤 풀밭의 명가수

베
짱
이

베짱이 수컷

베짱이 수컷이 잎에 올라와
울고 있습니다.

8월 무더위가 하늘을 찌를 듯 기세등등합니다.

열대야에 잠이 들지 못하고 이리저리 뒤척이는데,

창밖 화단에서 베짱이의 청아한 노랫소리가 들립니다.

'쓰이익-쩍, 쓰이익-쩍…….'

아름다운 노래를 쉬지 않고 부르는군요.

서울 도심 한복판에서,

그것도 성냥갑 같은 아파트 뜰에서 베짱이 소리를 듣다니!

엎드리면 코 닿을 데 있는 공원에서 날아온 것 같습니다.

베짱이의 맑은 노랫소리 덕에

힘겨운 무더위를 잠시나마 잊습니다.

베짱이 수컷

이 꼭지는 메뚜기목 여치과 좋인 베짱이(*Hexacentrus japonicus*) 이야기입니다.

베짱이는
정말 게으를까?

여치류 하면 누구나 떠올리는 베짱이. 베짱이는 엄연한 종 이름 인데, 언제부터인가 여치과(科) 식구를 두루두루 일컫는 일반적인 이름이 되었습니다. 베짱이라는 이름은 녀석이 날개를 비벼 내는 '쓰이익-쩍' 소리가 베를 짤 때 베틀이 움직이는 소리와 비슷해서 붙었지요. 아마도 중국에서 쓰는 '직조충(織造蟲)'이라는 이름을 우 리말로 풀어쓴 것 같습니다. 베짱이 하면 누구나 이솝 우화에 나오 는 〈개미와 베짱이〉를 떠올립니다.

동화 속 개미는 날마다 열심히 일을 하고, 베짱이는 한량처럼 늘 놀기만 합니다. 열심히 일한 덕에 개미는 추운 겨울을 식량 걱정 없이 잘 버텨 내고, 신나게 노래를 부르며 놀았던 베짱이는 먹을 것이 없어 추운 겨울을 버티지 못한다는 얘기입니다. 안타깝게도

베짱이 수컷 겉날개 는 나뭇잎처럼 넓적 하다. 수컷 겉날개는 암컷보다 넓다.

동화 속 베짱이는 순전히 오해만 받고 있는 피해자입니다. 베짱이는 일은 하지 않고 놀기만 하는 백수건달이 아니거든요. 아마 베짱이가 이 사실을 안다면 억울해 펄쩍펄쩍 뛸 게 뻔합니다.

베짱이가 여름 내내 노래를 부르는 것은 암컷을 유혹하기 위해서입니다. 자기 유전자를 남기기 위해 밤낮을 가리지 않고 암컷 관심을 끌기 위해 간절한 노래를 부릅니다. 풀밭 곳곳에 포식자가 도사리고 있는데도 사랑의 세레나데를 불러 대니 목숨을 통째로 내놓은 것이나 마찬가지죠. 간혹 기생파리류 같은 포식자는 녀석이 부르는 노랫소리의 주파수를 파악해 날아올 수 있으니까요. 과연 사람들 가운데 몇이나 목숨 걸고 노래를 부를 수 있을까요?

베짱이 수컷은 노래를 부르다 운이 좋으면 암컷과 만나 짝짓기를 하며 자기 유전자를 넘겨주고, 이솝 우화와 달리 겨울이 오기 훨씬 전에 비실비실 죽어 갑니다.

7월 말이면
선보이는 베짱이

서울은 7월 말쯤이면 풀밭에서 베짱이 어른벌레를 볼 수 있습니다. 몸길이가 3센티미터나 되니 맨눈으로도 금방 찾을 수 있습니다. 밤이면 풀밭을 경중경중 걸어 다니거나 풀잎이나 풀 줄기에 매달려 있습니다. 사는 곳이 풀밭이니 몸 색깔은 보호색을 띠어 전체적으로는 풀색이고, 머리 뒷부분부터 앞가슴등판은 밤색입니다. 더듬이는

베짱이 수컷. 앞가슴등판이 밤색이고 더듬이가 길다. 앞다리와 가운뎃다리에는 날카로운 가시털이 6쌍 나 있다. 또 수컷 등에만 울음판이 있다.

베짱이 암컷은 수컷 생김새와 닮았지만 칼처럼 생긴 기다란 산란관이 꽁무니에 달려 있다.

몸길이의 2배쯤 민큼 기다랗고 마디마디마다 고리 무늬가 있습니다. 겹눈은 노란색으로 위쪽에 밤색 세로 줄무늬가 그려져 있는데, 신기하게도 밤이 되면 멜라닌 색소가 이동해 까만색으로 바뀝니다. 재미있게도 앞가슴등판은 꼭 말안장처럼 튼튼하게 생겼지요. 또 베짱이 겉날개(두텁날개)는 배를 덮고도 남을 만큼 길고 버드나무 잎처럼 생겨 풀숲에 숨어 있으면 눈에 잘 띄지 않습니다. 다리는 가늘고 길어 걸어 다니거나 폴짝 건너뛰기에 좋습니다. 특히 앞다리와 가운뎃다리의 종아리마디에는 날카롭고 기다란 가시털이 6쌍 붙어 있어서 사냥한 먹잇감을 놓치지 않고 꼭 붙잡아 둘 수 있습니다.

베짱이 암컷과 수컷은 생김새가 조금 다릅니다. 수컷은 날개 밑부분에 큼지막한 소리를 내는 기관이 있지만 암컷은 없습니다. 수컷 겉날개는 폭이 넓지만 암컷 겉날개는 폭이 좁습니다. 또 수컷은 알 낳을 일이 없으니 당연히 배 끝에는 길게 뻗은 산란관이 없어 밋밋합니다. 하지만 암컷은 알을 낳을 몸이라 배 끝에 제 몸길이에 절반도 넘는 길고 뾰족한 칼처럼 생긴 산란관을 늘 달고 다닙니다. 산란관 끝부분은 밤색입니다.

허물 벗고 크는
아기 베짱이

5월경, 알에서 깨어난 1령 애벌레는 진딧물이나 죽은 동식물을 먹고 자랍니다. 어른벌레가 되기 위해 애벌레는 아무것이나 닥치는 대로 먹는 잡식성이지요. 섬서구메뚜기, 방아깨비, 꼽등이, 죽은 작은 동물, 잎, 열매 따위를 가리지 않고 먹으며 무럭무럭 자랍니다. 또 메뚜기목(目) 식구들이 그렇듯이 알에서 깨어난 애벌레가 번데기 시기를 거치지 않고 곧장 어른벌레가 되는 안갖춘탈바꿈을 합니다.

베짱이 애벌레는 한 번에 다 자라지 못하고 여러 번 허물을 벗으며 자라는데, 한 번 허물(겉껍질)을 벗을 때마다 몸이 부쩍부쩍 커 갑니다. 만일 허물을 벗지 못하면 어찌 될까요? 죽습니다. 허물은 녀석들에게 뼈 역할을 하기 때문이지요. 애벌레 피부(표피층)는 질기고 가벼운 큐티클(cuticle) 층이어서 먹이를 먹으면 피부 속 몸은 자라지만 피부는 자라지 않습니다. 그래서 어느 정도 몸이 자라면 허물(표피층)을 벗습니다. 허물을 벗을 때가 되면 이미 피부 속에 새 피부가 생겨나 있습니다. 신기하게도 베짱이는 허물을 벗으면

베짱이 수컷 종령 애벌레는 날개 싹이 보인다.

몸집은 커지지만 생김새는 어린 애벌레나 다 자란 애벌레나 어른 벌레나 똑같습니다. 다만 3번쯤 허물을 벗고 4령 애벌레가 되면 등 쪽에서 날개 싹을 볼 수 있습니다. 즉 어른벌레와 애벌레는 생김새가 비슷하지만 둘 차이는 겉으로 보면 제 기능을 하는 날개와 생식기가 있느냐 없느냐입니다.

베짱이 애벌레는 대개 허물을 4번 벗으며 자라다 어른벌레가 됩니다. 어른벌레를 집에서 키워 본 적이 있는데, 명줄이 길어 3주 넘게 살았습니다. 어른벌레는 잡식성이라 아무것이나 잘 먹습니다. 살아 있는 쌕쌔기, 벼메뚜기 애벌레를 주로 잡아다 먹였고, 먹이가 다 떨어지면 냉장고를 뒤져 오이, 호박, 참외, 수박 같은 여름 과일과 채소를 줬는데, 잘 먹었습니다. 먹고 쉴 때를 빼고 밤낮 가리지 않고 노래를 부르지만 특히 밤에 노래를 더 많이 부릅니다.

—
베짱이류가 허물을
벗고 있다.

메뚜기아목(亞目)
여치아목(亞目)

우리나라에 사는 메뚜기목은 크게 메뚜기류(메뚜기아목)와 여치류(여치아목)로 나뉩니다. 더듬이 길이, 다리 생김새, 겉날개에 붙은 소리 내는 기관이 있는지 없는지, 배 끝에 있는 산란관이 밖으로 나왔는지 안 나왔는지 따위를 잘 들여다보면 누가 메뚜기류고 누가 여치류인지 금방 알 수 있습니다. 메뚜기류와 여치류 차이는 아래와 같습니다.

메뚜기류(메뚜기아목) 특징

1. 더듬이: 두터운 채찍 모양이고, 30마디 이하로 이뤄져 있다. 더듬이가 몸길이보다 짧다.

2. 소리 내는 방법(수컷, 암컷): 몇몇 종은 앞날개와 뒷다리 넓적다리마디를 비벼서 소리를 낸다.

3. 청각 기관: 고막이 뒷다리 위쪽 첫 번째 배마디에 있다.

4. 배 끝 모양(암컷): 산란관이 배 꽁무니 몸속에 들어가 있어 겉에서 안 보인다.

5. 짝짓기: 수컷이 암컷 등 위에 올라타 짝짓기를 한다.

6. 정자 전달: 수컷은 정자를 직접 암컷 배 꽁무니에 있는 생식기 속에 넣는다.

7. 알 낳기: 알을 거품에 싸서 한꺼번에 무더기로 낳는다.

8. 종류: 방아깨비, 벼메뚜기, 섬서구메뚜기, 팥중이, 콩중이, 등검은메뚜기, 두꺼비메뚜기, 모메뚜기, 밑들이메뚜기, 삽사리 따위

여치류(여치아목) 특징

1. 더듬이: 가느다란 실 모양이며, 몸길이보다 길다.

2. 소리 내는 방법(수컷): 앞날개를 서로 비벼서 소리를 낸다.

3. 청각 기관: 고막이 앞다리에 있다.

4. 배 끝 모양(암컷): 굉장히 기다란 산란관이 배 꽁무니 밖으로 드러나 있다.

5. 짝짓기: 암컷이 수컷 등 위에 올라타 짝짓기를 한다.

6. 정자 전달: 정자를 선물 꾸러미(정자 주머니)에 포장한 뒤 암컷 배 꽁무니에 붙여 간접적으로 전달한다.

7. 알 낳기: 알을 하나씩 하나씩 낱개로 낳는다.

8. 종류: 여치, 베짱이, 실베짱이, 쌕쌔기, 긴꼬리, 왕귀뚜라미, 매부리, 철써기, 방울벌레, 땅강아지, 꼽등이, 풀종다리 따위

노래하는
베짱이

베짱이 어른벌레는 노래를 잘하기로 소문이 나 있습니다. 노래를 얼마나 잘 부르는지 그 소리는 군더더기 없이 맑습니다. 야행성이라 주로 밤에 노래를 부르는데, 이따금 낮에도 부릅니다. 노래를 왜 할까요? 여치아목(亞目) 세계에서 소리를 내는 곤충들은 모두 수컷이며, 짝짓기를 하기 위해 암컷을 불러들이려고 소리를 냅니다. 베짱이 또한 수컷이 노래를 해 암컷을 불러들입니다. 밤에 풀

밭에서 베짱이를 찾아보세요. 수컷을 찾으려면 노랫소리를 따라 가면 되지만, 암컷을 찾으려면 풀밭 바닥을 살펴야 합니다. 암컷은 소리를 내지 않는 대신 수컷의 노랫소리를 듣고 찾아가기 때문에 풀밭을 어슬렁거릴 때가 많습니다.

　베짱이는 소리를 어떻게 낼까요? 수컷은 날개를 비벼 소리를 냅니다. 왼쪽 겉날개가 위로 올라가고 오른쪽 겉날개가 아래쪽에 있는 상태에서 두 겉날개를 서로 비비면 소리가 납니다. 왼쪽 겉날개 밑부분에는 뾰족한 작은 돌기들이 자잘하게 돋아 있습니다. 이것은 줄칼(file)처럼 생겼는데 '날개맥'이라고 합니다. 오른쪽 겉날개 위쪽 가장자리에는 빨래판처럼 생긴 부분이 있는데, 이것을 '마찰편(scraper)'이라고 합니다. 베짱이 수컷은 줄칼처럼 생긴 날개맥과 마찰편을 비벼 소리를 냅니다. 활로 바이올린이나 해금 같은 현악기를 켜는 것과 비슷하지요. 뿐만 아니라 수컷은 소리를 크게 키

거울판

베짱이 수컷 등에 투명한 막질로 된 거울판이 있다.

우려고 왼쪽 겉날개에 투명한 막질을 장치했는데, 이것을 '거울판(mirror)' 또는 '경판'이라 합니다. 거울판은 앰프 역할을 하는데, 두 날개를 비벼 낸 소리가 거울판에 닿으면 더 크게 울립니다.

베짱이는 소리를 어떻게 들을까요? 베짱이에게도 사람처럼 고막이 있습니다. 다만 사람 고막은 머리에 붙어 있지만, 베짱이 고막은 다리에 붙어 있지요. 베짱이 앞다리 종아리마디에는 귓바퀴가 없는 단순한 형태의 고막이 있는데, 단순한 형태라도 수컷과 암컷 모두 노랫소리나 둘레에서 나는 소리를 잘 들을 수 있습니다.

여름이면 밤마다 아름다운 노래를 선사하는 베짱이. 아직까지는 풀밭만 있으면 어디서나 만날 수 있는 베짱이. 하지만 지금과 같은 속도로 개발이 계속되면 언제 '귀한 몸'이 될지 모릅니다. 무더운 여름밤, 공원이나 둑길을 산책하다 둘레에서 베짱이 소리가 들리면 흠뻑 취해 보시지요.

다리가 늘씬한

검은다리실베짱이

검은다리실베짱이 수컷

검은다리실베짱이 수컷이
풀잎 위에 앉아 있습니다.
뒷다리가 다른 다리보다 훨씬 깁니다.

8월 말,

쪽빛 하늘과 파란 바닷물이 맞닿은 동해 바다 가는 길.

코스모스가 길 따라 흐드러지게 피어 방글거립니다.

나도 모르게 노래를 흥얼거리며

눈부시게 파란 바닷가 코스모스 꽃길을 걷습니다.

그런데 어여쁜 코스모스 꽃잎이 군데군데 상처가 났군요.

다리가 늘씬한 검은다리실베짱이가

보기도 아까운 코스모스 꽃잎을 먹고 있습니다.

배가 어지간히 고팠는지

벌써 꽃잎 3장을 먹어 치웠습니다.

검은다리실베짱이 암컷

이 꼭지는 메뚜기목 여치과 좋인 검은다리실베짱이(*Phaneroptera nigroantennata*) 이야기입니다.

다리가 까만
검은다리실베짱이

뜨거운 여름날 풀밭에서는 풀벌레들 소리가 여기저기서 들립니다. 쎅쌔기는 '쎄액 쎄액~', 긴꼬리는 '루루루루~', 긴날개여치는 '드르르륵 드르르륵~', 긴날개중베짱이는 '쏴아아아~'. 그런데 우렁찬 소리 틈에서 이따금 '치리릿 치리릿~' 가냘픈 소리가 흘러나옵니다. 귀를 바짝 세우고 소리 나는 쪽으로 다가가니 긴날개여치의 우렁찬 소리에 묻혀 들리지 않네요. 돌아서려는데 또 가냘픈 소리가 새어 나옵니다. 풀잎을 꼼꼼히 살피지만 헛수고. 돌아서려는데 다시 애절하게 노래를 부릅니다. 도대체 누굴까? 한참을 술래잡기한 끝에 드디어 발견! 아주 늘씬한 검은다리실베짱이가 풀잎에 앉아 가느다란 날개를 비비며 노래하고 있군요. 자세히 보려고 얼굴을 가까이 대자 눈치 빠른 녀석이 풀잎 뒤로 경중경중 걸어가 숨습니다. 풀잎을 뒤적이니 아예 바닥으로 껑충 뛰어내립니다. 녀석은 보호색을 띠어 풀잎 사이에 숨어 있으면 아무리 눈을 씻고 찾아도 보이지 않습니다.

검은다리실베짱이는 몸길이가 3센티미터쯤 되어서 몸집이 큰 편이지만 몸통이 좁아 굉장히 여리고 가냘프게 보입니다. 머리카락처럼 가느다란 더듬이는 몸길이보다 훨씬 길고, 날개도 몸길이보다 길어서 속날개 길이가 배 길이보다 두 배쯤 깁니다. 몸 색깔은 온통 초록빛이고 주근깨 같은 까만 점들이 쫙 흩어져 있습니다. 다리는 '억' 소리 나게 굉장히 긴데, 특히 뒷다리는 몸길이보다 훨씬 깁니다. 다리가 길고 날씬해서 나뭇가지 위나 풀 위를 경중경중

잘 걸어 다닐 수 있습니다. 다리를 보세요. 거무튀튀하지요? 검은다리실베짱이라는 이름은 녀석 다리가 거무스름하고 몸이 실처럼 가늘어 붙었습니다. 그래서 이름이 길어도 한 번 들으면 기억하기 쉽습니다.

암컷과 수컷은 생김새가 달라 맨눈으로도 구분할 수 있습니다. 암컷은 배 끝에 짧은 낫처럼 생긴 산란관을 차고 있고, 수컷은 겉날개의 거무튀튀한 부분에 소리를 내는 발음 기관을 달고 있습니다. 수컷은 암컷 환심을 사기 위해 왼쪽 날개로 오른쪽 날개를 쓱쓱 비비면서 소리를 냅니다. 왼쪽 앞날개에는 작은 돌기가 촘촘히 붙어 있는 날개맥이 있고, 오른쪽 앞날개 가장자리에는 빨래판 같은 마찰편(scarper)이 있기 때문이지요.

놀랍게도 녀석은 긴 다리를 떼어 낼 때도 있습니다. 마치 도마뱀이 포식자를 만나면 혼비백산해 꼬리를 떼어 내는 것처럼 녀석도 포식자를 만나면 긴 다리를 풀 줄기 같은 것을 이용해 뚝 떼고 도망칩니다. 물론 다리가 가는 데다가 다리 관절이 약해서 풀 줄기나 나뭇가지에 걸리면 쉽게 떨어집니다. 다리가 하나 떨어져도 녀석은 멀쩡히 살아서 풀잎 뒤에 숨어 적이 지나가기를 기다립니다.

또한 녀석은 보호색을 철저하게 띠고 있습니다. 온몸은 잎처럼 초록색이고, 겉날개 곳곳에 흩어져 있는 점들과 다리는 나뭇가지처럼 거무스름해서 녀석이 풀숲이나 키 작은 나무 위에 앉아 있으면 잘 보이지 않습니다. 폭탄먼지벌레처럼 독 물질이 있는 것도 아니고 장수풍뎅이처럼 번듯한 뿔이 있는 것도 아니니 보호색이라도 띠어야 포식자가 들끓는 풀밭에서 살아남을 수 있습니다.

잎도 먹고
꽃도 먹고

검은다리실베짱이는 잎도 먹고 꽃도 먹는데, 풀밭에는 잎이 꽃
보다 많으니 주식은 잎이고 꽃은 피어 있으면 먹습니다. 식물은 대
를 잇기 위해 꽃에 투자를 많이 했는데, 녀석이 먹어 버리니 안타
까울 것입니다. 그러든 말든 녀석은 꽃이란 꽃은 닥치는 대로 다
먹습니다. 원추리, 서양등골나물, 코스모스, 무궁화, 도라지, 사데
풀, 벌개미취 꽃 따위를 보면 꽃 위에 떡하니 앉아 식사를 합니다.
꽃에서도 꽃잎을 가장 좋아합니다. 꽃잎을 다 먹으면 대개 다른 꽃
으로 옮겨 가 또 꽃잎을 먹고, 가끔 꽃가루까지 먹기도 합니다. 그
런데 다른 중매 곤충들처럼 이 꽃 저 꽃 바삐 돌아다니며 먹지 않
고 한 꽃에 오래 머무는 편이라 꽃가루받이를 해야 하는 식물은 이
래저래 녀석이 오는 것을 반기지 않을 것 같습니다.

검은다리실베짱이
가 코스모스 꽃을 먹
고 있다.

검은다리실베짱이
가 서양등골나무 꽃
을 먹고 있다.

또 풀잎과 꽃잎을 먹다가 힘없는 곤충을 만나면 간혹 포식자로 돌
변해 잡아먹기도 합니다. 물론 가끔 있는 일이지만, 이때는 코앞에
있는 먹이를 앞다리로 잽싸게 끌어당겨 씹어 먹습니다. 녀석의 주둥
이가 씹어 먹는 입이라 힘없는 곤충을 씹어 먹는 건 일도 아니지요.

한국의
실베짱이류

몸이 실처럼 가늘고 길며 연약한 베짱이들은 모두 실베짱이아
과 집안에 속합니다. 북한에서는 '이슬여치'라고 합니다. 우리나라
에 사는 실베짱이아과 식구는 모두 8종입니다. 실베짱이류 특징은

날베짱이

북방실베짱이

실베짱이

줄베짱이 수컷

마치 속옷이 보이는 것처럼 앞날개보다 뒷날개가 깁니다. 날개 길이가 배 길이보다 훨씬 길어 위에서 보면 배가 가려져 안 보입니다. 암컷 산란관은 짧게 위쪽으로 구부러진 낫처럼 생겼습니다. 수컷 날개는 가녀려 날개를 비벼 내는 소리가 우렁차지 않고 들릴락 말락 하게 작습니다. 대부분 식물 잎을 먹지만 때로 꽃잎과 꽃가루를 먹고, 가끔 힘없는 곤충을 잡아먹기도 합니다. 검은다리실베짱이, 실베짱이, 줄베짱이, 북방실베짱이(극동실베짱이), 검은테실베짱이, 날베짱이, 날베짱이붙이가 있는데, 녀석들 가운데 가장 흔한 종은 검은다리실베짱이와 줄베짱이입니다.

검은다리실베짱이가 짝짓기를 시도하고 있다.

거미 닮은
검은다리실베짱이 애벌레

짝짓기를 마친 암컷은 산란관으로 식물 조직을 뚫고 알을 하나씩 하나씩 낳습니다. 알은 겨울 내내 잘 견디며 따뜻한 봄을 기다립니다. 애벌레는 봄에 알에서 깨어나 여러 번 허물을 벗고 뜨거운 여름에 어른벌레가 됩니다. 물론 검은다리실베짱이도 메뚜기목 가문이어서 안갖춘탈바꿈(불완전변태)을 합니다. 애벌레 단계에서 곧바로 어른벌레 단계로 넘어갑니다. 검은다리실베짱이 애벌레와 어른벌레 생김새는 이론상으로 보면 크게 다르지 않지만, 실제로 보면 애벌레는 거미와 똑 닮아 놀랄 때가 한두 번이 아닙니다.
검은다리실베짱이 애벌레 몸통은 작달막하고 다리는 몸통에 비

검은다리실베짱이가 짝짓기를 하고 있다.

검은다리실베짱이
수컷은 짝짓기 뒤에
암컷 산란관 옆에
정자 주머니를 달아
둔다.

해 굉장히 깁니다. 다리 색깔은 진체적으로 거무스름한데, 부분적으로 새까맣고 걷는 폼이 경중경중해 언뜻 보면 영락없는 거미로 보입니다. 하지만 다리가 6개, 더듬이가 2개니 틀림없는 곤충이지요. 아시다시피 거미는 다리가 8개고 더듬이는 없습니다.

검은다리실베짱이 애벌레가 하는 일은 오로지 먹는 일입니다. 검은다리실베짱이 애벌레는 어른과 마찬가지로 씹어 먹는 주둥이를 가졌고, 먹성이 좋아 식물을 가리지 않고 잎도 먹고 꽃잎도 먹습니다. 알에서 갓 깨어난 1령 애벌레는 큰턱이 약해 잎살과 꽃잎을 살살 갉아 먹고, 2령 애벌레부터는 큰턱이 단단해져 잎과 잎맥, 꽃잎을 베어 아삭아삭 씹어 먹습니다.

검은다리실베짱이 애벌레는 부지런히 먹으며 무럭무럭 자랍니다. 몸이 커지면 큐티클 재질인 딱딱한 뼈옷(피부, 표피층)에 갇혀 죽을 수 있으니 허물을 벗습니다. 재미있게도 3령 애벌레 때까지 등판에 날개 싹이 보이지 않습니다. 그러다 4령 애벌레가 되면 등판에서 날개 싹이 조금씩 자라기 시작하고, 종령(5령) 애벌레가 되면 누가 봐도 날개라는 생각이 들 만큼 제법 자랍니다. 또 종령 애벌레 때는 암컷 애벌레 배 끝에서 낫처럼 생긴 산란관이 자라나 암컷과 수컷을 맨눈으로 구별할 수 있습니다. 여름에 애벌레 시절 마지막 허물을 벗고 어른벌레가 되어야 비로소 제구실을 하는 날개와 생식 기관을 갖게 됩니다. 검은다리실베짱이 애벌레에서 어른벌레까지 수명은 곤충치고는 굉장히 긴 편입니다. 5월쯤 알에서 애벌레가 깨어나고 8월쯤 어른으로 탈바꿈한 뒤 대를 잇고 죽으니 무려 3달 넘게 풀밭에서 삽니다. 풀밭에 포식자가 들끓는데도 무사히 어른으로 탈바꿈한 녀석에게 큰 박수를 보냅니다.

검은다리실베짱이
2령 애벌레가 개망
초 꽃 위에서 꽃잎
을 갉아먹고 있다.

지독한 채식주의자

섬서구메뚜기

섬서구메뚜기

섬서구메뚜기가 풀잎 위에 앉아 있습니다.
몸빛이 풀빛이라 풀잎 위에 앉아 있어도
감쪽같이 몸을 숨길 수 있습니다.

무더위가 절정을 향해 달려가는 8월,

자그마한 연못들이 옹기종기 모여 있는

방이 습지 산책길을 걷습니다.

햇볕이 얼마나 쨍쨍 내리는지 금방이라도 머리가 벗겨질 것 같습니다.

서둘러 나무 그늘 아래로 가니

풀밭에는 쇠무릎 풀들이 무더기로 자라고 있네요.

이름처럼 풀 줄기가 소 무릎처럼 굵직하게 튀어나왔습니다.

신기해서 줄기를 쓰다듬는데, 갑자기 메뚜기 몇 마리가

후드득후드득 풀숲으로 튀어 도망칩니다. 섬서구메뚜기로군요.

그러고 보니 쇠무릎 잎에 구멍이 뚫려 있습니다.

잎 곳곳을 갉아 먹어 구멍이 났습니다.

초록은 동색이라고 녀석들의 몸 색깔과 잎 색깔이

초록빛으로 똑같아 잎 위에 앉아 식사하는 줄은

꿈에도 몰랐습니다.

섬서구메뚜기

이 꼭지는 메뚜기목 섬서구메뚜기과 종인 섬서구메뚜기(*Atractomorpha lata*) 이야기입니다.

순둥이
섬서구메뚜기

섬서구메뚜기는 못 먹는 게 없습니다. 고마리, 깨풀, 돌콩, 여뀌, 수련, 심지어 사람들이 가꾸는 상추와 고구마 잎까지 풀잎이란 풀잎은 닥치는 대로 먹습니다. 먹성이 좋아 여느 곤충들처럼 특정 식물만 골라 먹지 않고 아무 식물이나 잘 씹어 먹습니다.

마침 어른 섬서구메뚜기 암컷 한 마리가 쇠무릎 잎에 앉아 식사를 합니다. 그새 꼼짝 않고 먹었는지 잎에 구멍이 송송 났군요. 처음에는 잎맥을 피해 부드러운 잎살만 먹더니 이내 잎맥도 씹어 먹습니다. 지켜본 지 몇십 분이 흘렀는데도 배가 엄청 고팠는지 먹기만 합니다.

녀석은 보면 볼수록 철모르는 순둥이 같습니다. 몸매는 기다란 마름모꼴로 좀 작달막합니다. 몸 색깔은 머리끝부터 발끝까지 온통 풀이나 나무와 똑같은 풀색(녹색형)인데, 둘레에 자란 식물이 밤색으로 바뀌는 가을에는 더러 밤색(갈색형)일 때도 있습니다. 피부에는 좁쌀보다 훨씬 작은 돌기가 앙증맞게 나 있습니다. 머리는 길고 뾰족한 삼각형이라 마치 원뿔처럼 생긴 고깔모자를 쓰고 있는 것 같습니다. 더듬이는 네모난 마디들을 촘촘히 꿰어 만든 채찍 모양으로 머리 길이보다 짧습니다. 얼굴 옆에 붙어 있는 겹눈은 동그래서 순박하기 짝이 없습니다. 두텁날개는 살짝 도톰하고, 두텁날개 속에 숨어 있는 속날개는 연한 노란색으로 비단결보다 더 부드럽습니다. 메뚜기목의 겉날개는 '두텁날개'라고도 합니다. 메뚜기 하면 뜀뛰기형 뒷다리가 유명합니다. 메뚜기아목 식구답게 녀

석 뒷다리도 넓적다리마디(퇴절, 腿節)인 허벅지가 알통처럼 툭 불거져 나왔지요. 허벅지가 운동 근육으로 가득 차 있어 포식자를 만나거나 위험한 상황에 맞닥뜨리면 제자리에서 굉장히 높이 뛰어오를 수 있습니다. 그래서 섬서구메뚜기는 곤충 세계에서 자타가 공인하는 높이뛰기 선수입니다.

그런데 녀석 이름이 왜 낯설기만 할까요? 지금은 농사일을 기계가 많이 거들지만 예전에는 그렇지 않았지요. 논농사를 짓던 옛 어른들은 추수할 때가 되면 벼를 베어 짚단으로 만든 다음 바람이 잘 통하라고 삼각형 모양으로 논둑이나 논에 세워 놓았습니다. 그 볏단을 '섬서구'라고 부르는데, 잘 보면 녀석 얼굴도 세모난 게 마치 섬서구 같습니다. 그래서 오래전부터 사람들이 섬서구메뚜기라고 불렀던 것이지요. 옛 어른들 눈썰미가 예사롭지 않습니다.

변하는 몸 색깔

메뚜기목 몸 색깔은 크게 풀색형과 밤색형이 있습니다. 풀색형은 식물과 똑같은 색을 띠는 것이고, 밤색형은 땅과 똑같은 색을 띠는 것입니다. 거의 모든 메뚜기들은 풀색형을 띠며, 종이 같은데도 유전적 원인 때문에 풀색형과 밤색형이 있는 경우도 있습니다. 또한 둘레 환경 영향을 받아 색깔이 바뀌는 경우도 적지 않습니다. 메뚜기류 몸 색깔에 영향을 주는 환경 요인에는 (1)주변 습도, (2)

먹이의 함수량, (3)주위 환경 색깔, (4)온도, (5)개체군 밀도 같은 것들이 있습니다.

대체로 개체군 밀도가 낮고 습도가 높으면 풀색을 띠고, 밀도가 높고 메마르면 밤색을 띠는 경향이 있습니다. 한편 소금기가 있는 땅에서 자라는 염생 식물을 먹는 녀석들은 몸 색깔이 불그스름하게 바뀌는 경향이 있습니다. 특히 주변이 붉게 물드는 늦가을이 되면 같은 종이지만 한국민날개밑들이메뚜기 같은 녀석은 앞가슴과 다리 부분이 붉은색으로 바뀌기도 합니다. 또 굉장히 드물기는 하지만 온도가 변함에 따라 카멜레온처럼 몸 색깔을 바꾸는 호주의 *Kosciuscola*속 종도 있습니다.

토하기
대장

가만히 앉아 있는 섬서구메뚜기를 잡으니 고약하게도 잡자마자 토합니다. 거무스름한 초록색 물질이 주둥이에서 방울방울 나옵니다. 그래도 놓아주지 않자 제 손가락이 흥건해질 때까지 계속 게워 냅니다. 섬서구메뚜기들은 잡히면 곧바로 토합니다. 열이면 열 모두 위험하면 토합니다. 왜 토할까요? 자신을 지키기 위해서지요. 섬서구메뚜기가 토하는 물질에는 먹이식물이 품고 있던 독 물질인 식물의 화학 방어 물질이 들어 있습니다. 식물은 저마다 자신을 지키기 위해 몸속에 방어 물질을 지니고 살지요. 섬서구메뚜기는 먹

이식물에서 얻은 방어 물질을 품고 있는 분비물을 토해 포식자를
당황하게 만듭니다.

재미있게도 섬서구메뚜기는 위험에 맞닥뜨리면 물로 뛰어들기
도 합니다. 가슴에 묻은 공기 방울을 이용해 얼마간 물속에서 호흡
을 합니다. 그러고 보니 섬서구메뚜기는 모메뚜기와 함께 반수서
성 곤충 대열에 드는군요.

꼬마신랑을 업은
색시

"이 메뚜기를 보아라. 얼마나 착하냐? 종일 어린 동생을 업고 다니
니 말이다. 사람이 돼 가지고 메뚜기만도 못해서는 안 되느니라."
할머니는 어린 손녀를 세워 놓고 섬서구메뚜기를 칭찬한다.
방동사니 풀에 매달려 해바라기를 하고 있던 섬서구메뚜기는 얼
굴이 절로 붉어진다.
《곤충 이야기》중에서, 기태완

물론 지금 섬서구메뚜기 암컷이 업고 있는 것은 어린 동생이 아
니라 섬서구메뚜기 수컷입니다. 벌써 몇 시간째인지 모릅니다. 해
는 기울어 가는데 암컷은 수컷을 업은 채 내려놓을 줄을 모릅니다.
암컷 몸은 5센티미터, 수컷 몸은 3센티미터도 안 되고, 몸집도 수
컷이 훨씬 홀쭉합니다. 그래서 짝짓기 하는 모습을 보면 암컷이 수

것을 업고 있는 것 같습니다. 암컷 몸에는 알이 될 난황 물질이 가득 차 있어 몸집이 크고, 수컷은 짝짓기 하면서 정자만 넘겨주면 되니 몸집이 클 필요가 없습니다. 대개 방해 받지 않으면 짝짓기를 오래합니다. 실제로 정자를 넘겨주는 시간은 짧지만, 다른 수컷이 다가오는 막아 자기 유전자를 지키기 위해 오랫동안 짝짓기 자세를 유지합니다.

그러면 몸집이 작은 수컷은 어떻게 자기 배 끝을 암컷 배 끝에 갖다 댈까요? 자고로 키가 작아도 짝짓기 하는 데는 아무 지장이 없습니다. 수컷이 배 끝을 늘인 뒤 S자로 구부려 암컷 배 끝 쪽으로 디밀면 암컷도 배 끝을 살짝 구부려 수컷 배 끝에 댑니다.

그때 다른 수컷이 재빠른 걸음으로 다가옵니다. 훼방꾼 수컷은 등에 업힌 수컷은 아랑곳 않고 암컷 등 위로 올라갑니다. 먼저 온

섬서구메뚜기가 짝
짓기를 하고 있다.

수컷이 짝짓기 자세를 유지한 채 훼방꾼 수컷을 뒷다리로 밀어내면서 치열한 싸움을 벌입니다. 등 위에서 수컷들끼리 쟁탈전이 벌어져도 암컷은 아무 반응도 없이 태연하게 앉아 있습니다. 마침 소나비가 후드득 쏟아집니다. 꿈쩍도 않던 암컷이 비를 피해 서둘러 풀숲으로 폴짝 튀어 들어가니 등 위에서 실랑이를 벌이던 수컷들은 암컷 등에서 뚝 떨어집니다.

번데기가
뭔지 몰라!

짝짓기를 마친 암컷은 알 낳을 곳을 찾습니다. 포슬포슬한 땅에 멈춰 서서 배 끝을 땅속에 박더니 배를 움찔거리며 알을 낳습니다.

알은 하나하나 흩트려 낳지 않고 덩어리로 땅속에 낳습니다. 즉 알이 산란관을 통해 나올 때, 산란관 옆에 있는 부속샘에서 분비한 분비물이 알들을 다 함께 포장합니다. 그렇게 알을 낳고서 엄마 섬서구메뚜기는 시름시름 죽어 갑니다. 그래도 알을 낳고 죽으니 여한이 없습니다. 알 주머니에 싸인 알은 땅속에서 추운 겨울을 납니다.

이듬해 봄이 되자 지난 가을에 어미가 낳은 알에서 섬서구메뚜기 애벌레가 깨어납니다. 몸길이는 10밀리미터쯤 되지만 곧바로 풀 줄기를 타고 잎 위로 올라가 식사를 합니다. 잎을 먹다가 몸집이 커지면 허물을 벗고 또 먹다가 몸집이 커지면 허물을 벗습니다. 이렇게 애벌레 기간에 허물을 4번 벗습니다. 어렸을 때(1령~4령)도 밥을 열심히 먹지만, 종령(5령) 애벌레가 되면 얼마나 많이 먹는지 애벌레 시절 동안 먹는 식사량의 80퍼센트 넘게 먹는다고 합니다. 섬서구메뚜기를 포함한 메뚜기목 모두는 번데기라는 것을 모릅니다. 알에서 깨어난 애벌레가 번데기 시절을 거치지 않고 곧바로 어른으로 탈바꿈합니다. 즉 안갖춘탈바꿈(불완전변태)을 하는 것이지요. 정리하면 섬서구메뚜기는 애벌레 시절 동안 허물을 4번 벗으며 무럭무럭 자라다가 곧바로 어른이 됩니다.

그런데 섬서구메뚜기 애벌레와 어른벌레는 몸집 크기만 다를 뿐 생김새가 비슷합니다. 그럼 어떻게 애벌레와 어른을 구분할까요? 날개와 생식기로 구분합니다. 어른 섬서구메뚜기는 제 역할을 하는 날개를 갖고 있습니다. 반면에 섬서구메뚜기 애벌레는 날개가 보이지 않습니다. 사실은 겉에서 보이지 않을 뿐 알에서 깨어날 때부터 몸속에 날개 싹을 갖고 있는데 겉으로 드러나지 않을 뿐입니

다. 그러다 두 번째 허물을 벗고 3령 애벌레가 되면 등에 아주 짧은 날개 싹이 앙증맞게 붙어 있습니다. 1령과 2령을 거치면서 몸속에 있던 날개 싹이 자란 것이지요. 애벌레 날개 싹은 다 자란 날개가 아니기 때문에 날 수가 없습니다. 또 섬서구메뚜기 애벌레는 생식기가 있기는 하지만 성숙하지 않아서 짝짓기를 할 수 없습니다. 반면에 어른 섬서구메뚜기는 생식기가 온전히 발달해 짝짓기를 할 수 있습니다.

섬서구메뚜기에게도 치명적인 고민이 있습니다. 바로 어른과 애벌레가 먹는 밥이 같기 때문이지요. 풀밭 식물의 양은 한계가 있는데, 어른과 애벌레가 함께 잎을 먹으니 식물이 모자랄 수도 있고, 그렇게 되면 어른과 애벌레가 먹이를 놓고 경쟁할 수밖에 없습니다. 한 예로 메뚜기가 대발생했을 때는 먹이식물이 모자라 떼 지어 이동합니다. 그래도 섬서구메뚜기는 대가 끊기지 않고 면면히 이어 오고 있습니다. 사람의 소견으로 알아내지 못한 그들만의 조절 능력이 있기에 가능한 일입니다.

섬서구메뚜기
3령 애벌레

보호색을
떠어라

초록빛 섬서구메뚜기가 풀숲에 앉아 있으면 눈에 띄지 않아 숨은그림찾기보다 더 힘듭니다. 몸에는 그 흔한 뿔이나 가시 하나 붙어 있지 않고, 독 물질도 전혀 없습니다. 그러니 포식자를 따돌릴

섬서구메뚜기
4령 애벌레

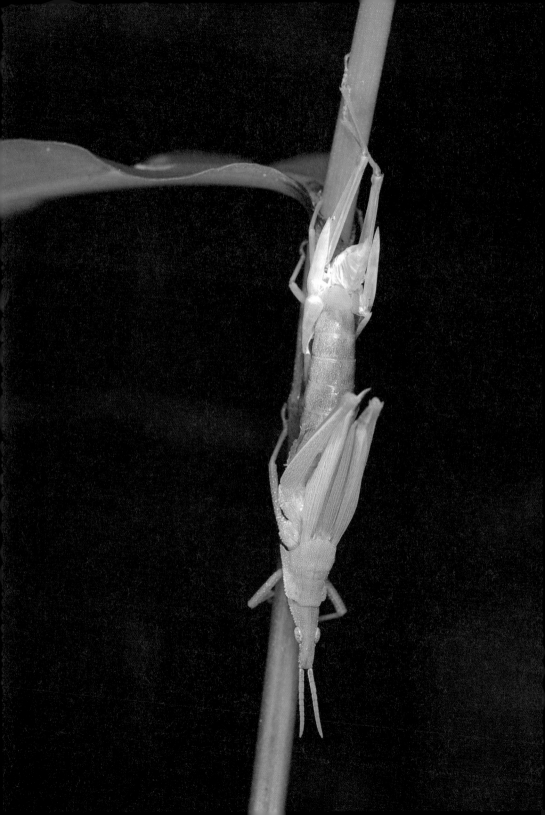

수 있는 유일한 방법은 보호색 작전. 포식자 눈에 띄지 않도록 둘레 환경과 몸 색깔을 같게 하는 방법입니다. 실제로 초록색 풀숲에 숨어 식사를 하거나 쉬고 있으면 웬만한 포식자는 그냥 지나쳐 버립니다. 또 가을이 되거나 둘레 풀숲이 말라 밤색 세상이 되었을 때는 초록색인 몸 색깔이 둘레 환경과 같은 밤색으로 바뀝니다.

아무리 보호색을 띠고 있어도 섬서구메뚜기는 사방에 포식자가 득실거려 안심할 수 없습니다. 마침 사마귀가 칡 잎 위에 턱 버티고 앉아 먹잇감이 지나가기를 기다리고 있습니다. 그걸 눈치채지 못한 섬서구메뚜기가 사마귀 옆에 자리를 잡고 해바라기를 즐깁니다. 기회를 놓치지 않고 사마귀가 섬서구메뚜기를 정조준한 뒤 낫같이 생긴 앞다리를 쭉 뻗어 낚아챕니다. 갑작스런 사고에 녀석은 사마귀 다리에서 벗어나려 발버둥을 칩니다. 그럴수록 사마귀는 날카로운 다리를 웅크려 녀석을 꽉 조입니다. 그런 뒤 녀석을 움켜잡은 앞다리를 주둥이 쪽으로 당긴 뒤 한 입씩 베어 씹어 먹습니다. 도망치려 결사적으로 버둥대던 섬서구메뚜기는 시나브로 의식을 잃고 축 늘어집니다.

사마귀가 먹고 남은 건 다리 발목마디, 더듬이, 날개 뿐. 좀 전까지 잎 위에 앉아 해바라기를 즐기던 섬서구메뚜기는 사라졌습니다. 자연 세계는 한 치 앞을 볼 수 없는 긴장의 연속입니다. 아무리 방어 전략이 뛰어나도 힘센 포식자한테는 속수무책일 때가 많으니까요. 자그마한 곤충들에게 하루하루는 고행 그 자체입니다.

날개가 아주 짧은

팔공산밑들이메뚜기

팔공산밑들이메뚜기 암컷

팔공산밑들이메뚜기 암컷이
풀잎 위에 앉아 있습니다.
자그마한 날개가 몸에 붙어 있습니다.

더위가 본격으로 진격하는 7월

충청남도 서산의 옛 절터에 왔습니다.

적막하고 고요한 저녁 무렵,

사방이 탁 트인 널따란 풀밭 길을 걷습니다.

해는 뉘엿뉘엿 져 산허리에 걸려 있고

서쪽 하늘 언저리가 어느새 불그스름하게 물들어 갑니다.

풀잎들은 슬쩍슬쩍 스치는 바람에 살랑살랑 몸을 흔들고

이따금씩 불러 대는 멧비둘기의 서러운 노랫소리가

빈 들의 정적을 깹니다. 얼마를 꿈꾸듯 걸었을까?

메뚜기 한 마리가 엷은 노을빛에 물든 풀잎 위에

다소곳이 앉아 있습니다.

아, 팔공산밑들이메뚜기군요.

다가가도 잠잘 준비를 하는지 꼼짝도 하지 않습니다.

노을빛 닮은 분홍빛 짧은 날개가 신비스럽습니다.

분홍빛에 물든 팔공산밑들이메뚜기를 보다니!

참 기분 좋은 황혼 녘입니다.

줄딸기

이 꼭지는 메뚜기목 메뚜기과 종인 팔공산밑들이메뚜기(*Anapodisma beybienkoi*) 이야기입니다.

있는 둥 없는 둥
짧은 날개

　7월이면 숲 언저리 오솔길은 온통 밑들이메뚜기 세상입니다. 풀숲에 들어가면 여기서 후드득 저기서 후드득 튀어 오르고 뛰어내려 풀숲은 북새통입니다. 마침 점심 식사 중인 팔공산밑들이메뚜기와 딱 마주쳤습니다. 어찌나 맛있게 먹는지 제가 바로 코앞에서 쳐다봐도 눈치를 못 챕니다. 줄딸기 잎 한 귀퉁이가 움푹 파인 걸 보니 식사를 시작한 지 한참 되었군요. 주둥이에 달린 큰턱을 양옆으로 펼쳤다 오므렸다 하면서 오물오물 잘도 씹어 먹습니다.

　식사 삼매경에 빠진 녀석 몸을 찬찬히 살펴봅니다. 실처럼 수수한 더듬이, 툭 불거져 나온 달걀 모양 겹눈, 앞가슴등판에 새겨진 굵은 세로 줄무늬, 통통한 몸매처럼 어디 하나 흠잡을 데 없이 잘 생겼습니다. 다만 여느 메뚜기류와 달리 날개가 굉장히 짧습니다. 몸은 어른인데 날개가 있는 둥 마는 둥 아기인지 어른인지 헷갈립니다. 메뚜기 세계에서는 날개가 배 끝을 덮을 만큼 길면 거의가 어른이고 날개가 발달하지 않아 없거나 매우 짧으면 애벌레인데, 녀석은 분명 어른인데도 날개가 짧으니 참 별납니다. 가운뎃다리 위 등 쪽에 붙어 있는 분홍색 꽃잎 같은 게 날개입니다. '와, 저게 날개구나! 날개가 어찌 저리도 얄궂을까? 짧아도 너무 짧네.' 그렇습니다. 이 녀석은 어른벌레인데도 날개가 생기다 만 것처럼 짧아 늘 배를 다 드러내고 삽니다. 배는 오동통한 게 귀여워서 봐줄 만하고 배 끝이 들려 있어 생식기가 다 보입니다. 그래서 이름도 팔공산밑들이메뚜기. '팔공산에서 발견된 밑이 들린 메뚜기'라는

뜻이지요. 1971년 러시아 학자가 대구 팔공산에서 녀석을 처음 발견했는데, 녀석은 주로 경상도, 전라도, 제주도 같은 남부 지방에서 살고 있고 세계적으로 우리나라에서만 사는 우리나라 토박이 곤충입니다.

팔공산밑들이메뚜기가 별안간 식사를 딱 멈춥니다. 뭐가 불안했는지 온몸에 힘을 주고 도망갈 태세. 날개가 있는 둥 마는 둥 짧으니 날아가지는 못할 것이고, 어쩐다? 이 없으면 잇몸으로 사는 법. 녀석이 폴짝 뛰어 바로 옆 나뭇잎으로 도망가는군요. 어림잡아도 30센티미터 넘게 뛰었습니다. 도움닫기도 하지 않고 제자리에서 높이뛰기를 저리도 잘하다니! 비결이 무엇일까요? 바로 뒷다리에 비밀이 있습니다. 뒷다리는 앞다리보다 2배쯤 더 길고 사람 허벅지에 해당하는 넓적다리마디는 앞다리보다 3배 넘게 두툼합니다. 허벅지는 운동 근육이 가득해 위험한 순간 서슴없이 뛰는 데 큰 몫을 합니다. 그러고 보니 힘이 약하고 날개가 온전치 못한 녀석이 믿는 건 운동 근육으로 무장한 다리로군요. 날개가 작다 보니 살아남으려고 '높이뛰기 선수'가 된 녀석이 안쓰럽기도 하고 기특하기도 해 자꾸 쳐다봅니다.

풀밭에는 호시탐탐 녀석을 노리는 포식자가 한둘이 아닙니다. 조롱박벌류, 말벌류와 쌍살벌류는 자기 애벌레를 키우기 위해 노리고, 침노린재류는 굶주린 배를 채우느라 노리고, 사마귀는 늘 팔공산밑들이메뚜기가 다니는 길목 풀 위에 앉아 있고, 개미 또한 가족을 위해 녀석의 살을 뜯어 갑니다. 하지만 팔공산밑들이메뚜기는 포식자에게 잡아먹힐 것을 대비해 알을 많이 낳습니다. 어미는 아무리 못 낳아도 200개 넘게 알을 낳습니다.

팔공산밑들이메뚜기
짝짓기

여느 메뚜기들처럼 팔공산밑들이메뚜기도 땅속에서 알로 겨울
잠을 잡니다. 풀과 나무들이 무성하게 자라는 5월이면 알에서 팔
공산밑들이메뚜기 애벌레가 깨어납니다. 이제부터 본격적으로 힘
겨운 애벌레 시대에 접어듭니다. 애벌레가 하는 일은 오로지 먹고
자고 쉬는 일입니다. 갓 깨어난 1령 애벌레는 땅 위로 올라오자마
자 풀 줄기를 타고 올라와 잎에 앉아 식사를 합니다. 아직 큰턱이
연약해 잎을 통째로 씹어 먹지 못하고 잎살만 살살 갉아 씹어 먹습
니다. 열심히 먹고 몸집이 커지면 허물을 벗고, 또 먹다가 몸집이
커지면 또 허물을 벗습니다. 이렇게 애벌레 시절에는 허물을 모두
4번 벗으며 자랍니다. 이때 허물을 3번 벗고 4령 애벌레가 되면 등
에 날개 싹이 보입니다.

팔공산밑들이메뚜기는 번데기란 걸 전혀 모릅니다. 왜일까요?
녀석이 속한 메뚜기목 가문 식구들은 모두 안갖춘탈바꿈(불완전변
태)을 하기 때문입니다. 즉 알에서 태어나 애벌레 시절을 거쳐 바
로 어른벌레가 되기 때문이지요. 그러다 보니 애벌레나 어른벌레
나 생김새가 비슷합니다. 다만 분홍빛 날개가 헛바닥처럼 붙어 있
고, 알 낳는 데 꼭 필요한 생식기가 제대로 갖춰져 있으면 어른입
니다.

7월이 되면 어른 팔공산밑들이메뚜기들이 숲 언저리나 오솔길
옆 햇볕이 잘 드는 곳 풀잎이나 나뭇잎에 진을 치고 있습니다. 왜
일까요? 맛있는 식사도 하고 마음에 드는 짝을 만나기 위해서지요.

팔공산밑들이메뚜기가 짝짓기를 하고 있다. 수컷이 암컷 등에 업혀 짝짓기를 한다.

날개가 짧은 데다 소리를 내는 기관이 없으니 여치류처럼 겉날개를 비벼 노래를 부를 수도, 삽사리처럼 겉날개와 다리를 비벼 노래를 부를 수도 없습니다. 하는 수 없이 위험을 무릅쓰고 서로 잘 볼 수 있는 잎 위에 앉아 성페로몬을 풍겨 짝을 찾습니다.

드디어 수컷과 암컷이 칡 잎에서 만났습니다. 딱 봐도 몸집이 작은 녀석은 수컷, 후덕하게 크고 통통한 녀석은 암컷입니다. 수컷은 암컷 둘레를 눈치 보듯 왔다 갔다 하고, 암컷은 같은 자세로 무뚝뚝하게 앉아 식사 중입니다. 별 희한한 맞선이군요. 드디어 무심한 암컷 등 뒤로 다가간 수컷이 행동 개시! 거침없이 암컷 등으로 올라가더니 아기처럼 업힙니다. 암컷도 싫지 않은 듯 용감한 수컷을 받아들입니다. 아기처럼 업힌 수컷이 배 끝을 암컷 옆구리 쪽에

팔공산밑들이메뚜
기 암컷은 배 꽁무
니를 S자처럼 구부
려 수컷 꽁무니에
댄다.

갖다 대자 암컷도 배 끝을 길게 늘여 S자로 구부린 뒤 수컷 배 끝에 댑니다. 짝짓기 성공! 그런데 아무리 봐도 자세가 특이합니다. 한 번 꼰 꽈배기처럼 배 끝이 엉켜 있어 뱀이 짝짓기 하는 모습이 떠오릅니다. 배 끝이 완전히 맞물리자 수컷 배 끝이 실룩실룩, 움찔움찔하며 정자를 넘겨주느라 정신이 없습니다.

이상한
짝짓기 자세

그런데 왜 짝짓기 자세가 이상할까요? 앞서 말했듯이 수컷과 암컷 모두 생식기가 있는 배 끝이 들려 있기 때문입니다. 특히 수컷 생식기가 심하게 위로 향해 있으니 수컷 아래에 있는 암컷이 자기 배 끝을 수컷 배 끝 위에 올려놓아야 짝짓기를 할 수 있습니다. 풀밭에 신방을 차린 두 녀석은 누가 건들지만 않으면 오래도록 사랑을 나눕니다. 수컷 입장에서는 자신과 짝짓기 한 암컷이 다른 수컷과 짝짓기 하지 않도록 하려면 오랫동안 붙잡아 두는 게 최고입니다. 그래야 자신의 소중한 유전자가 다음 세대로 전해질 테니까요.

짝짓기 모습을 찍느라 찰칵찰칵…… 번쩍번쩍……. 녀석들에게는 미안하지만 신방을 엿보는 것도 모자라 사진까지 염치없이 찍어 댑니다. 플래시가 터지자 다리를 구부리고 엎드려 있던 암컷이 벌떡 일어나 옆에 있는 잎 뒤로 튀어 도망가고, 다소곳이 업혀 있던 수컷이 영문도 모른 채 암컷 등에서 뚝 떨어집니다. 이제 두 녀

팔공산밑들이메뚜
기 암컷과 수컷이
꽁무니를 맞댄 모습

석은 남남이 되어 제 갈 길을 갑니다.

짝짓기를 마친 어미 팔공산밑들이메뚜기는 포슬포슬한 땅을 찾아갑니다. 땅이 부드러워야 배 끝이 땅을 잘 파고 들어갈 수 있습니다. 명당을 찾으면 배 끝을 땅속에 넣고 알을 낳는데, 알을 한곳에 하나씩 낳는 게 아니라 한곳에 수십 개에서 수백 개를 모아 낳습니다. 이때 알을 낳을 때마다 산란관 옆 부속샘에서 분비된 분비물이 알을 포장하기 때문에 수십 개 넘는 알을 다 낳으면 알 전체가 분비물에 싸여 있습니다. 이렇게 알이 땅속에서 알 주머니에 싸여 있으니 땅 위보다 훨씬 안전합니다.

밑들이메뚜기아과
식구들

메뚜기과가 거느리고 있는 여러 아과 가운데 밑들이메뚜기아과는 뚜렷한 특징을 가지고 있습니다. 거의 모두 날개가 퇴화되어 아주 짧은 날개를 지니고 있습니다. 그 밖에도 뒷다리 종아리마디 맨 끄트머리 바깥쪽에 가시털인 며느리발톱이 없고, 뒷다리 넓적다리마디 윗면에 있는 융기선이 매끄럽습니다. 또한 짝짓기 할 때 수컷 배가 하늘을 향해 심하게 휩니다. 그 모습 때문에 '밑들이' 메뚜기라고 부릅니다. 우리나라에는 밑들이메뚜기아과에 모두 11종 살고 있습니다.

그 가운데 팔공산밑들이메뚜기와 밑들이메뚜기가 너무 닮아 곤

밑들이메뚜기 암컷

제주밑들이메뚜기 종령 애벌레

잔날개북방밑들이메뚜기

한국민날개밑들이메뚜기

충 초보자들은 구분하기 힘듭니다. 밑들이메뚜기 수컷은 생식기가 길고 좁지만, 팔공산밑들이메뚜기 수컷 생식기는 짧고 넓습니다. 결국 생식기 구조로 종을 가르는 거라 전문가 외에는 두 종을 구분할 길이 없습니다. 다만 사는 곳이 달라 밑들이메뚜기는 강원도, 경기 북부 같은 중북부 지방에서 살고, 팔공산밑들이메뚜기는 경상도, 전라도, 제주도 같은 남부 지방에서 삽니다.

또 날개가 긴 밑들이메뚜기도 있는데, 긴날개밑들이메뚜기와 원산밑들이메뚜기가 그들입니다. 긴날개밑들이메뚜기는 앞날개가 밝은 밤색이고 배 끝보다 길어 밑들이메뚜기아과 식구 가운데 날개가 가장 깁니다. 또한 앞가슴등판 앞부분이 뒷부분보다 짧습니다. 애벌레 시절에는 떼 지어 살고, 위험하면 이리저리 후드득후드득 튀어 도망갑니다.

원산밑들이메뚜기는 앞날개 앞부분이 밤색이고 뒷부분은 밝은 풀색이며, 날개 길이는 배 끝에 닿을 만큼만 깁니다. 또 앞가슴등판 앞부분이 뒷부분보다 깁니다. 북한의 원산항에서 처음 발견해 이름에 '원산'이 들어갔고 매우 흔합니다. 긴날개밑들이메뚜기와 원산밑들이메뚜기는 대개 같은 곳에서 한데 어울려 삽니다.

3장

보호색_
몸 색깔 변장

까만 배자 조끼 입은

배자바구미

배자바구미

배자바구미가 칡 잎 위에 앉아 있습니다.
배자바구미는 생김새와 몸빛이
꼭 새똥처럼 생겨서 몸을 숨깁니다.

짧은 봄이 소리 소문 없이 물러가고

초여름이 성큼 코앞에 와 있습니다.

6월 중미산 옆구리에 난 골짜기 길을 걷습니다.

이른 아침인데도 사람들이 많아 호젓한 오솔길이 붐빕니다.

길이 좁아 외줄로 서서 걷는데,

길옆으로 칡덩굴이 쭉쭉 뻗어 나왔네요.

그런데 무슨 일인지 여린 칡 순이 죄다 잘려 나갔습니다.

그러고 보니 앞서 가는 사람들이 칡 순을 똑똑 따 가는군요.

아이구! 그놈의 효소 바람 때문에 그 흔한 칡도 남아나지 않겠군.

영문도 모른 채 사람 손에 꺾여

방울방울 눈물(즙)을 흘리는 칡 순을 안쓰럽게 바라보는데,

벌레 한 마리가 가느다란 칡 줄기를

곡예사가 외줄에 매달린 것처럼 꼭 부둥켜안고 있네요.

희끄무레하고 거무튀튀한 게 새똥과 똑 닮았습니다. 누굴까?

칡덩굴에 평생 동안 세 들어 사는 배자바구미군요.

배자바구미

이 꼭지는 딱정벌레목 바구미과 종인 배자바구미(*Sternuchopsis trifidus*) 이야기입니다.

가느다란 칡 줄기에서
짝짓기

오뉴월만 되면 산과 들은 온통 칡 세상입니다. 젓가락 굵기밖에 안 되는 줄기가 다 자라면 무려 10미터도 넘으니 온 산을 다 덮을 만하지요. 칡덩굴이 쭉쭉 뻗으면 뻗을수록 신이 나는 바구미가 있습니다. 바로 배자바구미입니다. 가느다란 칡 줄기가 녀석의 단골 식당이거든요.

산길 옆 칡 줄기에 배자바구미 두 마리가 매달려 있습니다. 암컷은 줄기에 꼭 매달려 요지부동이고 수컷은 안달이 난 듯 줄기를 곡예사가 외줄 타듯 뒤뚱뒤뚱 왔다 갔다 정신이 없습니다.

수컷은 요상하게 생긴 더듬이를 흔들면서 둔한 걸음으로 엎드려 있는 암컷에게 가까이 다가가 암컷 등 위로 올라가려다 떨어지고 또 올라가려다 떨어집니다. 또다시 암컷 머리 쪽을 툭툭 치면서 암

배자바구미 수컷이 암컷에게 구애를 하고 있다.

—
배자바구미가 짝짓
기를 하고 있다.

컷 등에 올라가려다 실패하는군요. 그렇게 여러 번 시도한 끝에 드디어 암컷 등에 올라타더니 우악스런 다리로 암컷 몸을 꽉 잡습니다. 사람 발가락에 해당되는 수컷 앞다리와 가운뎃다리 발목마디(부절)는 하트 모양으로 넓게 부풀어 있고, 아래쪽에 털들이 빽빽하게 달려 있어 암컷 등을 빨판처럼 잘 잡을 수 있습니다. 수컷은 이리저리 몸을 움직이며 자세를 안정되게 잡은 뒤 요령껏 배 끝을 길게 늘여 암컷 배 끝에 갖다 댑니다. 암컷은 수컷이 마음에 들었는지 아무 반항도 하지 않고 수컷이 하는 대로 내버려 둡니다. 짝짓기 성공! 재미있게도 암컷은 짝짓기를 하면서도 코끼리처럼 기다란 주둥이를 칡 줄기 속에 푹 박은 채 줄기를 먹고 또 먹습니다. 등에서 수컷이 무슨 짓을 하든 밥만 먹으니 헛웃음만 나오네요. 수컷은 암컷 심기를 건드리지 않으려는 듯 엉거주춤한 자세로 꼼짝 않고 버티고 있습니다.

바로 그때 다른 수컷이 성큼성큼 걸어오더니 다짜고짜 먼저 온 수컷 등에 올라탑니다. 먼저 온 수컷은 본능적으로 머리를 들고 코끼리 같은 주둥이를 휘둘러 다른 수컷을 밀쳐 냅니다. 내밀린 다른 수컷은 또다시 먼저 온 수컷 등 위를 올라가기도 하고, 식사하는 암컷 머리 쪽을 툭툭 치며 찝쩍댑니다. 그럴 때마다 먼저 온 수컷은 다른 수컷을 다리로 차 버립니다. 등 위에서 수컷들끼리 싸움이 벌어지는데도 암컷은 오로지 먹기만 합니다.

몇 분이 지났을까. 수컷 사슴풍뎅이 한 마리가 '부웅' 굉음 소리를 내며 날다가 칡 잎에 뚝 떨어집니다. 묵직한 사슴풍뎅이 몸무게를 못 이겨 칡덩굴이 회오리바람을 맞은 듯 요란하게 출렁입니다. 순간 밥만 먹던 암컷이 깜짝 놀라 여섯 다리를 움츠리며 눈 깜짝할

—
배자바구미가 칡덩
굴을 파먹고 있다.

사이에 줄기 아래로 곤두박질쳐 뚝 떨어집니다. 수컷도 암컷 등에 업힌 채 같이 떨어집니다. 다행히 먼저 온 수컷과 암컷은 떨어지지 않고 배 꽁무니를 마주 댄 채 땅바닥 위에 나동그라져 있고 다른 수컷도 홀로 바닥에 죽은 것처럼 누워 있군요.

다른 수컷은 왜 이미 짝짓기 중인 암컷에게 달려들까요? 아마도 암컷이 내뿜은 성페로몬 냄새에 끌려온 것 같습니다. 곤충 세계에서는 짝짓기 할 때가 다가오면 대개 암컷이 성페로몬 향기를 풍깁니다. 그러면 둘레에 있던 수컷들은 공기 중에 떠다니는 냄새를 맡고 페로몬의 진원지인 암컷을 찾아옵니다. 암컷 둘레에 있는 수컷이 먼저 찾아올 테고, 멀리 떨어진 곳에 있던 수컷은 늦게 찾아오겠지요. 나중에 도착한 수컷은 먼저 온 수컷이 암컷과 짝짓기 중인데도 아랑곳하지 않습니다. 오로지 냄새의 진원지인 암컷에게만 진격할 뿐입니다.

조끼 입은 배자바구미

땅에 떨어진 배자바구미를 찬찬히 들여다보니 보면 볼수록 희한하게 생겼습니다. 몸 생김새는 작달막하며 뚱뚱하고, 피부는 곰보처럼 울퉁불퉁하고, 색깔은 까만색과 하얀색이 섞여 있습니다. 그러니 사람들은 녀석 생김새를 두고 이러쿵저러쿵 말이 많습니다. 누구는 "금방 싸 놓은 새똥 같다." 하고, 누구는 "엉금엉금 걸어 다

배자바구미는 딱지날개 앞쪽이 까매서 꼭 까만 조끼를 껴입은 것 같다.

배자바구미는 언뜻 보면 잎에 떨어진 새똥처럼 보인다.

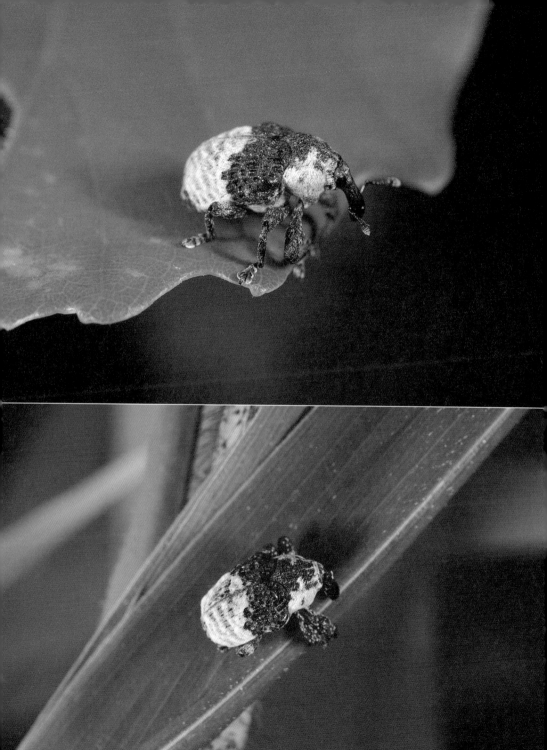

니는 판다 같다." 하고, 누구는 "까만 털 조끼를 입은 것 같다."라고 합니다.

제 눈에는 딱지날개 앞부분이 까만색이라 까만 조끼를 입은 것 같습니다. 옛 어른들은 겨울에 한복 저고리만 입으면 추우니 요즘으로 치면 조끼인 두툼한 '배자'를 저고리 위에 겹쳐 입었는데, 가만히 보니 녀석도 겨울 조끼인 배자를 걸쳐 입은 것 같군요. 사실은 이 때문에 녀석 이름을 배자바구미라 붙였습니다.

배자바구미 다리를 보니 튼실합니다. 알통처럼 툭 불거져 나온 허벅지인 넓적다리마디가 얼마나 빵빵하고 튼실한지 보디빌더 뺨칠 정도군요. 다리가 튼튼한 데는 그만한 까닭이 있습니다. 녀석은 평생을 칡 줄기에서 살기 때문에 가느다란 칡 줄기에서 떨어지지 않으려면 다리로 줄기를 꽉 부둥켜안고 있어야 합니다. 칡 줄기를 부둥켜안은 녀석을 보니 앞다리와 가운뎃다리로 줄기를 꼭 끌어안았고, 뒷다리는 줄기 위에 살포시 올려놓아 균형을 잡았군요. 그 덕에 배 부분도 줄기에 붙어 거센 바람이 불어도 떨어질 걱정이 없습니다.

무엇보다 바구미 하면 주둥이입니다. 코끼리 코처럼 길게 늘어나 한 번만 봐도 머릿속에 딱 박힙니다. 녀석 주둥이는 몸 크기에 비해 무식할 만큼 두껍고 긴데, 저 주둥이로 어떻게 먹을까요? 잘 보면 길게 늘어난 주둥이 끝에는 큰턱이 있습니다. 이 큰턱으로 나무껍질을 뜯어 씹어 먹습니다. 또 더듬이 생김새가 특이합니다. 희한하게도 더듬이는 주둥이 끄트머리에 붙어 있는데, 쭉 뻗어 있지 않고 L자로 꺾여 있어 역도 선수가 역기를 어깨 높이까지 들어 올린 다음 팔을 쭉 펴려고 힘을 주고 있는 것 같습니다. 이런 더듬이를 팔굽 모양 더듬이라고 합니다.

두툼한 주둥이에 비해 11마디인 더듬이가 가늘고 왜소하지만 성능은 뛰어납니다. 바람이 부는지, 더운지 추운지, 습도가 높은지 낮은지, 포식자가 다가오는지, 짝이 가까이 있는지 같은 둘레 상황을 잘 알아차립니다. 특히 11개 더듬이 마디 가운데 끄트머리 마지막 4마디는 곤봉처럼 부풀어 있는데, 그 부분에 감각 기관이 다른 마디들보다 더 모여 있어 둘레에서 벌어지는 환경 변화를 훨씬 잘 알아차립니다.

배자바구미가 칡덩굴을 파먹은 흔적

죽는 게
최고의 방어

배자바구미가 칡 줄기에 매달려 식사를 하고 있습니다. 언제부터 먹기 시작했는지 주둥이가 파묻힌 줄기에서 칡즙이 흥건히 배어 나오는군요. 사진 한 방 찍으려고 카메라를 가까이 대는 순간 눈치 빠른 녀석이 잽싸게 아래로 떨어집니다. 미안한 마음이 앞섭니다. 쪼그리고 앉아 땅 위 가랑잎을 뒤지니 다행히 있군요. 몸은 벌러덩 뒤집혀 있고 더듬이는 오그라져 있고 여섯 다리는 쭉 뻗치고 꼼짝하지 않습니다. 만져 보니 뻣뻣하게 굳어 있어 마치 죽은 것 같습니다. '미안해, 이제 안 건들게. 어서 일어나 봐, 얼굴 좀 보자.' 2분쯤 지나자 몸을 버둥거립니다. 더듬이와 다리를 고물고물 움직이면서 뒤집힌 몸을 바로 일으킨 다음 무슨 일이 있었냐는 듯

배자바구미가 다리를 오므리고 가사 상태에 빠졌다.

가랑잎 위를 뚜벅뚜벅 걸어갑니다.

배자바구미는 겉보기에 강인하게 생겼지만 자신을 지킬 만한 마 땅한 무기가 없습니다. 힘없는 녀석이 포식자가 들끓는 세상에서 살아남으려면 이만저만 힘든 게 아닙니다. 이 없으면 잇몸. 살아남 기 위해 몸 색깔을 맛없는 새똥으로 변장해 포식자 눈을 속입니다. 그것이 통하지 않으면 '죽는 작전', 즉 땅으로 뚝 떨어진 뒤 '나 죽 었으니 먹지 마.' 하며 가짜로 죽습니다(가사 상태). 포식자는 눈앞 에서 갑자기 사라진 녀석을 찾기가 쉽지 않아 포기하고 다른 곳으 로 가기도 합니다. 설령 녀석을 찾았다 해도 죽은 듯 꼼짝 않고 있 으니 먹지 말아야 할 것으로 착각하고 딴 데로 가 버립니다. 그러 는 사이 녀석은 가사 상태에서 서서히 깨어나 도망갑니다.

식물 혹에서 사는
배자바구미 애벌레

짝짓기를 마친 암컷 배자바구미. 어른벌레가 해야 할 일은 알 낳 는 일입니다. 다행히 암컷은 알 낳으러 멀리 갈 필요 없이 밥도 먹 고 짝짓기도 했던 칡 줄기에다 알을 낳습니다. 칡덩굴 위에서 알 낳을 명당을 찾아 부지런히 칡 줄기를 오르락내리락합니다. 드디 어 마음에 드는 장소를 찾았는지 줄기 한중간에 딱 멈춰 섭니다.

그런데 알은 낳지 않고 엉뚱한 짓을 합니다. 뭘 하는 걸까요? 녀 석은 앞다리와 가운뎃다리로 줄기를 끌어안은 뒤 우악스럽고 두툼

한 주둥이를 줄기에 박은 다음 주둥이 끝에 달려 있는 큰턱으로 질긴 칡 줄기를 씹어 흠집을 내기 시작합니다. 흠집을 한두 개 내는 게 아닙니다. 줄기를 나선형으로 돌아가면서 흠집을 여러 개 냅니다. 이어 몸을 180도 돌려 배 끝을 흠집에 갖다 댑니다. 이어 산란관이 몸에서 빠져나와 흠집으로 쏙 들어가고 녀석은 힘겹게 칡 줄기에 매달려 산고를 치릅니다. 알을 낳을 때마다 배 끝이 움찔움찔 들썩입니다. 알을 다 낳으면 또 알을 낳기 위해 다른 칡 줄기로 자리를 옮깁니다. 알을 다 낳은 어미 바구미는 죽습니다.

배지바구미 애벌레가 알에서 깨어납니다. 배자바구미 애벌레 집은 칡 줄기. 그런데 가느다란 줄기에서 무슨 수로 배자바구미 애벌레가 평생을 살까요? 그것도 한 마리도 아닌 여러 마리가! 다 수가 있습니다. 배자바구미 애벌레는 깨어나자마자 큰턱으로 줄기 속을 씹어 먹는데, 놀랍게도 칡 줄기가 '누가 날 파먹는 거야?' 하며 저항하듯이 식물 조직을 변형시킵니다. 즉, 면역 물질이 나와 식물 조직이 뚱뚱해지면서 배자바구미 애벌레 둘레를 에워쌉니다. 그러면 애벌레 둘레 줄기가 점점 부풀어 오르는데 이게 바로 '식물 혹(충영)'입니다. 식물이 벌이는 식물 혹 작전이 성공하려면 배자바구미 애벌레가 퉁퉁해진 식물 혹 속에서 죽어야 하는데, 배자바구미 애벌레는 부풀어 오른 식물 혹을 비웃기라도 하듯 아예 그곳에 자리를 잡습니다. 가느다란 줄기보다 퉁퉁하게 부푼 줄기는 먹을 것도 많고 공간도 넓어 여러 마리가 살기에 안성맞춤입니다.

더 놀라운 것은 배자바구미 애벌레가 식물 혹 안쪽 벽을 먹으면 먹을수록 식물 혹은 점점 더 부푼다는 것이죠. 애벌레 몸집이 커질수록 먹는 양 또한 많아지기 때문에 먹으면 먹을수록 먹이가 풍부

식물 혹 속에 사는 배자바구미 애벌레

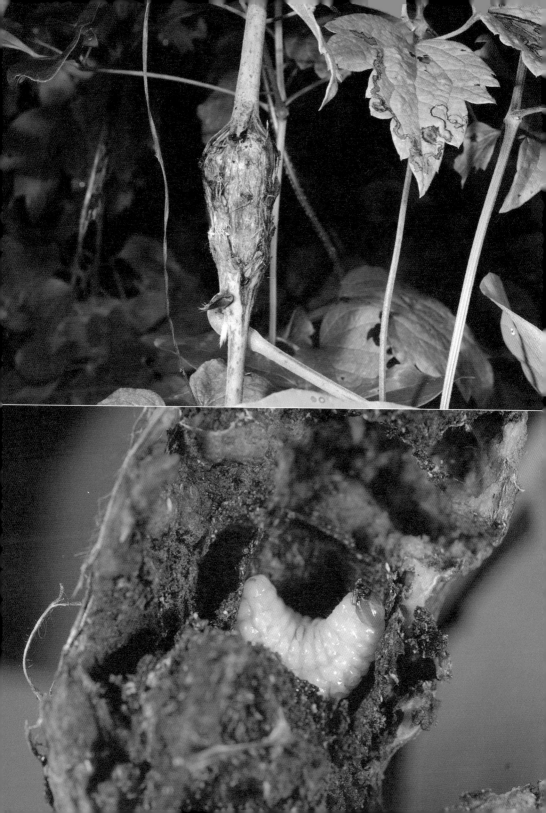

해지는 식물 혹 밥상에 둘러싸여 있으니 이보다 더 좋을 수는 없습니다. 칡 줄기 입장에서는 자신을 지키려고 만든 식물 혹이 되레 아기 배자바구미 애벌레에게 밥과 안식처가 되다니! 반전도 이런 반전이 없습니다.

녀석은 식물 혹 속에서 먹고 자고 싸면서 무럭무럭 자랍니다. 미안하지만 녀석의 집이 된 식물 혹 가장자리를 뜯어 안쪽을 살핍니다. 좁은 방 안에 애벌레가 무려 5마리나 들어 있군요. 재미있게도 녀석들은 한 공간에서 뒤엉켜 있지 않고 각자 공간에서 생활합니다. 즉 저마다 따로 방에서 살면서 동료 방을 침입하지 않으니 사생활 하나는 철저하게 지키고 있습니다. 사람으로 치면 형제자매들이 공동 주택에서 같이 생활하되, 방은 따로 쓰는 셈입니다.

애벌레는 몸을 C자로 구부리고 있어 언뜻 보면 풍뎅이상과(上科) 애벌레인 굼벵이와 굉장히 닮았습니다. 그도 그럴 것이 식물

배자바구미 애벌레는 굼벵이를 닮았다. 몸을 C자로 구부리고 살며 가슴에 달려 있는 다리가 퇴화되었다.

혹이라는 한정된 공간에서 살아야 하니 몸을 곧게 펴고 지내는 것보다 구부리고 사는 것이 공간 활용에 더 효과적입니다. 게다가 먹이를 찾아다닐 필요도 없으니 다리가 점점 퇴화되어 짧디짧은 다리가 흔적처럼 달려 있고, 실제로 이 다리로는 걸을 수 없습니다. 녀석은 C자로 구부린 채 튼튼한 큰턱으로 식물 혹 안쪽 벽을 파먹으며 자랍니다.

다 자란 애벌레는 번데기도 자기 방에서 만듭니다. 애벌레 시절 입었던 옷을 벗고 번데기가 되는데 번데기는 우윳빛입니다. 걱정스럽게도 번데기는 번데기 방(고치)을 따로 마련하지 않고 알몸인 채 무방비 상태로 지냅니다. 운이 나쁘면 기생벌에게 기생당할 수도 있고, 나무속을 돌아다니며 사냥하는 포식자에게 잡아먹힐 수도 있습니다. 그래도 잎 위나 줄기 위에서 몸을 드러내 놓고 사는 것보다 덜 위험하니 번데기에게 식물 혹은 가장 좋은 안전 가옥이라 할 만합니다.

가을 문턱 9월이 되면 식물 혹에 있던 번데기에서 어른 배자바구미가 태어납니다. 따져 보니 알에서 어른벌레까지 무려 3달쯤 걸렸군요. 어른 배자바구미는 짧은 가을 동안 칡 줄기를 먹으며 영양을 보충하다가 추워지면 땅속, 덤불 속, 나무껍질 아래 같은 곳에서 긴 겨울잠을 잡니다. 배자바구미는 일 년에 한살이가 단 한 번 돌아가지만 다행히 어른 배자바구미는 늦봄과 가을에 만날 수 있습니다. 너무 흔해 눈길도 주지 않는 칡. 이제 길을 가다 칡을 만나면 잠시 멈춰 가느다란 덩굴을 요모조모 살펴볼 일입니다.

배자바구미와 헛갈리는

극
동
버
들
바
구
미

극동버들바구미

극동버들바구미가 나무줄기에서
짝짓기를 하고 있습니다. 극동버들바구미는
배자바구미와 똑 닮았습니다.

배자바구미 말고도 새똥을 닮은 바구미가 또 있습니다.

바로 극동버들바구미.

7월 비가 갠 틈을 타 계룡산 자락에 있는 갑사에 가는 길입니다.

지루한 장마 끝이라 5리 숲길이 무덥고 습합니다.

이따금 불어오는 한 줄기 바람을 벗 삼아 천천히 걷다가

길옆에 우뚝 서 있는 가죽나무와 마주쳤습니다.

시원스럽게 쭉쭉 뻗은 줄기를 올려다보는데

희끄무레한 나무껍질에 무언가 달라붙어 있습니다.

거무칙칙한 데다 크기도 콩만 해

콩버섯 아니면 새똥이려니 하며 지나치려는데

곤충 한 마리가 엉금엉금 기어갑니다.

극동버들바구미네요.

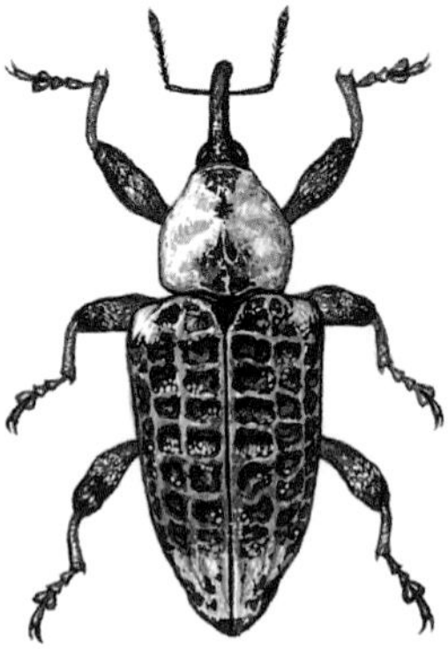

극동버들바구미

이 꼭지는 딱정벌레목 바구미과 종인 극동버들바구미(*Eucryptorrhynchus brandti*) 이야기입니다.

배자바구미와 헷갈리는
극동버들바구미

극동버들바구미들이 떼로 짝짓기를 하고 있습니다. 한 쌍, 두 쌍, 세 쌍, 네 쌍……. 얼핏 세어 봐도 스무 쌍이 넘습니다.

짝짓기 삼매경에 빠진 녀석들 몸을 보니 정말 가관입니다. 몸 색깔이 까만색과 허연색이 섞여 있어 거무튀튀한 새똥 같습니다. 암컷 등에 수컷이 업혀 있는 모습도 새똥 두 덩어리가 엉켜 있는 것 같습니다. 몸을 요리조리 뜯어보니 나름 매력이 있군요. 겹눈은 동그래서 청순하고, 주둥이는 코끼리처럼 길게 늘어나 외계인 같고, 앞가슴등판은 짧은 털이 쫙 깔려 있어 새하얀 카펫 같습니다. 재미있게도 딱지날개에는 한옥 미닫이문에서 볼 수 있는 격자무늬가 새겨져 있어 은근히 고졸미가 흐릅니다.

극동버들바구미가
가죽나무에 붙어 있
다. 몸 생김새가 꼭
새똥을 닮았다.

극동버들바구미는
생김새가 배자바구
미와 똑 닮았다.

몸 색깔이 새똥 같다 보니 곤충 초보자들은 배자바구미로 착각하기 일쑤지만 극동버들바구미는 앞가슴등판 색깔이 완전히 하얀색이고, 주둥이는 가늘고 늘씬한 편입니다. 또 배자바구미는 절구통처럼 두루뭉술하지만, 극동버들바구미는 럭비공처럼 날렵한 편입니다. 생긴 건 달라도 따지고 보면 둘 다 바구미과 집안이니 닮은 데가 많아 헷갈리는 것은 당연한 일입니다.

건들면
죽는 게 최고

마침 뭐에 놀라 쫓기는지 뒷날개나방류 한 마리가 퍼드덕 날아와 녀석들 옆에 앉습니다. 순간 짝짓기 하던 극동버들바구미 한 쌍이 깜짝 놀라 땅으로 뚝 떨어지고 이어서 다른 쌍들도 덩달아 꽃잎 떨어지듯 후드득후드득 땅으로 떨어집니다.

그중에 한 녀석이 바로 아래 칡 잎에 떨어졌습니다. 눈을 부릅뜬 채 바로 눕지도 못하고 옆으로 드러누웠고, 다리는 접는 우산처럼 3단으로 접어 오그리고 있습니다. 똑바로 눕히니 몸이 저절로 옆으로 돌아갑니다. 접은 다리를 펴 보려고 만지니 몸이며 다리가 모두 굳어 있어 다리가 펴지지 않았습니다. 그 상태로 꼼짝 않고 있더니 2분쯤 지나자 움츠렸던 더듬이가 꿈틀거리고 접었던 다리를 펼칩니다. 곧이어 버둥거리다가 순식간에 몸을 뒤집더니 여섯 다리로 엉거주춤 바닥을 짚고 어기적어기적 걸어갑니다. 도망가는

극동버들바구미는
앞가슴등판이 모두
하얀색이다.

녀석을 툭 건드립니다. 아니나 다를까 녀석이 발걸음을 멈추고 또 몸을 오그리며 그 자리에서 옆으로 누워 버립니다.

녀석은 건들기만 하면 왜 떨어지고 드러누울까요? 폭탄먼지벌레처럼 독 물질을 품고 있는 것도 아니고, 그렇다고 장수풍뎅이 수컷처럼 단단한 뿔을 달고 있는 것도 아니니 무기라곤 하나도 없는 녀석이 살아남는 방법은 그저 가짜로 죽는 일. 다리와 더듬이를 있는 대로 오그리고 땅으로 뚝 떨어져 가사 상태에 빠지면 포식자가 녀석을 찾지 못합니다. 설령 찾는다 해도 몸이 굳어 있고 움직이지 않아 돌멩이나 새똥으로 착각하고 가 버리기도 합니다. 아주 단순하지만 힘센 포식자를 따돌리는 방법치곤 효과 만점입니다.

극동버들바구미 집은
가죽나무

짝짓기를 마친 어미 극동버들바구미는 알을 낳아야 합니다. 알은 짝짓기 했던 가죽나무 껍질에 낳으면 됩니다. 엄마의 배 끝 속에 들어 있는 산란관은 약해서 가죽처럼 질기고 단단한 나무껍질을 뚫을 수 없습니다. 그래서 어미 극동버들바구미는 가죽나무 껍질 틈이나 나무가 썩으면서 부드러워진 곳에 알을 낳습니다. 또는 나무껍질이 단단하면 뚫고 낳아야 하는데, 이때 기다란 주둥이가 한몫합니다. 녀석은 주둥이 끝에 있는 큰턱을 나무껍질에 대고 껍질을 물어뜯어 흠집을 낸 뒤 산란관을 흠집에 갖다 댑니다. 이제 알을 낳기만 하면 됩니다.

알에서 깨어난 극동버들바구미 애벌레는 나무껍질 바로 안쪽에서 나무속을 갉아 씹어 먹는데, 큰턱이 굉장히 튼튼해 단단한 나무속을 잘도 씹어 먹습니다. 극동버들바구미 애벌레는 여러 번 허물을 벗으면서 무럭무럭 자랍니다. 먹성이 좋아 애벌레 수십 마리가 모여 있으면 가죽나무 껍질이 어느덧 너덜너덜해져 줄기에서 떨어집니다.

극동바구미 애벌레가 미련한 건지 자신을 숨기지 않는군요. 나무속을 먹고 싼 똥을 자기 방 안에 그대로 두지 않고 나무껍질 밖으로 내버립니다. 똥을 버릴 때 보면 나무 껍데기에서 떡볶이용 가래떡이 나오는 것 같습니다. 노골적으로 표시 나게 똥을 밖으로 버리면 천적들이 더 꼬일 텐데, 왜 그렇게 똥을 싸는지 궁금합니다.

극동버들바구미가
가죽나무 위에서 짝
짓기를 하고 있다.

보통 하늘소류나 사슴벌레류 들은 사기 방 안에다 똥을 싸는데 말입니다. 아마 나무껍질 바로 안쪽에서 생활하기 때문인 것으로 여겨집니다.

다 자란 극동버들바구미 애벌레는 번데기 방(고치)도 만들지 않고 그냥 자기 방에서 번데기가 됩니다. 애벌레 시절 입었던 허물을 살살 벗으면 속살이 다 보일 만큼 투명한 우윳빛 번데기가 나타납니다. 번데기는 나무껍질을 방패 삼아 나무껍질 아래에서 꼼짝 않고 있습니다. 이때 번데기를 건들면 죽어라고 배 부분을 몸부림치며 반항합니다.

봄에 낳은 알에서 깨어난 애벌레는 7월이 되면 어른 극동버들바구미가 됩니다. 녀석의 사생활은 아직까지 확실하게 밝혀지지 않았습니다. 오랫동안 관찰해 보니 일 년에 한 번에서 두 번 한살이

극동버들바구미 애벌레가 나무 밖으로 똥을 버렸다.

가 돌아가는 것으로 생각됩니다. 실제로 극동버들바구미가 짝짓기 하는 모습은 봄부터 가을까지 볼 수 있습니다. 봄에 짝짓기 한 암 컷이 낳은 알에서 애벌레가 나오면 여름 들머리에 어른벌레가 되 고, 그 어른벌레가 낳은 알에서 깨어난 애벌레는 가을에 어른벌레 가 되어 겨울잠을 자는 것으로 생각됩니다. 때때로 겨울이 되기 전 에 어른벌레가 되지 못해 애벌레로 겨울잠을 자는 경우도 있습니 다. 이런 경우 봄에 겨울잠에서 깨어나 여름 들머리에 어른벌레가 됩니다.

극동버들바구미는 가죽나무를 떠나서는 살 수가 없습니다. 녀석 들 입장에서는 애벌레뿐만 아니라 어른까지도 먹여 주고 재워 주 니 가죽나무는 최고의 복지 시설인 셈입니다. 물론 가죽나무 입장 에서는 녀석들이 먹으면 먹을수록 자신은 점점 쇠약해져 결국은 죽기 때문에 손해가 이만저만이 아닙니다. 하지만 죽어 가는 가죽 나무 한 그루가 먹여 살리는 생명들은 엄청나게 많습니다. 나무껍 질을 먹는 홍날개부터 썩은 나무속을 먹는 하늘소류까지 나무에 평생 의지하고 사는 곤충들을 먹여 살립니다. 수많은 곤충들과 다 른 생물들은 그렇게 가죽나무를 실컷 배부르게 먹으면서 가죽나무 를 잘게잘게 분해시킵니다. 분해된 가죽나무는 한 줌 흙과 섞인 뒤 거름이 되어 다시 자손 나무나 다른 식물의 밑거름이 됩니다.

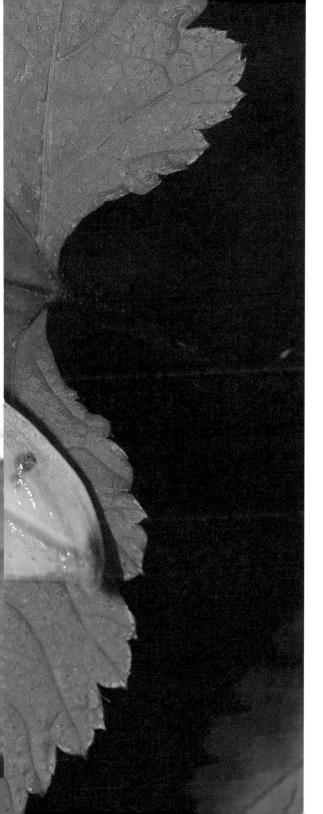

금빛갈고리나방 애벌레

금빛갈고리나방

금빛갈고리나방이 날개를 쫙 펴고
풀잎에 앉아 있습니다.

맥을 다 씹어 먹어 치웁니다. 녀석이 먹고 난 작은 잎(소엽)은 주맥과 약간의 잎살만 남아 너덜너덜합니다.

녀석 몸뚱이는 수수께끼입니다. 몸은 울퉁불퉁하고 기다란 꼬리가 달려 있는데, 도대체 어디가 머리고 어디가 배 끝인지 알 수가 없습니다. 더구나 온몸이 걸쭉하게 반죽한 진흙 같은 물질로 덮여 있어 몸 색깔을 종잡을 수 없습니다. 이 진흙 같은 물질은 분비샘에서 나온 분비물과 자신이 싼 똥이 섞여 있는 것인데, 분비물은 몸마디 옆구리에 있는 분비샘에서 나옵니다. 즉, 붉나무 잎을 먹고 싼 똥과 분비물을 몸에 덕지덕지 바른 것이지요. 녀석을 건드리자 곧장 옆구리 분비샘에서 하얀 분비물이 우유 방울처럼 맺히네요. 분비물이 섞인 똥은 처음에는 걸쭉하지만 마르면서 애벌레 등에 뭉그러지지 않고 단단히 붙게 됩니다. 말라붙은 똥 색은 까맣고 옻칠을 한 것처럼 윤이 반질반질합니다.

몸을 길게 뻗친 녀석을 살짝 건드리니 움직이면서 머리와 배 끝을 보여 주는군요. 자그마한 머리는 불룩한 가슴에 붙어 있고 배 끝에는 기다란 말채찍처럼 생긴 알록달록한 꼬리가 달려 있습니다. 갑자기 머리 부분을 일으켜 왼쪽 오른쪽으로 세차게 흔들어 위협합니다. 왼쪽에서 건들면 왼쪽으로 머리 부분을 돌리고, 오른쪽에서 건들면 오른쪽으로 머리 부분을 돌리며 심하게 흔듭니다. 그리다가 머리 부분과 가슴 부분을 배 쪽으로 끌어당겨 몸을 J자로 구부린 채 꼼짝하지 않습니다. 그 모습이 방금 싼 새똥과 똑 닮았습니다.

금빛갈고리나방 애벌레는 개체마다 몸 색깔이 조금씩 다릅니다. 까만 왁스칠을 한 것처럼 온통 까만 녀석, 흰색과 까만색이 섞여 있어 새똥 같은 녀석, 주황빛 피부에 까만색 물질이 묻어 있어 마치 과일 씨앗이 섞인 똥 같은 녀석. 녀석은 붉나무 잎을 배불리 먹고 나면 거의 모든 시간 동안 몸을 구부리고 있습니다. '나는 새똥이니 잡아 먹지마!' 광고하며 포식자에게 새똥인 척하는 것이지요. 새똥 흉내는 몸에 독도 없고 무기도 없는 녀석이 험한 세상을 살아가는 방법입니다.

금빛갈고리나방 번데기가 명주실로 배 끝을 잎 뒷면에 꼭 붙였다.

번데기도
잎 위에 만들고

금빛갈고리나방 애벌레는 허물을 4번 벗고 종령(5령) 애벌레가 됩니다. 종령 애벌레는 몸집이 커져 이전과 비교할 수 없는 대식가로 돌변합니다. 그러나 거식증에 걸린 듯 더 이상 먹지 않으면 번데기로 탈바꿈할 때가 온 것입니다. 번데기는 땅속이 아니라 잎 뒷면이나 잎사귀 둘레에서 만듭니다. 종령 애벌레는 잎 위를 왔다 갔다 하다 드디어 마음에 드는 잎 뒷면에 자리를 잡고 주둥이 아랫입술샘에서 명주실을 토해 자기 몸을 잎 표면과 얼기설기 묶습니다. 특히 몸이 잎에서 떨어지지 않도록 배 끝 쪽을 잎 겉에 단단히 매는데, 명주실에 분비물이 묻어서 색이 까맣습니다. 그렇게 몸을 잎에 묶는 기초 공사를 한 뒤 하루나 이틀쯤 꼼짝 않고 앞번데기(전용)로 있다가 애벌레 시절 마지막 옷을 벗고 번데기가 됩니다.

번데기 역시 거무칙칙해서 영락없는 새똥입니다. 노르스름한 색

금빛갈고리나방 번데기 옆면

깔이 섞인 새까만 새똥이 뭉쳐 있는 것 같아 번데기라고 상상할 수 없을 정도입니다. 번데기가 된 지 20일이 지나면 어른벌레가 태어 납니다. 갓 태어난 어른 금빛갈고리나방은 얼마나 고운지 그야말 로 환상적입니다. 어떻게 칙칙한 애벌레와 번데기에서 저렇게 아 름다운 어른 나방이 나오는지 믿어지지 않습니다. 비늘이 빽빽이 덮여 있는 날개는 금빛 가루를 흩뿌려 놓은 듯 반짝반짝 빛나고, 날개를 펼치면 날개 선이 반달처럼 곱습니다. 날개 아래쪽에는 연 한 밤색 선이 리본처럼 드리워져 우아합니다. 더구나 겉날개 끝이 갈고리처럼 살짝 휘어져 곡선미를 마음껏 뽐내지요. 금빛 날개와 갈고리를 보고 이름도 금빛갈고리나방이라고 지었습니다.

아리따운 어른 금빛갈고리나방은 보통 5월부터 8월까지 볼 수 있습니다. 여름에 녀석들이 짝짓기 하는 모습 또한 우아하기 그지 없습니다. 풀 위에 앉아 반달처럼 날개를 활짝 펼친 뒤 서로 반대 쪽을 바라보며 배 끝을 마주 대고 있습니다. 꼼짝도 않고 다소곳이 짝짓기 하는 모습을 보면 마치 풀 위에 보름달이라도 내려온 것 같 습니다. 짝짓기를 마친 암컷은 붉나무를 찾아 알을 낳는데, 개옻나 무에도 종종 알을 낳습니다.

하필이면
왜 새똥을 흉내 낼까?

앞서 말했듯이 금빛갈고리나방 애벌레는 포식자로부터 자신을 지키기 위해 분비물과 똥으로 몸을 덮습니다. 금빛갈고리나방 애벌레는 다른 곤충에 비해 몸집이 큰 편이라 다 자라면 3센티미터가 넘고, 더구나 나뭇잎 위에 앉아 식사를 하니 포식자 눈에 쉽게 뜁니다. 그래서 온몸을 새똥으로 변장해 '나 맛없어!' 하고 외치는 것입니다.

인간을 비롯한 동물과 식물은 자신을 보호하는 기술이 있어야 험한 세상을 견디며 살아남을 수 있습니다. 붉나무 잎에 사는 생물들도 천적한테 안 잡아먹히고 살아남으려 몸부림칩니다. 우선 식물인 붉나무도 자신을 뜯어 먹는 초식 동물을 물리치려고 스스로 화학 물질을 만드는데, 잎에서 나는 냄새가 바로 독 물질 냄새입니다. 특히 붉나무와 사촌뻘인 옻나무는 톡시코덴드론 (Toxicodendron)이란 독 물질을 잎을 비롯해 나무의 여러 부분에 가지고 있습니다. 그래서 만지기만 해도 가려움증을 일으키지요.

그렇다면 초식 동물이 식물이 뿜어내는 독성에 당하고만 있을까요? 당연히 극복합니다. 금빛갈고리나방 애벌레는 조상 때부터 오랫동안 옻나무과 식구 잎을 먹으면서 독 물질에 내성을 키웠고, 옻나무과 식구 잎만 먹음으로써 다른 곤충들과 먹이 경쟁을 피했습니다. 왜냐하면 종이 다른 곤충은 옻나무과 식물 독성에 적응하지 못해 다른 식물을 먹기 때문입니다.

또한 금빛갈고리나방 애벌레는 옻나무과 식물에 들어 있는 독 물질을 이용해 포식자를 막아 냅니다. 즉 독이 든 옻나무과 식물을 먹고 분비하는 분비물과 배설된 똥에는 옻나무과 특유의 독 물질이 들어 있습니다. 실제로 독 물질 냄새를 맡은 포식자가 대놓고 덤벼들지 못할 수도 있습니다. 예를 들어 개미가 녀석을 공격하려다 독 물질 냄새를 맡고 포기하고 도망갑니다.

그렇지만 금빛갈고리나방 애벌레가 모두 살아남는 것은 아닙니다. '기는 놈 위에 뛰는 놈 있다.'고 둘레에는 포식자가 어디에나 있습니다. 쌍살벌류, 나나니벌류, 거미류, 침노린재류, 그리고 새들까지 금빛갈고리나방 애벌레를 노립니다. 그들이 공격하면 금빛갈고리나방 애벌레는 꼼짝없이 먹이가 됩니다. 하기야 힘센 포식자가 금빛갈고리나방 애벌레를 잡아먹지 않으면, 녀석들의 개체 수는 한없이 늘어나 옻나무과 식물 잎을 다 먹어 치울 게 빤하고 결국에는 먹이가 모자라 모두 굶어 죽는 상황이 올 수 있습니다. 힘센 포식자가 금빛갈고리나방 수를 알맞게 조절해 주기 때문에 옻나무과 식물을 중심에 둔 먹이망이 건강해질 수 있는 것입니다.

생명의 근원인 녹색 식물, 그 식물을 먹는 곤충, 그 곤충을 잡아먹는 포식자, 그리고 그들이 싼 똥처럼 자연 세계는 먹이 전쟁을 통해 균형을 이룹니다. 이제 산길을 가다 옻나무, 붉나무를 만나면 한 그루도 허투루 보고 지나갈 일이 아닙니다. 뭇 생물들의 치열한 삶이 벌어지는 곳이니까요

카멜레온 같은

가시가지나방 애벌레

가시가지나방 애벌레

가시가지나방 애벌레는 깜짝 놀라면
머리와 가슴 부분을 둥글게 말아
배 쪽에 박고 죽은 듯 가만히 있습니다.

5월이 질펀하게 익어 갑니다.

숲길은 온통 연둣빛 세상입니다.

봄바람이 불 때마다 나긋나긋 흔들리는 잎사귀에서

풀 냄새가 짙게 풍겨 납니다.

이맘때면 나방 애벌레들이 제 세상 만난 듯 많이 나와 활개를 칩니다.

마침 햇살을 받아 속살이 투명하게 비치는 개암나무 잎에

자벌레 한 마리가 붙어 있군요.

살금살금 다가가니 쭉 뻗었던 몸을 비비꼽니다.

꽈배기처럼 꼬고 있는 모습이 그야말로 새똥이군요.

옆에 있는 물푸레나무 잎에도, 싸리나무 잎에도, 고로쇠나무 잎에도,

붉나무 잎에도 새똥 같은 자벌레가 시사 삼매경에 빠져 있네요.

새똥 닮은 저 녀석은 누굴까요?

이름도 어려운 가시가지나방 애벌레입니다.

개암나무

이 꼭지는 나비목 자나방과 종인 가시가지나방(*Apochima juglansiaria*) 이야기입니다.

나방계 카멜레온
가시가지나방 애벌레

이른 아침 중미산 오솔길. 벌써부터 가시가지나방 애벌레가 물푸레나무 잎에 매달려 식사를 하고 있습니다. 평상시에는 가슴 속에 숨겨 두는 머리를 꺼내 큰턱을 왼쪽 오른쪽으로 펼쳤다 오므렸다 하면서 잎을 씹어 먹습니다. 울퉁불퉁한 몸매, 거무칙칙한 몸 색깔, 언뜻 보면 '못난이' 같은데 자꾸 보니 나름 귀여운 구석이 있군요. 통통한 몸 앞쪽에는 가슴다리 3쌍이 오밀조밀 붙어 있고, 자나방과(科) 집안답게 배에는 가짜다리(헛다리) 4쌍 가운데 3쌍이 퇴화되어 1쌍만 남아 있습니다. 피부에는 좁쌀처럼 오돌토돌한 돌기가 쫙 깔려 있고, 군데군데 사마귀 점 같은 새까맣고 커다란 돌기가 듬성듬성 박혀 있습니다.

—
검은색 가시가지나방 애벌레

가시가지나방 하면 몸 색깔입니다. 색깔이 다양하다 보니 같은 종인데도 다른 종 애벌레로 착각하기 딱 좋습니다. 연두색 바탕에 하얀색 무늬, 까만색 바탕에 분홍색 무늬, 까만색 바탕에 하얀색 무늬, 갈색 바탕에 하얀색 무늬가 섞여 있습니다. 이렇게 몸 색깔이 제각각이지만 알에서 깨어날 때는 온몸이 새까맣습니다. 애벌레는 허물을 벗으면서 자라는데, 허물을 벗을 때마다 몸 색깔은 저마다 다른 색깔로 바뀝니다.

마침 까만색 바탕에 분홍색 무늬가 섞인 녀석이 버드나무류 잎을 먹고 있네요. 장난기가 발동해 밥 먹는 녀석을 톡 건드려 봅니다. 별안간 머리를 치켜들고 나뭇가지를 꽉 붙잡고 있던 가슴다리까지 올리면서 윗몸을 벌떡 일으킵니다. 이어서 머리와 가슴 부분을 둥글게 말아서 몸 안쪽으로 끌어당긴 뒤 배 한가운데에 갖다 댑니다.

순간 녀석 몸이 꽈배기처럼 꼬여 어디가 머리인지 어디가 배 끝인지 헷갈립니다. 배 쪽으로 박은 머리를 찾으려고 녀석을 만지니 몸에 힘을 잔뜩 주면서 더욱 단단하게 몸을 꼽니다. 그렇게 배다리(헛다리, 가짜다리) 2개(1쌍)와 꼬리다리 2개(1쌍)로 나뭇가지를 꼭 잡고서 '나 죽었다.' 하며 꼼짝 않고 버팁니다. 몸을 꼰 채 나뭇가지에 딱 붙어 있으니 새들이 날면서 찌이익 싼 똥과 너무도 닮았습니다.

2분쯤 지나자 굳었던 몸이 꿈틀거리는가 싶더니 그새 몸 쪽에 박고 있던 머리를 나뭇가지에 갖다 댑니다. 그러자 자동적으로 둥글게 말았던 가슴을 곧게 펴 가슴다리 6개(3쌍)로 나뭇가지를 꼭 붙잡습니다. 언제 몸을 꼬았냐 싶게 몸을 기다랗게 쭉 펴면서 정상적인 나방 애벌레 모습을 되찾습니다.

갑자기 녀석이 기어가기 시작합니다. 그런데 걷는 폼이 이상합니다. 재미있게도 굼실굼실 기어가지 않고 자를 재는 듯이 한 뼘한 뼘 일정한 간격으로 따박따박 기어가는군요. 몸이 직선으로 쭉펴지면 가슴다리 3쌍은 줄기를 꽉 잡고, 배 끝 쪽 꼬리다리와 배다리를 머리 쪽으로 옮깁니다. 그러면 자동적으로 몸통 한가운데가달처럼 둥글게 휘어지고, 이어서 가슴다리 3쌍이 앞쪽으로 이동합니다. 그러면 다시 몸이 일자로 쭉 펴지고, 또 배 끝 쪽 부분을 머리쪽으로 옮기면 가슴다리가 앞쪽으로 이동합니다. 이렇게 기는 모습을 자로 잰 듯이 긴다 해서 '자벌레'라는 별명을 갖게 되었지요. 자나방과에 속한 모든 애벌레를 자벌레라고 합니다.

왜 녀석은 꿈틀꿈틀 기어가지 않고 자로 잰 듯이 기어갈까? 배다리 일부가 없어졌기 때문입니다. 나비목 애벌레들 다리는 기본으로 가슴에 붙은 가슴다리 3쌍, 배에 붙은 배다리 4쌍, 배 끝에 붙은 꼬리다리 1쌍 이렇게 모두 8쌍이 있습니다. 그런데 자벌레 다리는 모두 5쌍입니다. 가슴다리 3쌍, 배다리 1쌍, 꼬리다리 1쌍이지요. 배 한 가운데에 있어야 할 배다리 4쌍 가운데 3쌍이 없어진 것입니다. 더구나 남은 배다리 1쌍도 배 끝 쪽으로 이동해 배 한가운데는 이가 빠진 것처럼 휑합니다. 배 한가운데에 다리가 없으니 기어 다닐 때 몸 가운데 부분이 활처럼 휠 수 밖에요.

기어가는 녀석을 살짝 건드려 봅니다. 깜짝 놀라 머리와 가슴 부분을 둥글게 말아 배 쪽에 박고 죽은 듯 가만히 있습니다.

카멜레온 같은 가시가지나방 애벌레 245

새똥으로
위장

새똥으로 위장한 가시가지나방 애벌레는 늘 안전할까요? 아닙니다. '나는 맛없는 새똥이야, 먹지 마!'라고 온몸으로 광고해도 숲속에는 녀석을 노리는 포식자가 들끓습니다. 가시가지나방 애벌레가 알에서 깨어날 때쯤이면 새들도 알을 낳거나 알을 깨고 나온 새끼를 키울 때입니다. 새뿐만 아니라 겨울잠을 자던 도마뱀, 거미, 쌍살벌 같은 동물들도 깨어나 먹잇감을 찾을 때입니다. 가시가지나방 애벌레는 번데기가 되기 전까지 잎 위에서 온몸을 드러내고 지내기 때문에 포식자에게 만만한 먹이입니다.

몸길이가 35밀리미터나 되고 뚱뚱하기까지 해 한 마리만 잡아 먹어도 작은 곤충 몇 마리를 먹은 것과 같으니 최고의 먹잇감입니

누런 가시가지나방
애벌레가 잎을 갉아
먹고 있다.

다. 그래서 제아무리 새똥으로 위장한들 매서운 포식자 눈을 피하기는 쉽지 않습니다. 실제로 곤충 세계에서 어미가 낳은 알들 가운데 1~2퍼센트만 무사히 어른벌레가 된다고 하니 말 다했지요.

마침 여왕 쌍살벌 한 마리가 가시가지나방 애벌레 둘레로 '부웅' 날아오더니 인정사정없이 녀석을 낚아챕니다. 순식간에 배 끝에 있는 독침으로 찌르니 가시가지나방 애벌레는 힘 한 번 못 쓰고 혼수상태에 빠집니다. 쌍살벌은 가시가지나방 애벌레가 마취되기 무섭게 무시무시한 큰턱으로 껍질을 벗긴 다음 속살을 질근질근 씹어 동그란 경단을 능숙하게 빚습니다. 졸지에 통통했던 가시가지나방 애벌레는 온데간데없고 쌍살벌 주둥이에 연둣빛 경단이 물려 있습니다. 쌍살벌은 가시가지나방 애벌레로 빚은 경단을 물고 집으로 날아가 애벌레들에게 경단을 쪼개 먹여 줍니다.

이른 봄에 날개돋이 하는 어른 가시가지나방

가시가지나방 애벌레는 허물을 4번 벗으면서 자랍니다. 먹성이 좋아 싸리나무 잎, 붉나무 잎, 버드나무류 잎, 가래나무 잎, 청가시덩굴 잎처럼 식물 종류를 가리지 않고 닥치는 대로 먹습니다. 그러던 어느 날 다 자라서 번데기가 될 때면 모두 땅으로 내려가는데, 나무줄기를 따라 땅속으로 들어가거나 수북하게 쌓인 가랑잎 더미 속으로 들어갑니다. 그런 다음 몸에 있는 물기를 빼면서 번데기 될

가시가지나방 애벌
레가 몸을 쭉 폈을
때 모습

준비를 합니다. 2~3일쯤 앞번데기 시기가 지나자 녀석은 애벌레 시절 입었던 허물을 벗고 번데기로 탈바꿈한 뒤 겨우내 겨울잠을 자면서 매서운 추위를 견딥니다.

겨울이 지나고 3월, 드디어 번데기에서 어른 가시가지나방이 태어납니다. 봄치고는 꽃샘추위가 한창인 때에 어른벌레 삶이 시작됩니다. 어른 가시가지나방 생김새는 참으로 희한합니다. 앉아서 쉬고 있는 모습은 T자 같습니다. 겉날개는 가로로 돌돌 말아 양옆으로 펼치고, 속날개는 배와 평행이 되게 세로로 접고 있어 한 번만 봐도 기억에 남습니다.

가시가지나방은 일 년에 한살이가 한 번 돌아가니 봄에만 녀석을 만날 수 있습니다. 올봄이 가기 전에 이 나무 저 나무 잎에 붙어 있는 새똥 닮은 가시가지나방과 멋진 데이트를 해 보세요. 색다른 감동이 몰려올 것입니다.

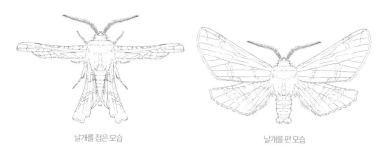

날개를 접은 모습　　　　　　날개를 편 모습

가시가지나방

가시가지나방 애벌
레가 번데기를 만들
기 위해 돌아다니고
있다.

우리도 새똥이다!

흰가슴하늘소와 새똥하늘소

흰가슴하늘소
새똥처럼 생긴 흰가슴하늘소가
잎 위에 앉아 있습니다.

오대산 자락 상원사를 지나는 길.

골짜기에 개울물이 시원스럽게 흘러가고

축축한 골짜기 옆 길 위에는 나비들이 앉아

진흙물을 마시고 있습니다.

텀벙텀벙 시원스럽게 흐르는 계곡물 소리에 취해 걷는데,

죽은 노박덩굴 가지에 뭔가 붙어 있습니다.

자그마한 것이 방금 싼 새똥처럼 광택이 나고

나뭇가지 색과 비슷합니다.

그냥 지나치려는데, 휘휘 더듬이를 젓는군요.

흰가슴하늘소입니다.

새똥하늘소

이 꼭지는 딱정벌레목 하늘소과 종인 흰가슴하늘소(*Pogonocherus seminiveus*)와
새똥하늘소(*Pogonocherus seminiveus*) 이야기입니다.

어른
흰가슴하늘소

흰가슴하늘소는 기다란 더듬이를 이리저리 휘저으며 머리를 노
박덩굴 가지에 대고 큰턱으로 나무껍질을 뜯어내고 있습니다. 껍
질을 조금씩 깨물어 흠집을 낸 뒤 몸을 180도 돌려 배 끝을 흠집
낸 나무껍질에 댑니다. 그런 다음 산란관을 흠집 속에 넣고 움찔움
찔 움직이며 알을 낳습니다. 산란관은 가느다랗고 작아서 잘 보이
지 않습니다.

카메라를 가까이 대자 쌩 날아가 버리는군요. 날아가 앉은 곳은
다행히 바로 옆 나뭇잎 위. 더듬이를 힘차게 뻗치고 앉아 있는 녀
석은 아무리 봐도 새똥입니다. 몸은 원통 모양으로 날씬한 편이고
몸 색깔은 전체적으로 짙은 고동색입니다. 앞가슴등판, 다리의 넓
적다리마디와 종아리마디 일부분은 하얀색, 더구나 딱지날개 뒷부

흰가슴하늘소
어른벌레

분에도 하얀색 띠가 둘러져 있어 영락없이 요산이 섞인 새똥이군요. 특히 가슴판이 흰색이라 흰가슴하늘소라는 이름이 붙었지만, 종종 가슴판이 엷은 황토색을 띨 때도 있습니다.

뭐가 불안한지 딱지날개를 펼 듯 말 듯 들썩이다가 이내 활짝 폅니다. 이때를 놓칠세라 도망가려는 녀석을 잽싸게 손으로 덮치자 다급했는지 다리를 몸 쪽으로 오그리고 혼수상태에 빠집니다. 톡톡 건드려도 꼼짝하지 않는군요. 가짜로 죽은 가사 상태이지요. 혼수상태에 빠져 있어 지금은 아무리 건드려도 움직이지 않습니다. 일정한 시간이 흘러야 혼수상태에서 깨어나 제정신으로 돌아오기 때문이지요. 1분쯤 지났을까? 다리가 꼬물거리더니 여섯 다리가 원래대로 돌아왔습니다. 그러자 다리로 나뭇잎을 딛고 몸을 뒤집어 엉금엉금 기어가더니 이내 날아서 숲속으로 도망갑니다.

흰가슴하늘소가 다리를 몸 쪽으로 오그리고 혼수상태에 빠졌다.
—

나무속에서
평생 사는 애벌레

흰가슴하늘소 애벌레는 평생을 죽은 노박덩굴의 가느다란 나무줄기 속에서 삽니다. 알에서 깨어나면 가느다란 노박덩굴 줄기 껍질 안쪽을 먹다가 자라면서 점점 나무 조직 속을 큰턱으로 파고 들어가 섬유질을 씹어 먹습니다. 녀석이 지나간 나무속 목질부에는 긴 터널이 생기고 터널에는 녀석이 싼 똥이 소복이 쌓입니다. 몸집이 커지면 허물 벗고, 다 자라면 번데기가 되고, 번데기 또한 애벌레 자신이 살았던 나무줄기 굴속에다 만듭니다. 나무줄기 속은 컴컴하긴 해도 흰가슴하늘소 애벌레에게 둘도 없는 안전 지대입니다. 물론 나무줄기 속에도 개미붙이류 애벌레나 기생벌 같은 포식자가 있지만 그래도 포식자가 바글거리는 육상보다 낫습니다.

나무줄기 속에서 1년쯤 무사히 버티다 여름 들머리쯤 되면 드디어 어른 흰가슴하늘소가 번데기를 뚫고 나옵니다. 이때는 몸이 굉장히 부드러워 조금만 부딪쳐도 우그러듭니다. 그래서 몸이 단단하게 굳을 때까지 번데기 방(고치)에서 기다렸다 몸이 단단해지면 큰턱으로 질긴 나무줄기 속과 껍질을 뚫고 밖으로 탈출합니다. 이제부터 어른 흰가슴하늘소 삶이 시작되는데, 몸을 새똥처럼 변장해 포식자를 따돌리기는 하지만 살아남는 게 만만치 않습니다. 어른 흰가슴하늘소는 고작 열흘쯤 살면서 짝을 찾아 짝짓기도 하고 알도 낳습니다. 한살이는 일 년에 한 번 돌아갑니다. 어른벌레는 5월 초순에서 8월 초순 사이에 보이고, 애벌레 모습으로 겨울잠을 잡니다.

새똥 닮은
새똥하늘소

흰가슴하늘소 말고도 새똥을 닮은 하늘소가 또 있습니다. 바로 딱정벌레목 하늘소과인 새똥하늘소입니다. 초봄 두릅나무 새순이 돋을 때쯤이면 어른 새똥하늘소가 겨울잠에서 깨어납니다. 어른 새똥하늘소는 새똥을 닮은 데다 두릅나무의 희끄무레한 줄기에 꼼짝 않고 딱 붙어 있으면 웬만해선 표가 나지 않습니다.

어른 새똥하늘소 몸길이는 커 봤자 8밀리미터쯤 되어서 하늘소 치고는 몸집이 작은 편입니다. 온몸은 털로 덮여 있는데, 털은 죄다 비스듬히 누워 있습니다. 더듬이는 얼마나 긴지 자기 몸길이와 맞먹고, 몸 색깔은 전체적으로 까만색이면서 딱지날개 앞부분에 허연 무늬가 있습니다. 날개 끝에는 뾰족한 가시가 2개 붙어 있

새똥하늘소는 날개에 허연 무늬가 있고, 꽁무니에 작은 가시가 2개 솟았다.

지요. 그러고 보니 날개의 허연 무늬는 새똥에 섞인 요산과 비슷하고, 날개 끝에 돋은 가시는 두릅나무 가시와 비슷합니다. 절묘한 변장술이군요. 아무리 봐도 영락없는 새똥. 오죽하면 이름도 새똥하늘소일까요?

두릅나무에서 수컷과 짝짓기를 마친 어미 새똥하늘소는 자신이 있던 두릅나무 줄기를 큰턱으로 헤집어 낸 흠집이나 나무껍질 틈으로 산란관을 넣어 알을 낳습니다. 알에서 깨어난 새똥하늘소 애벌레는 두릅나무 줄기 속에서 나무속을 파먹으며 살다가 다 자라면 나무속에서 번데기로 탈바꿈합니다. 두릅나무가 여러 그루 자라는 곳에는 죽은 가지가 제법 있습니다. 죽은 가지 껍질을 잘 살펴보면 동그랗게 뻥 뚫린 구멍이 있는데, 새똥하늘소 애벌레가 애벌레 시절과 번데기 시절을 보내고 어른으로 날개돋이 한 뒤 나무 줄기를 뚫고 나온 구멍입니다

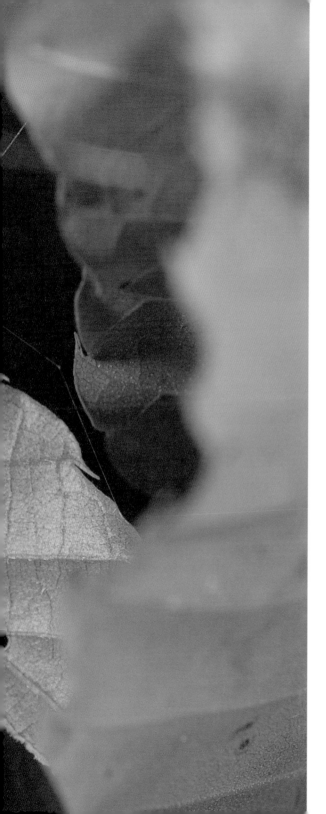

사마귀게거미와 큰새똥거미

큰새똥거미

큰새똥거미가 잎 위에 앉아 있습니다.
꼭 잎에 떨어진 새똥처럼 보입니다.

6월 오대산은 온통 초록빛입니다.

연둣빛 나무 터널이 끝도 없이 이어지는 숲길을 걷습니다.

달콤한 다래 꽃향기가 바람에 실려 와 코끝에 맴돕니다.

하얗게 변한 다래 잎을 들추니

순백색 다래 꽃이 잎 뒤에 주렁주렁 고개 숙이고 피어났네요.

그런데 바로 옆 잎 위에 뭔가가 눈에 띕니다.

새똥처럼 생겼는데, 어째 예사롭지 않습니다.

살짝 건드리니 놀란 듯 꿈틀거리며 웅크립니다.

내친김에 손가락으로 좀 더 세게 건드리니

녀석이 실을 타고 나뭇잎 아래로 뚝 떨어집니다.

거미줄이 배 끝에서 나오는 걸 보니

새똥도 아니고 곤충도 아닌 거미로군요.

다래나무

이 꼭지는 거미목 게거미과 종인 사마귀게거미(*Phrynarachne katoi*)와
왕거미과 종인 큰새똥거미(*Cyrtarachne inaegualis*) 이야기입니다.

새똥 닮고 게 닮은
사마귀게거미

곤충 중에서 새똥 닮은 곤충이 있다면 거미 중에도 새똥 닮은 거미가 있습니다. 말이 거미지 꼭 새똥 같습니다. 그 유명한 사마귀게거미를, 그것도 세계적으로 희귀해 보기 힘든 사마귀게거미를 여기서 만나다니! 하도 반가워 숨이 멎는 줄 알았습니다.

벌써 몇 시간째 사마귀게거미가 뽕나무 잎 위에 꼼짝 않고 앉아 있습니다. 다리를 잔뜩 웅크리고 앉아 있는 녀석을 보고 산에 올라갔다 2시간 뒤에 왔는데도 그 자리에 그 자세로 있습니다. 이리저리 사진을 찍어도 미동도 없이 태평하게 있군요. 덕분에 녀석 몸을 실컷 구경합니다. 곤충과 달리 사마귀게거미는 몸이 머리가슴과 배, 이렇게 두 마디로 나뉘어 있고 다리는 8개입니다. 몸 색깔은 온통 거무칙칙하고 다리 절반 정도는 유난히 새하얗습니다. 녀석 몸

사마귀게거미

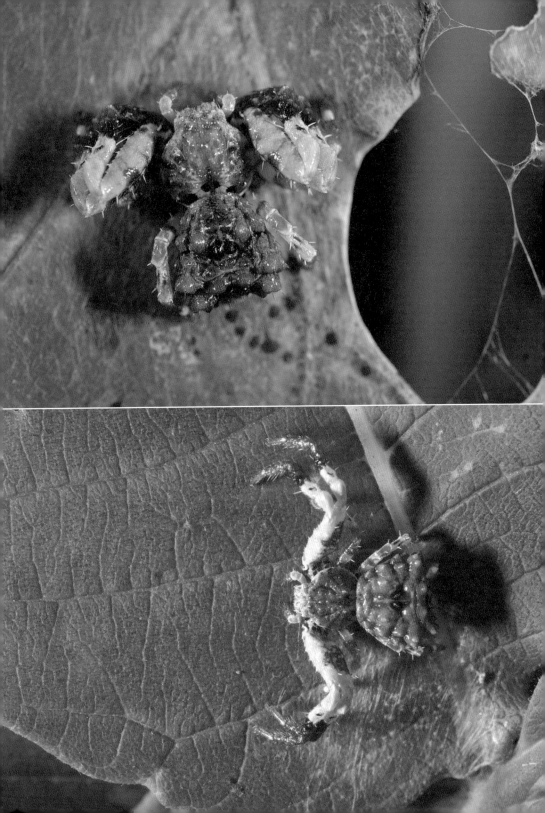

은 티눈이나 사마귀 같은 돌기들이 쫙 덮여 있고 다리는 얼마나 긴지 제 몸길이의 두 배나 됩니다. 다리를 쭉 펴면 강과 바다에 사는 게랑 닮았습니다. 실제로 게거미 집안인 거미목(目) 게거미과(科) 식구들은 누군가 건드리면 게처럼 옆으로 걸어갑니다. 또 화가 나면 앞발을 들고 온몸을 사시나무 떨 듯이 벌벌 떨면서 '나 무섭지?' 하고 위협합니다. 보통 거미는 옆으로 걷지 못하는데, 옆으로도 걷고 앞으로도 걸으니 녀석의 다리는 요술쟁이 수준입니다

이렇게 피부를 덮고 있는 돌기들이 몸에 돋는 사마귀와 비슷하고, 다른 거미들보다 더 긴 다리와 옆으로 걷는 행동이 게와 비슷해 사마귀게거미라는 이름이 붙었습니다. 하지만 넓은 나뭇잎에 앉아 있으면 새똥보다 더 새똥 같아 거미가 아닌 새똥으로 착각하기 십상이지요. 모습이 희한한 탓에 사람 손을 타서일까? 사마귀게거미는 운이 좋아야 만날 수 있는 희귀종입니다. 그나마 암컷만 봤지 수컷을 봤다는 사람은 없습니다. 우리나라와 중국, 일본에서만 삽니다.

마침 쉬파리류 한 마리가 잎 위에 웅크리고 앉아 쉬고 있는 사마귀게거미 쪽으로 날아옵니다. 왔다가 내키지 않은 듯 다시 날아 저쪽으로 가버리더니, 이내 다시 날아와 사마귀게거미 코앞에 앉습니다. 앉기가 무섭게 사마귀게거미가 웅크리던 몸을 일으켜 전광석화처럼 후다닥 쉬파리류를 낚아챕니다. 순식간에 쉬파리류 몸에 사마귀게거미 주둥이에 있는 독니(fang, 엄니)가 박혀 있고, 쉬파리류는 살려 달라고 애원이라도 하듯이 날개를 퍼덕이며 몸부림을 칩니다. 그러든 말든 녀석은 쉬파리류 몸에 엄니를 푹 찔러 넣고 독액이 듬뿍 들어 있는 독 주사를 놓습니다. 서서히 쉬파리류 몸에

독이 퍼져 나가 마취가 되면서 차츰 몸은 늘어지고 퍼덕대던 날개도 축 처져 갑니다.

쉬파리류가 움직이지 않자 드디어 사마귀게거미가 요리를 시작합니다. 사마귀게거미는 마비된 쉬파리류 몸을 주둥이 위턱과 아래턱으로 깨물어 아래턱샘에서 분비한 소화액을 넣습니다. 그러고는 주둥이로 문 채 먹잇감 속살이 흐물흐물해질 때까지 기다립니다. 사마귀게거미가 쉬파리류 머리를 짓뭉개지 않는 한 쉬파리류는 뇌가 살아 있어 자기 몸을 눈으로 볼 수 있습니다. 즉 쉬파리류 몸속에 사마귀게거미 독이 들어오면 쉬파리류의 뇌는 외부 적과 싸우라고 명령을 내립니다. 이 명령이 신경을 통해 근육에 전달되려면 신경과 근육을 오가는 화학 물질이 필요합니다. 하지만 안타깝게도 사마귀게거미 독은 쉬파리류의 이 화학 물질이 제 기능을 못하게 만듭니다. 그러니 쉬파리류는 발끝 하나 움직일 수 없

사마귀게거미가 파리를 잡아먹고 있다.

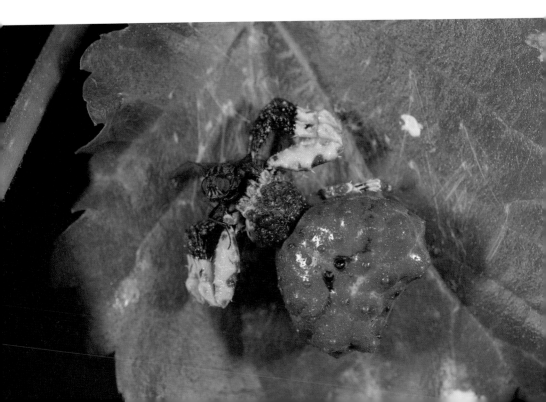

고, 되레 사마귀게거미가 자신을 먹는 모습을 죽을 때까지 봐야 합니다.

얼마나 지났을까? 드디어 맛있는 '쉬파리 죽' 완성! 그제야 사마귀게거미는 주둥이로 쉬파리 죽을 쭉쭉 들이마십니다. 녀석이 빨아 마시면 마실수록 쉬파리류 몸은 시나브로 쪼그라듭니다. 1시간쯤 지나자 체액을 다 빨린 쉬파리류는 달랑 날개 2장과 비틀어진 허물만 남은 채 죽었습니다. 가벼운 허물은 바람에 날려 어디론가 사라지고 여전히 사마귀게거미는 뽕나무 잎에 걸터앉아 자신을 똥인 줄 여기고 날아올 곤충을 기다립니다.

사마귀게거미는 왜 하필이면 새똥 모양을 하고 있을까요? 녀석은 행동이 굼뜹니다. 이리저리 돌아다니는 것보다 웬만해선 움직이지 않고 한자리에 오래 머뭅니다. 그러니 새나 개구리 같은 포식자 눈에 띌 것은 빤한 일. 그래서 포식자를 따돌릴 수 있게 몸 색깔을 요산이 섞인 허옇고 거무칙칙한 새똥으로 변장을 했습니다. 새처럼 힘센 포식자는 똥인 줄 알고 쳐다보지도 않지만, 똥을 즐겨 먹는 곤충들은 신나게 달려듭니다.

어른 나비류(나비목)는 꽃꿀에는 적게 들어 있는 무기물을 섭취하기 위해 때때로 죽은 짐승에서 나오는 즙이나 똥즙을 빨대처럼 기다란 주둥이로 쭉쭉 빨아 마십니다. 한번은 어른 자나방류 한 마리가 사마귀게거미에게 날아가 녀석 등 위에 앉는 것을 보았습니다. 그런데 자나방류가 다시 날아오르려고 날개를 팔랑이는데도 사마귀게거미 몸에서 떨어지지 않았습니다. 무슨 일일까요? 가까이 가 보니 자나방류가 사마귀게거미한테 잡혔습니다. 똥인줄 알고 날아가 앉았다가 날벼락을 맞은 꼴이지요. 자나방류는 탈출하

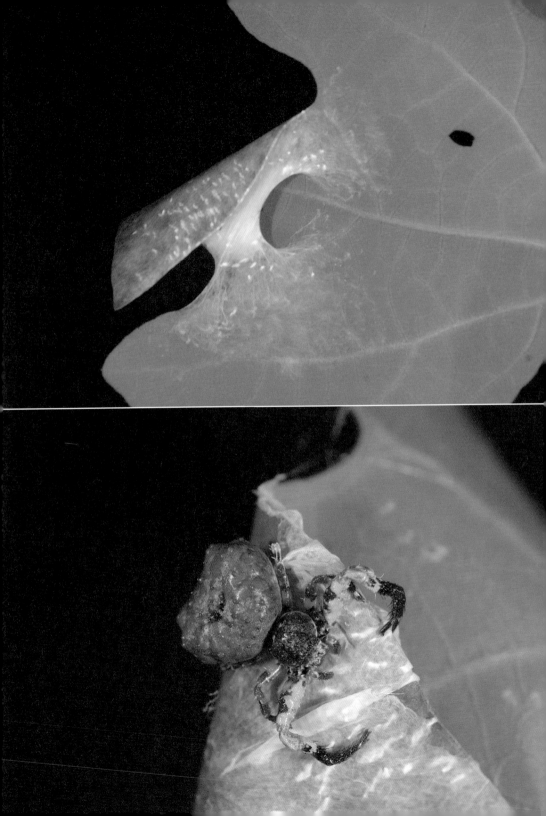

려고 한동안 퍼덕거렸지만 소용없는 일. 사마귀게거미는 새똥과 비슷해 포식자를 피해서 좋고, 똥인 줄 알고 달려드는 곤충을 잡아 먹을 수 있어 좋습니다. 일석이조란 말은 사마귀게거미에게도 통하는군요.

이렇게 모든 거미들은 타고난 사냥꾼입니다. 사냥하는 데 꼭 필요한 무기는 거미줄과 독. 녀석의 주둥이에는 무시무시한 독니가 붙어 있어 먹잇감을 잡았다 하면 바로 독니를 먹잇감에 찔러 넣고 독을 넣습니다.

큰새똥거미도
새똥 닮았네

사마귀게거미 말고도 새똥을 닮은 거미가 또 있습니다. 바로 큰새똥거미! 큰새똥거미는 왕거미 집안인 거미목 왕거미과 식구입니다. 마침 참싸리 잎 뒷면에 큰새똥거미가 붙어 있군요. 몸 색깔이 잎과 비슷한 연한 풀색이라 눈에 잘 띄지 않습니다. 잎을 들추니 다리를 더 움츠리며 죽은 듯 가만히 있습니다. 배는 역삼각형인데, 특이하게 겉에 뱀이 똬리를 튼 것 같은 무늬가 그려져 있군요. 반질반질 윤까지 나니 새들이 방금 싸 놓은 똥 같습니다.

녀석은 야행성이라 밤에 사냥을 합니다. 왕거미 집안 식구답게 거미줄을 치는데, 산왕거미처럼 예술적으로 둥그렇게 치는 게 아니라 얼기설기 구멍이 뻥뻥 뚫린 거미줄을 칩니다. 그래도 성능은

좋아 멋모르고 다가온 힘없는 곤충들이 거미줄에 걸리면 도망가기
가 거의 불가능합니다. 녀석은 거미줄 한 귀퉁이에 숨어 있다가 먹
이가 걸리면 잽싸게 뛰어와 실젖에서 실을 팍팍 뽑아 먹잇감을 감
싸고, 그런 다음 주둥이에 있는 독니를 푹 찔러 넣습니다. 독을 넣
으면 먹잇감 속살이 흐물흐물 녹습니다. 맛있는 죽 요리가 완성되
면 주둥으로 체액을 빨아 마십니다. 녀석은 밤새 사냥을 하다 아침
이 되면 재빨리 거미줄 망을 먹어 없앱니다. 낮 동안에는 나뭇잎이
나 풀잎 뒤에 딱 달라붙어 쉬기 때문에 낮에는 거의 사냥을 하지
않지만 곤충들이 똥인 줄 알고 날아오면 잡아먹습니다. 연두색과
새똥 색으로 변장하고 풀잎 뒤에 있으니 곤충은 똥으로 착각하고
날아오고, 포식자는 똥으로 여기고 가 버립니다.

큰새똥거미 어미는 알도 잘 돌봅니다. 여름이 지나면 풀 줄기 사
이를 오가며 거미줄을 친 뒤 거미줄에 다각형의 병 같은 알 주머니
를 매달아 놓습니다. 그리고 죽을 때까지 알 주머니 둘레 풀 줄기
에 숨어서 지킵니다. 누가 알 주머니를 건드리기라도 하면 잽싸게
뛰쳐나와 알 주머니를 감싸고 경계합니다. 살아남기 위한 변장술
도 빼어나지만 자손을 지키려는 본능은 거미나 사람이나 별반 차
이가 없는 것 같습니다.

4장

보호색_
뚱 쓰레기 변장

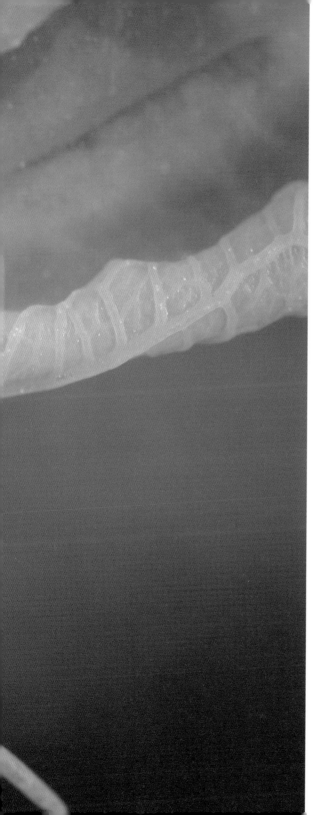

똥을 뒤집어쓰고 사는

곰보가슴벼룩잎벌레 애벌레

곰보가슴벼룩잎벌레
곰보가슴벼룩잎벌레가 잎을 갉아 먹으러
풀 줄기를 기어오르고 있습니다.

세상이 온통 진초록빛으로 물든 5월 말,

북한강을 고요히 내려다보는 운길산에 갑니다.

아무도 없는 호젓한 오솔길, 바람과 벗 되어 한 발 한 발 내딛습니다.

길옆 나뭇잎과 풀잎들은 햇빛을 흠뻑 받아 반짝반짝 윤이 납니다.

오늘따라 아기 손바닥만 한 잎이 눈에 띕니다.

어느새 쭉쭉 자라 황새 다리처럼 껑다리가 된 밀나물.

덩굴손이 나와 죽은 나무를 휘감고 올라와 나 보란 듯이 쑥 자랐군요.

그런데 멀쩡한 잎에 조각이라도 한 듯 정교하게 구멍이 나 있습니다.

손을 뻗어 구멍 난 잎들을 뒤적이니 웬 똥들이 다닥다닥 붙어 있네요.

그런데 똥들이 꼬물꼬물 움직입니다.

아! 똥을 뒤집어쓰고 사는 벌레, 곰보가슴벼룩잎벌레로군요.

한 번도 본 적이 없는 녀석을 여기서 만나다니,

하도 신기해 보고 또 봅니다.

밀나물

이 꼭지는 딱정벌레목 잎벌레과 종인 곰보가슴벼룩잎벌레(*Sangariola punctatostriata*)
이야기입니다.

곰보 흉터가 멋진
곰보가슴벼룩잎벌레

　나무가 우거져 그늘이 드리워진 숲속, 나뭇잎 사이로 이따금씩 새어 나오는 햇빛 덕에 숲 바닥에도 풀들이 자랍니다. 밀나물도 그 틈에 끼어 잎을 내밀었습니다. 그런데 잎사귀가 성치 않습니다. 야들야들한 잎에 크고 작은 구멍들이 뻥뻥 뚫려 있군요. 누가 먹었을까? 살금살금 다가갑니다. 그러면 그렇지! 잎벌레 짓입니다. 그런데 이게 웬일인가요. 빨간 옷을 입은 잎벌레가 밥을 먹다 말고 정신없이 짝짓기를 하네요. 그러다 인기척에 놀랐는지 더듬이를 배 쪽에 붙이고 여섯 다리를 잔뜩 오그린 채 나무토막처럼 딱 멈춥니다. 위험을 느끼면 곧장 땅바닥으로 떨어지는데, 얼마나 급했으면 짝짓기 하던 자세 그대로 어정쩡하게 있을까요? 그 모습이 얼음 위에 서 있는 펭귄 같아 혼자 킥킥 웃습니다. 잠시 침묵이 흐릅니

짝짓기 하던 곰보가
슴벼룩잎벌레가 깜
짝 놀라 가사 상태
에 빠져 꼼짝을 안
하고 있다.

다. 지금은 혼수상태(가사 상태)라 일정한 시간이 지나야 정신을 차립니다. 2분쯤 지났을까? 두 녀석의 더듬이와 다리가 움직이더니 각자 잎 뒤로 재빨리 걸어 도망칩니다.

풀잎 뒤로 도망가던 녀석은 걸음을 멈추고 풀 줄기 위에 다소곳이 앉았습니다. 앞다리로 더듬이를 끌어당기며 쓰다듬기도 하고, 앞다리와 더듬이를 주둥이로 청소하며 망중한을 즐깁니다. 무엇보다 눈에 들어오는 것은 녀석의 몸 색깔. 몸 색깔이 참 곱습니다. 앞가슴등판과 딱지날개가 주홍빛이고 더듬이와 다리가 까만색이어서 정말 매혹적이죠. 거기다 딱지날개에 작은 홈처럼 파인 점각들이 빽빽하게 찍혀 있어 정교한 조각 작품 뺨칠 정도입니다. 특이하게도 앞가슴등판은 물집이 잡힌 것처럼 군데군데 부풀어 있습니다.

곰보가슴벌룩잎벌레는 몸빛이 빨갛고 딱지날개에 자잘한 홈이 잔뜩 파였다.
—

그 모습이 곰보 같아 이름에 '곰보'가 들어갔고, 뒷다리 허벅지마디(넓적다리마디)가 벼룩 뒷다리처럼 통통하게 불거져 있어 이름에 '벼룩'이 들어갔습니다. 벼룩처럼 곰보가슴벼룩잎벌레도 뛰어오르는 데 선수입니다. 힘없는 곤충들은 포식자를 만나면 도망가는 게 상책. 뒷다리 운동 근육을 이용해 톡 튀면서 도망치니 뒷다리는 자신을 지키는 무기인 셈입니다. 마침 다리무늬침노린재가 나타났습니다. 무작정 도망가야죠. 곰보가슴벼룩잎벌레는 뒷다리 힘을 증명이라도 하듯 톡 튀면서 풀숲 바닥으로 떨어집니다.

녀석처럼 '잎벌레과(科)'에 속하는 곤충들 가운데 뒷다리 허벅지가 알통처럼 불거진 무리가 많습니다. 왕벼룩잎벌레, 알통다리잎벌레, 바늘꽃벼룩잎벌레, 벼룩잎벌레처럼 다들 위험하다 싶으면 곧바로 튀어 달아납니다.

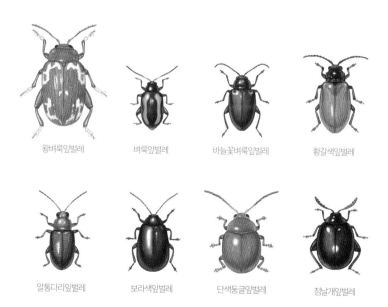

왕벼룩잎벌레　　　벼룩잎벌레　　　바늘꽃벼룩잎벌레　　　황갈색잎벌레

알통다리잎벌레　　　보라색잎벌레　　　단색둥글잎벌레　　　점날개잎벌레

모여 사는
애벌레

짝짓기를 마친 어미 곰보가슴벼룩잎벌레는 알 낳을 곳을 찾습니다. 명당은 다름 아닌 밀나물 잎. 다행히 밀나물은 어미 자신이 먹던 밥상이라 멀리 찾아다닐 필요도 없습니다. 녀석은 밀나물 잎 뒷면에 알을 하나씩 하나씩 낳아 붙입니다. 알이 나올 때마다 산란관 옆 부속샘에서 끈적이는 물질이 함께 나와 알이 잎에 잘 붙도록 도와줍니다. 알을 수십 개 낳은 어미는 죽어 가고 시간이 지나면 알에서 애벌레가 깨어납니다.

돌봐 줄 부모 없이 깨어난 애벌레는 혼자 힘으로 살아야 합니다. 자기 운명을 알고 있다는 듯 깨어나자마자 잎 가장자리로 걸어갑니다. 한 어미가 낳은 알들에서 깨어난 다른 형제자매들도 하나둘 잎 가장자리에 모입니다. 이제부터 아기 애벌레들의 합숙 생활이 시작됩니다. 갓 깨어난 곰보가슴벼룩잎벌레 애벌레들은 함께 모여서 밥을 먹고 똥 싸며 쉽니다. 아직은 어려 큰턱이 단단하지 않습니다. 그래서 잎맥은 건드리지 않고 잎살만 골라 살살 갉아 씹어 먹습니다. 녀석들이 먹은 잎에는 구멍이 숭숭 뚫려 잎맥만 남아 마치 망사처럼 보입니다.

잎 하나를 다 먹으면 바로 옆에 있는 잎으로 이사를 갑니다. 이사라야 단출해서 그저 몸만 옮겨 가면 됩니다. 먼저 도착한 녀석이 내뿜는 집합페로몬 냄새에 이끌려 다른 형제자매들도 모입니다. 녀석들이 모여 사는 까닭은 한마디로 살아남기 위해서지요. 곤충 세계에서도 뭉치면 살고 흩어지면 죽는다는 말이 통합니다. 힘없

는 녀석들이 무시무시한 포식자를 물리친다는 건 꿈에서나 가능한 일입니다. 여럿이 모여 있으면 포식자는 '아이구, 무슨 벌레가 저리 커! 너무 커서 사냥하기 힘들겠네!' 하며 다른 곳으로 발길을 돌릴 가능성이 큽니다. 물론 잡아먹기도 하지만 무턱대고 달려들지는 않습니다.

똥을 뒤집어쓰다

아기 곰보가슴벼룩잎벌레 애벌레는 묘하게 생겼습니다. 머리는 작은데 몸통은 절구통처럼 뚱뚱해 오뚝이 같고, 가슴에 붙은 다리 6개가 얼마나 짧은지 뚱뚱한 몸뚱이에 파묻힙니다. 다리가 짧으니 빨리 걷는 데 젬병입니다. 아무리 급해도 어기적어기적 뒤뚱뒤뚱 천천히 걷습니다. 저 짧은 다리로 절구통 같은 뚱뚱한 몸을 떠받치고 있다니!

녀석 몸은 왜 후덕한 걸까요? 그것은 똥을 뒤집어쓰고 있기 때문입니다. 곰보가슴벼룩잎벌레 애벌레들은 너나 나나 할 것 없이 모두 똥 이불을 덮고 삽니다. 포식자로부터 자신을 보호하고 살아남기 위해 배설물을 재활용하는 것이지요. 갓 깨어났을 때부터 번데기가 될 때까지 애벌레는 평생 동안 똥을 짊어지고 다닙니다. 때때로 똥을 흘리고 다니기도 하지만 대부분 봇짐장수처럼 등 위에 업고 다닙니다. 1령~2령 어린 애벌레 시절에는 먹는 양이 적어 짊어지는 똥의 양이 적지만, 종령 애벌레가 되면 먹는 양이 많아 똥이 넘치도록 엄청 많이 짊어집니다.

종령 애벌레를 위에서 내려다보면 등 위에 똥만 보일 뿐 몸은 보이지 않습니다. 녀석이 잎살을 베어 씹어 먹을 때마다 똥 더미가 물결처럼 흔들립니다. 똥은 가느다랗고 짧으며 반지르르 윤이 납니다. 가느다란 똥들은 등 위에 소복소복 쌓여 탐스럽기까지 합니다. 똥을 손끝으로 만져 보니 질척대네요. 내친김에 조금 떼 살살 비벼 보니 살짝 미끈거리고 금방 뭉그러집니다. 물기가 많다 보니 손끝에 묻은 똥이 진흙처럼 남아 있습니다. 냄새를 맡아 봅니다. 밀나물 잎 냄새 말고는 별 특이한 냄새가 나지 않습니다. 물론 녀석을 잡아먹으려는 포식자들은 밀나물의 독 물질 냄새인 잎 냄새를 싫어할 것입니다.

녀석들은 손도 없는데 어떻게 똥을 등에 올릴까요? 우선 똥을 쌀 때 항문을 등 쪽으로 올립니다. 그러면 자연스럽게 똥이 배 끝 가까운 등 쪽에 얹어집니다. 똥에는 물기가 흥건히 젖어 있어 미끄러지듯 잘 밀려 올라갑니다. 나중에 싼 똥이 먼저 싼 똥을 밀어 올리고, 또 나중에 싼 똥이 먼저 싼 똥을 밀어 올립니다. 이렇게 계속 똥 밀어 올리기를 되풀이하면 어느새 녀석 등은 똥으로 뒤덮입니다. 어떤 때는 너무 많이 싸서 똥이 질질 흘러내릴 때도 있습니다.

녀석에게 미안하지만 손끝으로 등 위에 얹은 똥을 살살 훑어냅니다. 신통하게도 녀석은 똥이 없어진 것을 귀신처럼 알아차립니다. 털 같은 감각 기관이 온몸에 퍼져 있어 등에서 무슨 일이 일어나는지 즉각 알아차리는 것이지요. 녀석은 곧바로 복구 작업에 들어갑니다. 다시 똥을 싸 등 위에 정성스럽게 올립니다.

곰보가슴벌룩잎벌레 애벌레 꽁무니에서 질척질척한 똥이 나오고 있다.

곰보가슴벌룩잎벌레 애벌레 등 위로 똥이 올라갔다.

똥은 녀석에게 방어 무기입니다. 녀석들은 힘도 없고 자신을 지킬 만한 무기도 없는데 날마다 잎 위에서 생활합니다. 매일 잎 위에서 맨살을 드러내 놓고 생활하다간 거미류, 침노린재류, 사냥벌류 같은 포식자에게 금방 잡아먹히기 쉽습니다. 그래서 녀석은 똥으로 변장해 포식자를 속입니다. 또 똥에는 밀나물의 독 물질이 들어 있어 포식자가 잡아먹기를 꺼려할 수도 있습니다. 똥은 구세주인 셈입니다. 가진 거라고는 똥밖에 없는 녀석들, 험한 세상에서 살아남기 위해 똥에 운명을 맡기고 사는 녀석들이 안쓰럽기도 하고 대견하기도 합니다.

곰보가슴벼룩잎벌레 애벌레 등 위가 똥으로 완전히 뒤덮였다.

한살이는
일 년에 단 한 번

곰보가슴벼룩잎벌레 애벌레는 밀나물 잎을 먹으며 무럭무럭 자랍니다. 벌써 알에서 깨어난 지 2주가 넘어갑니다. 잎마다 몇 마리씩 붙어 있던 녀석들이 보이지 않습니다. 다 어디로 갔을까? 잎을 이리저리 뒤적여 봤지만 헛수고네요. 다 새들한테 잡아먹히진 않았을 텐데 말입니다. 마침 한 마리가 밀나물 줄기를 타고 내려가고 있군요. 종령 애벌레여서 몸이 무거울 텐데, 뒤뚱뒤뚱 걸어 땅으로 내려갑니다. 흙을 찾아간다는 건 번데기 만들 때가 되었다는 것이지요. 땅에 도착하자 흙 속으로 들어갑니다. 거의 모든 잎벌레과 식구들은 흙 속에서 번데기를 만듭니다. 땅속에도 포식자가 우글

곰보가슴벼룩잎벌레 2령 애벌레들이 모여서 밀나물 잎을 갉아 먹고 있다.

곰보가슴벼룩잎벌레 종령 애벌레

거리지만 땅 위보다 적으니 안전한 편입니다.

땅속으로 들어간 녀석은 분비물을 내어 번데기 방(고치)을 짓고 그 속에서 애벌레 시절 입었던 허물을 벗고 번데기가 됩니다. 깜깜한 흙방 속에서 여름, 가을, 겨울을 보내고 이듬해 늦봄이 되면 번데기는 어른으로 날개돋이 합니다. 즉 어른 곰보가슴벼룩잎벌레는 밀나물 잎이 새로 돋아나는 5월 중순에서 6월 초까지 한 열흘쯤 세상에서 지내며 식사도 하고 짝짓기도 하고 알도 낳고 죽습니다. 그래서 곤충 세계에서 곰보가슴벼룩잎벌레 어른벌레는 수명이 굉장히 짧은 편입니다. 곰보가슴벼룩잎벌레는 일 년에 한살이가 한 번 돌아갑니다. 혹시 산길을 걷다가 녀석을 만나거든 반갑다고 눈을 꼭 맞추시길 바랍니다.

곰보가슴벼룩잎벌레 종령 애벌레가 똥을 등에 얹은 채 밀나물을 갉아 먹고 있다.

들메나무외발톱바구미 애벌레

들메나무외발톱바구미 애벌레

들메나무외발톱바구미 종령 애벌레가
물푸레나무 줄기에 모여 있습니다.

온 산야가 초록빛으로 물든 5월, 강원도 함백산에 갑니다.

하늘과 땅이 맞닿은 곳 만항재 산책길을 걷습니다.

졸방제비꽃, 미나리아재비, 미나리냉이 같은

수많은 꽃들이 산허리를 덮었습니다.

하늘과 맞닿은 곳에 펼쳐진 숨 막히게 아름다운 비밀 화원을 지나니

고즈넉한 오솔길이 끝없이 펼쳐집니다.

길옆에 서 있는 자그마한 물푸레나무가 바람을 끌어안고 서 있습니다.

잎들이 햇볕을 받아 반짝반짝 윤이 나는군요.

잎에는 노란 보석들이 주렁주렁 달려 있습니다.

너무나 아름다워 절로 발걸음이 멈춰집니다.

앗, '노란 보석'이 꼬물꼬물 기어갑니다.

아, 온몸을 노랗게 물들인 들메나무외발톱바구미 애벌레군요!

운이 따라야 보는 귀한 녀석을 하늘과 맞닿은 오솔길에서 만나다니!

기뻐서 가슴이 뜁니다.

물푸레나무

이 꼭지는 딱정벌레목 바구미과 종인 들메나무외발톱바구미(*Stereorynchus thoracicus*)
이야기입니다.

도자기 같은
들메나무외발톱바구미 애벌레

하도 신기하게 생겨 한 번만 봐도 눈이 번쩍 뜨이는 아기 들메나무외발톱바구미 애벌레! 곤충이라니 곤충인 줄 알지 전혀 곤충답지 않습니다. 뭐랄까? 어찌 보면 노란 유약을 듬뿍 바른 자그마한 도자기 같고, 어찌 보면 반짝반짝 빛이 나는 노란 보석 황수정 같고, 어찌 보면 끈적끈적한 분비물이 묻은 민달팽이 같고, 어찌 보면 겨자 소스에 버무린 소시지 같습니다. 생김새가 하도 요상해 뭐라 표현할 길이 없군요.

생긴 건 요상해도 샛노란 몸은 온통 참기름을 부은 듯이 윤기가 자르르 흘러 너무도 곱습니다. 하지만 몸뚱이는 매끈하고 두루뭉술해 어디가 머리고 어디가 배 끝이고 어디가 다리인지 도무지 가늠할 수 없습니다. 다만 온몸에 투명한 분비물을 듬뿍 바르고 있어 투명한 속살만 살짝 보일 뿐입니다.

들메나무외발톱바구미 애벌레는 물푸레나무 잎을 갉아먹는다.

얼마나 지났을까? 드디어 녀석이 움직입니다. 스멀스멀 기어 물푸레나무 잎 가장자리로 갑니다. 잠시 멈칫거리더니 노란 몸뚱이에서 깨알만 한 까만 머리를 쏘옥 꺼냅니다. 그러고는 주둥이를 잎에 대고 오물오물 먹기 시작합니다. 주둥이가 작아 연한 잎살만 먹을 줄 알았는데 생긴 것과 영 딴판으로 잎살과 잎맥을 가리지 않고 게걸스럽게 쑥덕쑥덕 베어 잘도 씹어 먹습니다. 먹으면서 똥도 아무 데나 싸 물푸레나무 잎이 지저분합니다. 들메나무외발톱바구미 애벌레가 먹는 밥은 물푸레나무, 쇠물푸레나무, 수수꽃다리 같은 물푸레나무과 식물입니다.

분비물 덮은 들메나무외발톱바구미 애벌레

밥 먹는 모습이 하도 귀여워 슬그머니 쓰다듬었더니 손끝에 몸에 덮인 분비물이 쩍 달라붙고, 손을 얼른 떼니 점액질이 설탕 시럽처럼 줄줄이 딸려 나옵니다. 손끝을 비비니 살짝 매끈거리며 끈적입니다. 손을 코에 대고 킁킁거리지만 아무 냄새가 안 납니다. 도대체 색깔도 없고 냄새도 안 나는 이 분비물 정체는 뭘까?

녀석에게 미안하지만 분비물을 손끝으로 훑어 냅니다. 밥 먹다 날벼락을 맞은 녀석은 놀라 몸뚱이를 움츠리고 죽은 듯 꼼짝하지 않습니다. 졸지에 분비물 옷이 벗겨져 알몸이 된 녀석을 이리저리 들여다봅니다. 피부가 야들야들해 살짝만 건드려도 생채기가 날 것 같군요. 또 얼마나 투명한지 몸속 내장이 다 비칩니다. 몸을 조심스럽게 뒤집으니 몸 아랫부분도 별다른 특징이 없군요. 가슴에 붙어 있는 다리 6개도 굉장히 짧아 있는 둥 마는 둥. 다만 몸마디마다 피부가 살짝 옆으로 늘어나 기어 다니는 데 도움이 되는 것 같습니다.

분비물 옷을 빼앗긴 녀석은 어떻게 할까요? 다시 분비물 옷을 만듭니다. 녀석은 곧바로 항문 안쪽에 있는 분비샘에서 분비물을 만들어 배 끝으로 내보냅니다. 온몸에 털 같은 감각 기관이 붙어 있어 자기 몸에서 일어난 '비상 사태'를 금방 알아차렸기 때문입니다.

투명한 점액질이 배 끝을 푹 적시자 녀석이 기어가기 시작합니다. 다리가 거의 퇴화되어 빨리 걷지 못하고 짧은 다리와 배마디를 물결처럼 움직여 스멀스멀 기어갑니다. 몸마디들을 움츠렸다 펼쳤다 움츠렸다 펼쳤다 할 때마다 배 끝에 있던 분비물이 온몸으로 퍼

들메나무외발톱바구미 애벌레 몸에서 분비물을 걷어 낸 모습

집니다. 즉 몸마디들을 움츠렸다 펼쳤다 할 때마다 점액질이 모세
관 현상으로 온몸으로 퍼지는 것이지요. 오로지 기어 다니기만 하
면 분비물 옷이 생기니 이보다 더 좋을 수는 없습니다. 한참 지나
자 드디어 녀석 몸에 투명 분비물이 질펀하게 묻어 번들거립니다.

분비물 옷을 뚝딱 만들어 입은 녀석은 햇볕이 쨍쨍 내리쬐는 물
푸레나무 잎에 앉아 식사를 합니다. 바람이 불고 햇볕까지 내리쬐
는데 혹시 분비물이 마르면 어쩌나 걱정이 되어 한참을 지켜봅니
다. 다행히 분비물은 마르지 않고 물기가 흥건히 배어 있습니다.

분비물은 녀석의 연약한 몸을 지켜 주는 수호천사 노릇을 합니
다. 녀석은 행동이 빠릿빠릿하지 않고 굼떠 포식자가 나타나도 도
망치지 못하지만, 분비물 옷에 푹 싸여 있어 포식자가 똥인 줄 착
각하고 무심히 지나치기도 합니다. 또 분비물은 쨍쨍 내리쬐는 태
양의 직사광선을 막아 연약한 피부를 보호하는 역할도 합니다. 또
한 분비물이 매끄러워 잎 위나 줄기 위를 잘 기어 다니도록 윤활유
노릇도 합니다. 독 물질이든 가시털이든 포식자를 만나면 자신을
방어할 무기가 하나도 없는 녀석들, 믿는 게 분비물이라니! 어째
마음이 짠합니다.

분비물로 만든
번데기 방

들메나무외발톱바구미 애벌레가 알에서 깨어난 지 보름이 지났

습니다. 애벌레 시절 내내 한 일은 오로지 먹고 싸고 허물 벗는 일이었지요. 그런데 그리도 좋아하던 물푸레나무 잎을 통 먹을 생각을 않고 몽유병 환자처럼 오르락내리락, 왼쪽 오른쪽으로 정신없이 다닙니다. 번데기 만들 때가 다가와 명당을 찾는 중입니다.

하루를 꼬박 걸어 다니더니 드디어 잎 한가운데에 자리를 잡습니다. 그리고 움츠린 채로 넙죽 엎드려 옴짝달싹하지 않습니다. 한낮이 지나자 드디어 주둥이로 실을 토해 번데기 방인 고치를 짓습니다. 분비물을 뒤집어쓴 채 번데기 방을 만들어 자세히 보이지는 않지만, 빈데기 방을 완성하는 데 하루가 꼬박 걸렸습니다.

놀랍게도 메추리 알처럼 타원형으로 생긴 번데기 방이 만들어졌습니다. 노란 분비물 옷은 어디로 갔을까? 바람이 불어도, 햇볕이 내리쬐어도 마르지 않았는데……. 아마도 노란 분비물을 굳게 만드는 물질을 입에서 토해 낸 것 같습니다. 알뜰하게도 녀석은 노란 분비물 옷을 번데기 방 만드는 재료로 재활용한 것이지요. 또한 녀석은 가운데창자 세포에서 분비하는 실을 입으로 토해 방 안쪽을 매끈하게 도배합니다. 혹시나 부드러운 번데기 살이 꺼끌꺼끌한 방 벽에 긁힐까 실내 도배 공사를 한 것 같습니다. 번데기 방 공사가 끝나자 녀석은 번데기 방 안에서 피부 안쪽에 번데기 새살이 생길 때까지 꼼짝 않고 쉽니다. 이때를 앞번데기(전용) 단계라고 합니다. 이틀쯤 지나자 애벌레 시절 입었던 옷을 옆에 가지런히 벗어 두고 번데기로 탈바꿈합니다.

번데기가 된 지 2주가 흘렀습니다. 타원형 번데기 방 끝부분이 갈라지기 시작하면서 머리와 가슴 부분이 서서히 나오고 코끼리 같은 주둥이가 삐져나옵니다. 드디어 어른 들메나무외발톱바구미

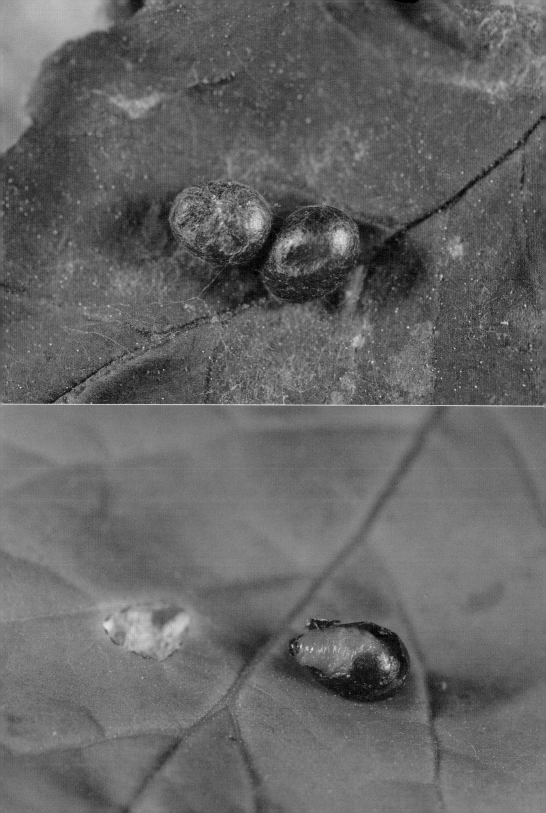

탄생! 어른벌레는 발톱이 한 갈래입니다. 보통 친척뻘인 바구미류 오동나무바구미족(族, tribe) 식구들은 발톱이 두 갈래로 갈라졌습니다. 하지만 녀석 발톱은 한쪽이 퇴화되어 한 갈래만 남은 것입니다. 그래서 이름에 외발톱이란 말이 들어갔습니다. 녀석 이름을 처음 들었을 때 어렵지 않았나요? 뭐 저런 이름이 있나 하고 말이죠. 비록 발톱이 한 갈래이지만 갈고리처럼 휘어져 나뭇잎이나 나무줄기를 붙잡는 데 아무 지장이 없습니다. 하지만 곤충 세계에서는 흔한 일이 아닙니다.

너무나 귀해서 좀처럼 얼굴을 잘 보여 주지 않는 들메나무외발톱바구미! 내년 봄에도 녀석과 또다시 만나기를 벌써부터 고대합니다.

허물을 짊어지고 사는

적갈색남생이잎벌레 애벌레

적갈색남생이잎벌레

적갈색남생이잎벌레가 쑥 잎에 앉아 있습니다.
남생이잎벌레 무리는 다른 잎벌레와
생김새가 딴판입니다.

5월 말, 임진강에 안개비가 보슬보슬 내립니다.

여기는 분단의 아픔을 안고 있는 곳, 민통선.

널따란 임진강을 가득 채운 강물은

실바람에 너울너울 춤추며 넘실넘실 장대하게 흘러갑니다.

망망히 강물을 바라보며 강둑길을 한 발 한 발 걷습니다.

질퍽거리는 흙길 언저리에 쑥들이 훌쩍 자라 그야말로 쑥밭이군요.

물방울이 방울방울 매달린 쑥 잎에

벌레 한 마리가 안개비 맞으며 앉아 있습니다.

혹시 남생이잎벌레?

가던 길 멈추고 허리 굽혀 살펴보니

과연 적갈색남생이잎벌레로군요.

쑥만 졸졸 따라다니는 녀석을

민통선 구역에서 만나니 새삼 먹먹해집니다.

적갈색남생이잎벌레

이 꼭지는 딱정벌레목 잎벌레과 종인 적갈색남생이잎벌레(*Cassida fuscorufa*) 이야기입니다.

남생이 닮은
적갈색남생이잎벌레

온 세상에 봄볕이 내리쬐자 돌 틈, 가랑잎 더미, 나무껍질 아래 같은 곳에서 겨울잠을 자던 어른 적갈색남생이잎벌레가 기지개를 켜고 풀밭으로 엉금엉금 걸어옵니다. 걷다가 멈춘 곳은 쑥밭. 녀석은 쓰디쓴 쑥만 보면 절로 군침을 흘립니다. 쑥 줄기를 타고 잎에 도착한 녀석은 잎 뒷면에 앉아 본격적으로 식사를 합니다. 큰턱을 양옆으로 펼쳤다 오므렸다 하면서 잎살을 갉아 씹어 먹습니다. 배가 많이 고팠는지 열 일 제쳐 두고 한동안 먹기만 하는군요.

몸 색깔은 이름처럼 온통 갈색이네요. 생김새는 이름처럼 남생이와 닮았는데, 온몸에 비닐 옷을 둘러쓴 것 같이 속이 비치는 큐티클 옷을 걸쳤군요. 잘 보면 앞가슴등판과 딱지날개가 살짝 투명합니다. 더듬이는 앞가슴등판을 겨우 넘길 만큼 짧은데다 위험하

면 머리를 배 쪽으로 쏘옥 자라처럼 집어넣어 보이지도 않습니다. 새까만 다리 또한 짧아 딱지날개에 가려 보이지 않습니다. 딱지날개는 넓적하고 겉에는 옴폭옴폭 홈처럼 파인 점각들이 열병식이라도 하듯이 쭈르륵 줄지어 찍혀 있습니다.

그때 타고난 사냥꾼 깡충거미가 통통 튀듯이 상큼하게 걸어서 적갈색남생이잎벌레 가까이 다가옵니다. 순간 쑥 잎에 긴장감이 돕니다. 눈치 빠른 적갈색남생이잎벌레는 삐죽이 나온 짧은 더듬이를 앞가슴등판 아래로 쏙 집어넣고, 짧은 다리는 잔뜩 오그려 몸 아래쪽에 감추고 마치 죽은 것처럼 꼼짝 않고 잎에 납작 엎드립니다. 깡충거미가 녀석의 앞가슴등판과 딱지날개를 건드리지만 아무 반응이 없습니다. 녀석을 맴돌며 딱지날개를 끈질기게 건드리지만 헛수고. 몸을 덮고 있는 투명한 옷인 가슴등판과 딱지날개는 딱딱해서 잘 깨물 수가 없습니다. 더구나 꼼짝도 안 하니 녀석이 죽은 줄 알고 깡충거미는 저쪽으로 가 버립니다. 그리고 보니 투명 옷은

적갈색남생이잎벌레가 죽은 척하다가 더듬이를 살짝 빼며 꼬물꼬물 움직이고 있다.

개미, 침노린재류, 거미 같은 포식자를 막아 주는 방패 노릇을 합니다.

깡충거미가 떠나고 1분쯤 지나자 녀석의 더듬이와 다리가 꼬물꼬물 움직입니다. 살짝 건드려 봅니다. 역시 더듬이와 다리를 오그려 배 쪽에 붙이고 죽은 듯 꼼짝을 하지 않습니다. 지금은 혼수상태에 빠졌습니다. 녀석이 힘센 포식자를 만나면 오로지 할 수 있는 일은 가짜로 죽는 일이죠. 잠시 기절했다가 일정 시간이 지나면 깨어나니 생존 전략치고는 꽤 경제적입니다. 얼마나 시간이 지났을까? 녀석은 언제 그랬냐는 듯이 숨겼던 더듬이를 다시 꺼내 꼬물꼬물 움직이며 엉금엉금 기어갑니다.

적갈색남생이잎벌레의
안식처

적갈색남생이잎벌레는 평생 동안 쑥 잎에서 살기 때문에 쑥 잎을 떠나는 법이 좀처럼 없습니다. 쑥 잎으로 배를 채우고 짝짓기도 하고 알도 쑥 잎에 낳으면 됩니다. 짝짓기를 마친 어미 적갈색남생이잎벌레는 멀리 갈 필요 없이 쑥 잎에 배 끝을 대고 알을 낳아 붙입니다. 하나 낳은 뒤 그 위에 알을 낳고, 또 하나를 낳은 다음 또 그 위에 알을 낳습니다. 이렇게 몇 개를 2층으로 쌓아 올린 뒤 산란관 옆 부속샘에서 배설물을 내어 알들을 손지갑처럼 감쌉니다. 어미는 알을 낳으면 며칠 버티지 못하고 죽기 때문에 아기를 위해 할 수 있는 일은 알을 안전하게 포장하는 것입니다. 그 덕에 포식자들이 녀석의 알을 쉽게 먹지 못합니다.

어미가 죽고 시간이 지나면 알에서 적갈색남생이잎벌레 애벌레가 깨어납니다(1령 애벌레). 이제부터 애벌레는 부지런히 먹고, 몸집이 커지면 허물을 벗습니다. 허물을 4번쯤 벗으면 종령 애벌레가 되는데, 애벌레 시절 가운데 종령 애벌레 시기가 일주일 정도로 가장 길고 먹성이 좋아 식사량도 굉장히 늘어납니다. 적갈색남생이잎벌레 애벌레도 편식쟁이라 어른처럼 오로지 쑥 잎만 먹습니다.

쑥 잎을 보면 초식 동물이 자신을 뜯어 먹지 말라고 뒷면에 하얀 털을 빼곡히 달았고, 그것도 모자라 몸속에 독 물질까지 품고 있습니다. 쑥이 가진 독 물질은 쓴맛을 내는 치네올(cineol), 튜존(thujone), 휀콘(fenchon) 같은 정유 물질입니다. 또 쑥은 쑥 냄새가 풀풀 나 사람들에게 허브 식물 대접을 톡톡히 받습니다. 그 강한

적갈색남생이잎벌레 2령 애벌레가 쑥을 갉아먹고 있다.

향기의 주인공은 치네올(cineol)입니다. 거의 모든 초식 곤충은 쑥 향기를 맡으면 '이걸 먹었다가 큰일 나겠다.' 하며 거들떠보지 않습니다. 하지만 용감한 적갈색남생이잎벌레는 끈질기게 쑥 잎을 먹고 또 먹습니다. 물론 처음에는 소화가 안 돼 탈이 나기도 하고 죽기도 했을 것입니다. 하지만 조상 대대로 쑥을 먹다 보니 쑥이 가진 독 물질에 내성이 생겼습니다. 그뿐만 아닙니다. 쑥 향기는 되레 녀석들에게 입맛을 끌어당기는 섭식 자극제 역할까지 도맡아 합니다.

허물 짊어진 애벌레

보통 남생이잎벌레류 애벌레 몸 색깔은 연둣빛인데, 적갈색남생이잎벌레 애벌레는 까맣습니다. 어찌 저리도 요상하게 생겼을까? 몸매는 기다란 달걀꼴인데, 몸 가장자리에 무려 34개나 되는 돌기가 삥 둘러 있습니다. 이 돌기를 '나무 모양 돌기'라고 하는데, 가장자리 돌기를 옆돌기라고 합니다. 가장자리에 32개, 배 끝에 2개가 있습니다. 돌기마다 길고 짧은 가시털(센털)이 가지런히 나 있는데, 찔리면 피가 날 것처럼 무시무시합니다.

더 신기한 것은 배 끝입니다. 항문이 보일 정도로 배 끝을 한껏 치켜들었는데, 배 끝에는 시커먼 '쓰레기 더미'가 매달려 있습니다. 자세히 보니 이 쓰레기 더미는 자신이 벗었던 허물입니다. 녀

적갈색남생이잎벌
레 종령 애벌레가
꽁무니에 허물을 짊
어지고 있다.

석도 여느 남생이잎벌레아과(亞科) 집안 식구들처럼 늘 배 끝을 힘껏 치켜들어 허물 더미를 등 위에 얹고 다닙니다. 녀석의 피부는 굉장히 질긴 키틴질이어서 몸집이 커지면 반드시 허물을 벗어야 하는데, 제때 벗지 못하면 기존 허물에 갇혀 죽습니다. 알뜰하게도 녀석은 애벌레 시절 벗었던 허물을 버리지 않고 모두 재활용합니다. 이 허물이 몇 개인지 알면 애벌레 나이를 알 수 있습니다. 똥만 뒤집어쓰고 있으면 1령 애벌레, 허물이 한 개면 2령 애벌레, 허물이 2개면 3령 애벌레, 허물이 3개면 4령 애벌레, 허물이 4개면 5령 애벌레입니다. 이 허물들은 항문 끄트머리에 붙은 기다란 돌기에 순서대로 매달립니다. 또 허물 위에 똥을 얹어 허물 더미를 크게 부풀립니다. 그래서 적갈색남생이잎벌레 애벌레 몸뚱이는 허물 더미에 가려 보이지 않고 가장자리에 있는 지네 발 같은 돌기만 살짝 보입니다. 어수룩한 포식자는 녀석을 보고도 맛없는 똥이나 쓰레기 더미라고 착각해 지나치기도 합니다. 정말이지 녀석의 변장술 하나는 천재적입니다.

장난기가 발동해 살짝 건드리니 별안간 등에 얹힌 허물 더미가 벌떡 일어나 직각으로 곧추서고 곧바로 등 위를 내리칩니다. 성이 잔뜩 났는지 몇 번이나 윗몸일으키기 하듯 세웠다 내리쳤다 되풀이합니다. 녀석이 위험에 맞닥뜨리면 이렇게 허물 더미를 접었다 폈다 하면서 포식자를 겁줍니다. 그러면 포식자는 알아서 슬슬 피하기도 합니다. 따지고 보면 허물 더미는 힘이 약하고 날개가 없는 적갈색남생이잎벌레 애벌레를 지켜 주는 소중한 무기입니다.

곤충의 생존 전략 가운데 위장과 변장은 포식자 공격을 막아 보려는 책략입니다. 위장은 곤충이 움직여도 자기 모습이 둘레 환경

적갈색남생이잎벌
레 2령 애벌레는 허
물과 똥을 몸에 얹
고 다니면서 마치
새똥인 척 몸을 숨
긴다.

모시금자라남생이잎벌레 애벌레

큰남생이잎벌레 애벌레

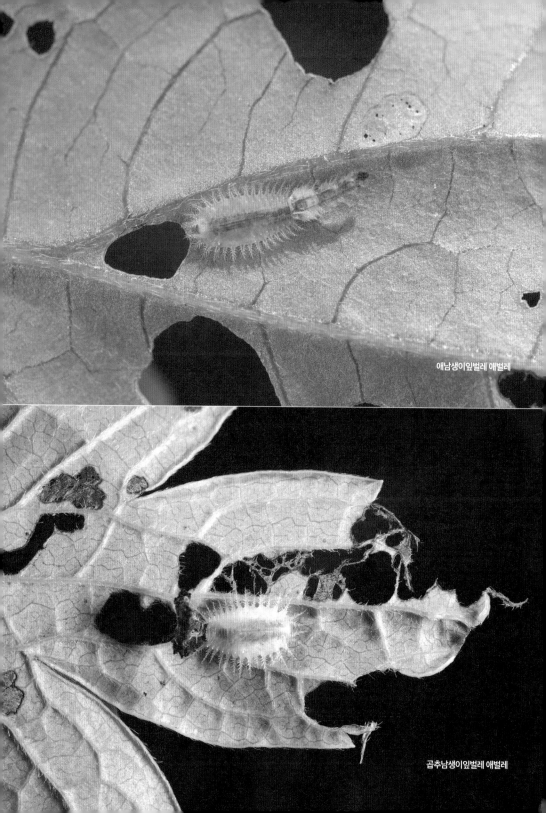

애남생이잎벌레 애벌레

곱추남생이잎벌레 애벌레

과 잘 어울려 들키지 않지만, 변장은 곤충이 움직이면 주변과 조화가 깨져 자기 모습이 드러나니 조심해야 합니다. 그래서 변장을 하는 적갈색남생이잎벌레 애벌레는 쑥밭을 좀처럼 떠나지 않습니다.

한살이는
일 년에 두 번

다 자란 애벌레는 쑥 잎 위에 번데기를 만듭니다. 번데기로 탈바꿈할 때 벗은 애벌레 허물도 버리지 않고 기존 허물 더미에 덧붙입니다. 그래서 번데기 시절에도 등에 허물을 지고 있습니다. 물론 가끔 허물 더미는 벗겨지기도 합니다. 번데기는 애벌레 때와 달리 가슴등판이 양옆으로 넓적하게 늘어납니다. 10일쯤 지나면 번데기에서 어른벌레가 나옵니다.

적갈색남생이잎벌레는 일 년에 한살이가 두 번 돌아갑니다. 4월에는 겨울잠에서 깨어난 어른벌레가 한살이를 시작하고, 6월쯤 여름 들머리에는 자식 세대가 한살이를 시작합니다. 그래서 마음만 먹으면 4월에서 9월까지 녀석을 심심찮게 만날 수 있습니다. 이제는 길가에 무리 지어 자라는 쑥밭을 허투루 볼 게 아닙니다. 그곳에도 자그마한 생명들이 둥지를 틀어 살고 있으니까요.

우담바라로 알려진

풀잠자리 애벌레

풀잠자리 알

풀잠자리가 풀잎에 알을 낳았습니다.
알은 기다란 실 끝에 매달려 있습니다.

8월 말, 끔찍하게 후텁지근한 무더위가 한풀 꺾여
아침저녁에는 제법 선선합니다. 어둠을 틈타 중미산에 갑니다.
까만 하늘에서 은은하게 쏟아지는 별빛을 받으며
깜깜한 오솔길을 걷습니다.
산들바람에 화답하듯 왕귀뚜라미가 '또르르르르륵'
청아하게 노래를 부르는군요.
군더더기 하나 없이 은쟁반에 옥구슬 굴러가는 맑은 노랫소리.
하도 아름다워 가던 길 멈추고 풀밭에 손전등을 비추니
불빛에 눈이 부신지 노래를 딱 멈춥니다.
녀석을 찾느라 풀밭에 이리저리 불을 비추는데
왕귀뚜라미는 보이지 않고 어여쁜 풀잠자리 한 마리가
풀 줄기에 사뿐히 앉아 있군요. 초록색 날개 옷이 얼마나 예쁜지
하늘에서 선녀가 내려와 잠자는 것 같습니다.
불빛에 반사된 동그란 눈은
하늘에서 별을 따다 붙인 것처럼 반짝반짝 빛납니다.

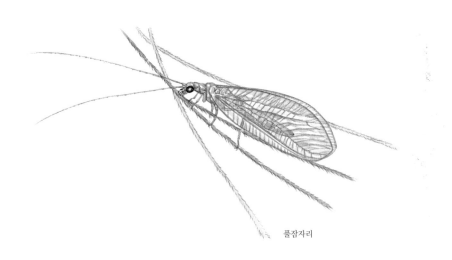

풀잠자리

이 꼭지에 나오는 풀잠자리는 풀잠자리목 풀잠자리과에 속하는 모든 종을 가리킵니다

잠자리와
풀잠자리

어른 풀잠자리는 아무리 봐도 하늘에서 내려온 선녀 같습니다. 몸매는 야리야리하고 가냘파 연민이 느껴집니다. 더듬이는 가늘고 기다랗고, 동그란 두 눈은 호수 물이 비칠 만큼 청초합니다. 거기다 초록빛 날개는 환상 그 자체입니다. 날개 막이 얼마나 얇은지 속살이 은근히 비칩니다.

아무리 봐도 잠자리와 닮은 구석이 하나도 없는데 왜 잠자리라는 이름이 들어갔을까? '풀잠자리'라는 이름만 들으면 잠자리목 가문 식구라고 오해하기 딱 좋습니다. 아마도 이름을 지을 때 녀석 몸이 가늘고 날개가 얇고 날개맥이 그물처럼 촘촘해서 잠자리라고 착각한 것 같습니다. 또 '풀'은 온몸이 풀색이어서 붙여졌습니다.

하지만 풀잠자리는 잠자리와 친척 관계가 아닙니다. 언뜻 보면 풀잠자리목은 잠자리목 실잠자리아과 집안인 실잠자리와 겉모습이 닮기도 했습니다. 하지만 자세히 들여다보면 다릅니다. 두 가문 차이를 살펴보면 잠자리 더듬이는 보일락 말락 짧고, 풀잠자리 더듬이는 잠자리 더듬이보다 몇십 배 더 깁니다. 풀잠자리 날개는 잠자리 날개보다 두께가 얇고 더욱 투명합니다. 또 잠자리는 번데기 시절을 거치지 않는 안갖춘탈바꿈을 하지만, 풀잠자리는 번데기 시절을 거치는 갖춘탈바꿈을 합니다. 곤충 족보를 보면 풀잠자리 가문은 잠자리 가문보다 되레 딱정벌레목 가문 조상과 가깝습니다. 풀잠자리목과 딱정벌레목이 모두 완전변태를 한다는 점, 또 분자 분석 결과가 풀잠자리목이 딱정벌레목과 유연 관계가 높다는

점 때문입니다.

풀잠자리는 여리게 생겼지만 몸속에 독 물질이 있습니다. 살살 만져 보면 고약한 냄새가 진동합니다. 가슴에 분비샘(독샘)이 한 쌍 있어서 거미나 침노린재 같은 포식자와 맞닥뜨리면 분비샘에서 독 물질을 내뿜습니다. 그래서 독일에서는 '악취를 풍기는 파리'라는 뜻인 '스팅크플리겐(stinkfliegen)'이라고 합니다. 녀석이 내뿜는 독 물질에는 '스카톨(skatol)'이라는 물질이 들어 있어 고약한 냄새가 납니다.

우담바라와
풀잠자리 알

엎어지면 코 닿을 데 있는 방이 습지. 오늘따라 풀잎마다 풀잠자리 알이 주렁주렁 매달려 있습니다. '저 알이 3,000년 만에 피는 우담바라 꽃으로 둔갑해 유명세를 탔었지.' 피식 헛웃음을 지으며 알에게 다가갑니다. 알은 한둘이 아닙니다. 대충 세어도 족히 40개가 넘습니다. 재미있게도 알들은 잎 표면에 찰싹 달라붙어 있지 않고 흰 머리카락같이 가늘고 기다란 하얀 '실' 끝에 붙어 있습니다. 어미가 부속샘으로 하얀색 분비물을 내보내 철사처럼 기다란 실을 만든 다음 실 맨 끄트머리에다 알을 낳아 붙였기 때문입니다. 실 끝에 매달린 알은 긴 꽃대 위에 피어난 꽃 같기도 하고, 색깔이 흰색이어서 곰팡이가 슨 것도 같습니다. 알이 붙어 있는 하얀색 실을

풀잠자리가 잎 뒷면
에 알을 막 낳았다.

살살 만져 보니 질긴 데다 휘어지지도 않고 빳빳합니다. 입김을 훅 불어도 알은 실에서 떨어지지 않습니다. 이쯤이면 어미 풀잠자리의 알 낳는 솜씨가 묘기 대행진감입니다.

왜 어미 풀잠자리는 알을 실에 붙여 공중에 떠 있게 두는 걸까요? 그야 알이 무사하길 바라기 때문입니다. 어미는 알을 낳고 죽으니 알을 돌볼 수 없습니다. 그러니 알을 잎이나 나무줄기 따위에 붙여 놓기보다 실 끄트머리에 붙여 공중에 매달아 두어 개미나 무당벌레 같은 포식자가 알을 쉽게 먹어 치우지 못하게 한 것입니다. 공중에 떠 있으니 포식자 눈에 잘 띄지 않습니다. 게다가 가느다란 실을 타고 올라가기에는 포식자 몸이 육중해 실 끝에 매달린 알은 그림의 떡입니다.

농촌진흥청의 한 곤충 연구자가 실에 붙은 알과 실에서 떼어 낸 알을 관찰해 보니 실에 붙은 알의 부화율이 훨씬 높았습니다. 또 알을 하나씩 낳는 게 한꺼번에 뭉쳐 낳는 것보다 부화율이 더 높습니다. 더구나 풀잠자리 애벌레는 육식성입니다. 만약 어미 풀잠자리가 알을 하나씩 떨어뜨려 낳지 않고 수십 개 알을 한자리에 붙여 낳는다면, 먼저 깨어난 애벌레가 다른 알을 먹어 치울 수도 있습니다. 육식성 곤충은 배고프면 부모고 형제자매고 상관 않고 잡아먹으니까요. 문득 알을 하나씩 '실'에다 낳은 어미 풀잠자리의 크나큰 배려에 가슴이 뭉클합니다.

풀잠자리가 애벌레
먹잇감인 진딧물 사
이에 알을 낳았다.

쓰레기 짊어진
풀잠자리 애벌레

알을 낳은 지 2주쯤 지났습니다. 실에 붙은 알이 심상치 않습니다. 뭔가 꼬물꼬물 움직입니다. 아! 애벌레가 알을 찢고 나오는군요. 몸 색깔은 짙은 회색이고 털 돌기들이 나 있습니다. 갓 깨어난 1령 애벌레는 10시간 넘게 알을 떠나지 않습니다. 그러다 실을 타고 엉금엉금 기어 내려옵니다. 아기 풀잠자리 애벌레도 어미처럼 타고난 사냥꾼이라 자신보다 힘없는 곤충을 잡아먹습니다. 녀석은 힘 약한 곤충에게는 무서운 존재지만 힘센 포식자 앞에서는 힘 한번 못 쓰고 제삿밥이 됩니다. 그러니 녀석이 사냥에 몰두하려면 힘센 포식자를 따돌릴 수 있어야 합니다. 그래서 풀잠자리는 조상 대대로 자신을 쓰레기 더미처럼 보이도록 변장을 했습니다. 등에 쓰레기를 짊어지고 다니는 것이죠.

마침 현사시나무 잎 위를 솜뭉치가 뒤뚱뒤뚱 돌아다닙니다. 자세히 보니 솜뭉치 아래에 가느다란 다리가 숨어 있군요. 다리를 꼬물대며 걸을 때마다 등에 진 솜뭉치도 함께 움직입니다. 도대체 녀석은 이 솜뭉치를 어디서 얻었을까? 뽈뽈뽈 도망가는 녀석을 살며시 잡아 손바닥 위에 올려놓고 등에 진 솜뭉치를 살살 쓰다듬어 보니 목화솜처럼 보드랍습니다. 내친김에 솜뭉치를 살살 뜯어보니 솜털이 뭉쳐 있군요. 한술 더 떠 솜털 뭉치 위에 매미목 나무이과(科) 식구를 잡아먹었는지 껍질만 남은 나무이 시체까지 붙어 있습니다. 그러고 보니 현사시나무 잎 뒷면에 하얀 털이 카펫처럼 깔려 있군요. 결국 솜뭉치 재료가 현사시나무 잎 뒷면에 난 털이었습니다.

풀잠자리 애벌레 몇
마리가 현사시나무
솜뭉치를 쓰고 모여
있다.

풀잠자리 애벌레는 털이나 둘레에 있는 부스러기들을 어떻게 등에 올릴까요? 녀석은 하얀 털을 큰턱으로 긁어 등 위에 얹고 또 긁어 등 위에 얹고, 둘레에 있는 부스러기들까지도 등 위에 얹습니다. 털을 얹을 때 배 끝에 있는 말피기소관(배설 기관)에서 끈적이는 점착성 물질(단백질)이 분비됩니다. 이 끈적이는 분비물은 하얀 털들끼리 잘 붙게 해 주고, 또 솜뭉치가 등에서 떨어지지 않도록 등에다 꼭 붙입니다. 얼마나 지났을까? 드디어 털 공사 완성! 자그마한 등에 어엿한 솜뭉치가 얹혀 있고, 그 덕에 몸뚱이가 솜뭉치에 가려 아예 보이지 않습니다. 이렇게 등에 솜뭉치를 지고 다니면 포식자 눈에는 그저 쓰레기로 보일 수 있습니다. 이보다 더 뛰어난 변장술이 있을까요?

미국의 화학생태학자인 토마스 아이스너(Thomas Eisner)는 쓰레기를 짊어진 풀잠자리 애벌레와 쓰레기를 떼어 낸 풀잠자리 애벌레 사이에 개미를 풀어놓았습니다. 그랬더니 예상한 대로 개미는 쓰레기를 짊어진 풀잠자리 애벌레는 잡아먹지 않고, 알몸인 풀잠자리 애벌레만 잡아먹었습니다. '나는 쓰레기다.'라고 광고한 변장술이 개미에게 제대로 먹혔지요. 결국 풀잠자리 애벌레에게 쓰레기 더미는 수호천사 노릇을 톡톡히 합니다.

이렇게 풀잠자리과 집안에는 여러 가지 부스러기를 등에 지고 사는 애벌레가 많습니다. 쓰레기 운반자(trash carrier)라는 별명에 걸맞게 풀잠자리 애벌레들은 잎사귀, 나무 부스러기, 자신이 먹어 치운 동물 주검 따위를 짊어지고 삽니다. 물론 풀잠자리 애벌레 중에는 쓰레기를 짊어지지 않고 맨몸으로 살아가는 종들도 있습니다.

풀잠자리 애벌레가
현사시나무 털을 긁
어 등에 지고 다니고
있다.

갖춘탈바꿈(완전변태) 하는 풀잠자리

풀잠자리 애벌레는 등에 쓰레기 더미를 짊어진 채 포식자 눈을 피해 가며 힘없는 곤충들을 잡아먹으면서 애벌레 시절을 지냅니다. 풀잠자리목 식구들은 갖춘탈바꿈을 하기 때문에 애벌레가 다 자라면 번데기로 탈바꿈하는데, 번데기가 되기 전에 번데기 방(고치)을 먼저 짓습니다. 어떻게 지을까요?

고치를 지으려면 명주실이 필요한데, 명주실은 나비목 가문 식구들의 전용물이라 녀석은 갖고 있지 않습니다. 이 없으면 잇몸으로 사는 법. 대신에 녀석은 배 끝에 있는 말피기소관(배설 기관)에서 만든 실을 항문으로 뽑아 고치를 짓습니다. 몸뚱이를 이리저리 구부리고, 배 끝을 실룩실룩 움직이며 완성한 고치는 굉장히 특이하게 생겼습니다. 탁구공처럼 동그란 데다 알 겉에는 말피기소관에서 분비한 실 같은 보드라운 물질이 덮여 있습니다. 언뜻 보면 거미 알 주머니와 똑 닮았습니다. 그래서인지 야외에서 녀석의 고치를 거미 알집이라고 착각하고 지나친 적이 한두 번이 아닙니다. 애벌레는 고치 속에서 애벌레 시절 입었던 옷을 벗고 번데기가 됩니다. 풀잠자리는 번데기 기간이 10~20일쯤 됩니다. 번데기가 된 지 보름이 지나자 드디어 어른 풀잠자리가 탄생합니다. 어른벌레는 큰턱으로 고치의 꼭대기 부분을 뚜껑처럼 솜씨 좋게 동그랗게 오린 뒤 번데기 방을 빠져나옵니다. 어른 풀잠자리는 무려 한 달이나 살면서 진딧물 같은 힘없는 곤충을 잡아먹습니다. 어미 한 마리가 낳는 알 수는 수백 개가 됩니다.

풀잠자리
식사법

 풀잠자리는 '살아 있는 농약'입니다. 무당벌레처럼 어른벌레와 애벌레 모두 작은 곤충을 잡아먹으니까요. 특히 채소나 과일나무에 꼬이는 진딧물 같은 곤충을 무지 좋아합니다. 그래서 녀석만 나타났다 하면 농민들은 기뻐합니다. 농사지을 때마다 골치 썩이는 진딧물이나 깍지벌레 같은 벌레를 알아서 척척 잡아먹기 때문이지요. 그런데 풀잠자리 어른과 애벌레는 같은 육식성이라도 식사법은 다릅니다. 주둥이 모양이 다르기 때문이지요. 어른 풀잠자리는 아삭아삭 씹어 먹는 주둥이를 가졌고, 풀잠자리 애벌레는 쿡 찔러 체액만 쭉쭉 빨아 마시는 주둥이를 가졌습니다.

 잠시 풀잠자리 애벌레 주둥이를 살펴볼까요? 풀잠자리 애벌레

풀잠자리 애벌레가
매미충류를 사냥하
고 있다.

주둥이는 날카로운 집게처럼 생겼습니다. 큰턱이 길고 뾰족하게 늘어났고 끝부분이 먹잇감 몸에 푹 찔러 넣기 좋게 구부러져 있습니다. 풀잠자리 애벌레는 풀 줄기에 다닥다닥 붙어 있는 진딧물을 보면 끝이 갈고리처럼 휘어진 낫 같은 큰턱을 진딧물 몸속에 쿡 찔러 넣습니다. 그리고 큰턱 뒤쪽 홈통으로 독 물질이 들어 있는 침을 흘려보냅니다. 침에는 소화 효소가 들어 있어 진딧물 몸이 점점 마비되면서 서서히 녹기 시작합니다. 진딧물은 몸을 흔들며 벗어나려고 발버둥 치지만 헛수고. 큐티클로 이뤄진 표피층인 몸 껍질만 빼고 내장 기관을 비롯해 몸 속살이 녹아내려 죽처럼 됩니다. 진딧물 죽이 완성되면 풀잠자리 애벌레는 대롱처럼 속이 텅 빈 날카로운 큰턱으로 진딧물 죽을 빨아 들이마십니다. 생긴 건 험상궂어도 식사법은 제법 우아하군요. 식사를 마치면 진딧물은 빈 껍데기만 남고 녀석은 주둥이를 껍데기에서 빼냅니다. 그래서 풀잠자리 애벌레가 출몰한 곳에는 체액을 다 빨리고 껍데기만 덩그마니 남은 진딧물 주검이 즐비합니다. 이쯤이면 녀석은 진딧물에게 저승사자쯤 되겠네요. 오죽하면 서양 사람도 녀석을 진딧물 천적이라는 뜻인 '진딧물사자(aphidlions)'라고 부를까요!

풀잠자리가 타고난 진딧물 사냥꾼이어서 농사짓는 사람들, 특히 유기농 재배를 하는 사람들은 무당벌레 못지않게 풀잠자리를 애용합니다. 실제로 어떤 천적 공급 회사에서는 풀잠자리를 길러 풀잠자리 알을 농사짓는 사람들에게 대량으로 팔기도 합니다. 알을 진딧물이 생길 만한 채소에 붙여 놓으면, 알에서 깨어난 풀잠자리 애벌레가 팔 걷어 부치고 진딧물을 사냥합니다. 그야말로 풀잠자리는 살아 있는 농약이지요.

거미줄에 잘 붙지 않는
신기한 날개

해 질 녘 덕적도의 분홍빛 바닷가를 걷다가 진귀한 장면을 목격
했습니다. 글쎄 자그마한 풀잠자리 한 마리가 왕거미가 쳐 놓은 거
미줄에서 탈출하고 있었습니다. 얼른 다가가 보니 거미는 거미줄
만 쳐 놓았지 코빼기도 안 보이고 가냘픈 풀잠자리만 있었습니다.
가만히 보니 주둥이에 있는 큰턱으로 거미줄을 끊고 있네요. 더듬
이는 이미 거의 다 거미줄에서 빠져나왔고, 다리에 걸린 거미줄을
떼어 내고 있군요.

풀잠자리처럼 거미가 곤충들을 잡으려고 친 거미줄에서 탈출하
는 곤충들이 더러 있습니다. 그중에서 풀잠자리가 거미줄을 탈출
하는 방법은 놀랍기만 합니다. 물론 풀잠자리는 굉장히 연약해서
거미한테 걸리면 곧바로 밥이 됩니다. 하지만 풀잠자리에게도 가
끔은 살아서 도망칠 기회가 있습니다. 바로 거미가 배가 불러 더
이상 먹잇감을 거들떠보지 않을 때입니다. 바로 이때를 틈타 풀잠
자리는 거미줄을 탈출합니다.

우선 더듬이를 이리저리 움직여 거미줄 사이로 꺼내고 이어서
다리를 거미줄에서 떼어 냅니다. 그런데 실처럼 가늘고 긴 더듬이
떼는 일은 만만치 않습니다. 앞다리로 한쪽 더듬이를 주둥이 쪽으
로 끌어당긴 뒤 주둥이로 더듬이를 물고서는 다리를 이리저리 움
직여 다리에서 거미줄을 떼어 냅니다. 한참동안 똑같은 행동을 되
풀이하면 더듬이는 끈적이는 거미줄에서 떨어져 나옵니다. 물론
이때까지도 배부른 거미는 아무 상관하지 않고 탈출하려는 녀석을

거미줄에 걸린 풀잠자리가 큰턱으로 거미줄을 끊고 벗어나고 있다.

내버려 둡니다.

더듬이와 다리가 거미줄에서 빠져나오자 녀석은 공중에 매달린 채 더 이상 아무것도 하지 않습니다. 그저 날개를 양옆으로 활짝 펼쳐서 몸의 균형을 잡고 있을 뿐입니다. 마치 영화 〈타이타닉〉에서 여주인공이 양팔을 벌리듯 말이지요. 얼마 지나지 않아 마법 같은 일이 벌어집니다. 공중에 매달린 녀석이 거미줄 아래로 스르륵 내려옵니다. 중력의 힘 때문에 녀석 몸이 땅 쪽으로 내려오는 것이지요. 거미줄을 벗어날 때까지 날개를 양옆으로 활짝 펼칩니다. 10밀리그램도 안 되는 녀석이 공중에서 미끄러지듯이 거미줄을 빠져나오는 게 너무도 신기합니다.

왜 녀석의 날개는 끈적이는 거미줄에 걸리지 않을까요? 그 비밀은 날개에 난 털에 있습니다. 날개에는 아주 미세한 털이 쫙 깔려 있습니다. 그래서 날개가 거미줄에 걸려도 날개 표면이 직접 거미

줄에 닿지 않고 대신에 날개에 난 털이 거미줄에 달라붙습니다. 즉 털들 덕분에 날개가 직접 거미줄에 닿지 않아 날개는 쉽게 거미줄을 빠져나올 수 있는 것이지요.

또한 풀잠자리가 거미줄에 걸린다 해도 온몸이 거미줄에 완전히 달라붙는 경우는 세 마리 당 한 마리 꼴이라고 합니다. 풀잠자리는 몸무게가 가볍고 나는 속도가 느리기 때문입니다. 하지만 풀잠자리는 여전히 거미의 밥입니다. 거미줄에 완전히 달라붙으면 거미 밥이 되는 것이고, 완전히 달라붙지 않더라도 거미줄에 걸리는 순간 굶주린 거미가 잽싸게 나타나 보쌈을 하면 어쩔 수가 없습니다.

곧 가을이 옵니다. 올 가을에도 풀밭을 걸으며 풀잠자리와 멋진 데이트를 해야겠습니다. 그리고 연약한 몸으로 거친 세상을 지혜롭게 헤치며 살아가는 녀석에게 힘내라고 응원을 보내야겠습니다.

5장

경고색_
화려한 색과 무늬

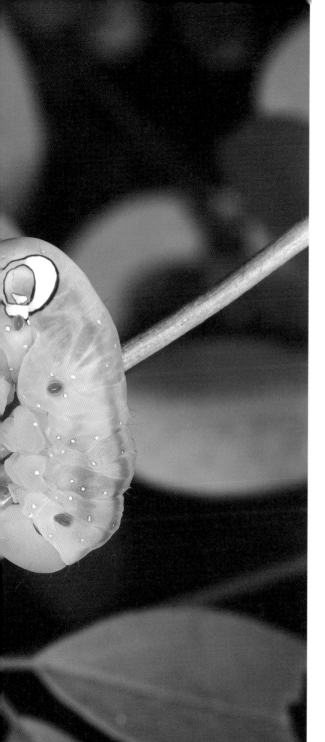

눈알 무늬가 뚜렷한

으름큰나방 애벌레

으름큰나방 종령 애벌레

으름큰나방 종령 애벌레가
으름덩굴 줄기 위를 기어가고 있습니다.
옆구리에 커다란 눈알 무늬가 있습니다.
막 허물을 벗었는지 몸이 노르스름합니다.

7월 말, 제주도의 검은오름 가는 길.

이른 아침이라 여름치고는 산바람이 제법 선선합니다.

오솔길 옆에 나무를 타고 오르는 으름덩굴이 즐비하게 늘어서 있습니다.

아기 손 같은 으름덩굴 잎은 바람 장단에 맞춰 한들한들 춤을 추고,

그때마다 잎 위에 다소곳이 앉아 있던 영롱한 이슬방울이

또르르 아래로 굴러떨어집니다.

이에 질세라 주렁주렁 매달린 으름덩굴 열매가

겹겹이 싸인 잎 사이로 삐죽이 얼굴을 내밉니다.

"어쩜 바나나랑 똑같이 생겼을까?" 중얼거리며

탐스러운 열매를 만지는 순간,

열매 옆 잎에 희한하게 생긴 벌레 한 마리가 붙어 있습니다.

새까만 몸을 묘하게 S자로 꼬고 있는 데다

등짝에 동그란 눈이 서슬 퍼렇게 박혀 있어

깜짝 놀라 나도 모르게 뒷걸음칩니다.

누군데 아침부터 사람을 놀라게 할까요?

어느 머나먼 별에서 온 것처럼 요상하게 생긴

아기 으름큰나방 애벌레입니다.

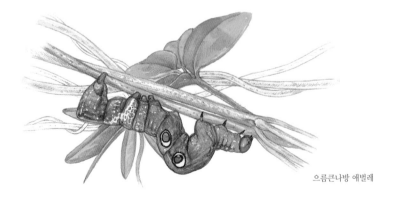

으름큰나방 애벌레

이 꼭지는 나비목 태극나방과 종인 으름큰나방(*Eudocima tyrannus*) 이야기입니다.

으름장 놓는
으름큰나방 애벌레

한여름 숲은 하루가 다르게 짙푸르러 갑니다. 여름은 으름큰나방(으름밤나방) 계절입니다. 그래서 산길을 걸을 때 혹시나 으름큰나방 애벌레를 만날까 싶어 으름덩굴이란 으름덩굴은 죄다 뒤적여 보고 또 댕댕이덩굴, 새모래덩굴 잎도 유심히 들여다봅니다. 으름덩굴, 댕댕이덩굴, 새모래덩굴 잎을 으름큰나방 애벌레가 즐겨 먹으니까요. 그리고 보니 녀석은 덩굴 식물 아니면 상대를 하지 않는군요.

얼마를 찾았을까? 기대했던 대로 으름덩굴 잎에서 녀석을 찾았습니다. 겹겹이 겹쳐진 잎 뒤에 숨어 있어 보일락 말락 합니다. 잎들을 살살 뒤적이니 잎 뒤에 시커먼 으름큰나방 애벌레가 몸을 비비 꼬고 앉아 있군요. 어라, 옆에 새까만 허물이 가지런히 놓인 것

으름덩굴 열매

을 보니 방금 전에 허물을 벗었나 봅니다. 녀석은 피부가 단단해질
때까지 움직이지 않고 얌전히 앉아 쉬는 중입니다. 덕분에 녀석 몸
을 구석구석 들여다봅니다.

몸뚱이는 어른 새끼손가락만큼 길고 굵어 곤충치고는 꽤 큰 편
입니다. 피부(표피)는 그 흔한 털이 하나도 없어 반들반들합니다.
살짝 만져 보니 몰랑몰랑한 젤리처럼 굉장히 보드랍군요. 그런데
아무리 봐도 애벌레 생김새가 참 묘하고 특이합니다. 몸을 S자로
비비 꼰 채 웅크리고 있어 어디가 머리인지 어디가 배 뒷부분인지
도대체 알 수가 없습니다. 찬찬히 이리저리 살펴보니 머리를 푹 수
그려 배 쪽에 박고, 배 뒷부분은 하늘을 우러러 위로 치켜들고, 배
에 붙은 굵은 다리 3쌍으로 줄기를 꽉 잡은 채 죽은 듯이 꼼짝도 안
합니다. 몸을 꼰 모습이 우스꽝스럽긴 해도 세상에 단 하나밖에 없
는 멋진 예술 작품 같아 자꾸 쳐다봅니다.

누구든지 으름큰나방 애벌레를 보면 현란한 몸 색깔에 혀를 내
두릅니다. 몸 색깔이 하도 요란하고 변화무쌍해 뭐라 표현을 잘 못
합니다. 몸 색깔은 자줏빛이 감도는 까만색이고, 몸에 그려진 무늬
가 환상적입니다. 온몸에 형광색이 나는 파란색 작은 점들이 무수
히 찍혀 있어 까만 밤하늘에 별들이 떠 있는 것 같습니다. 특히 배
뒷부분에는 그물 무늬가 해먹처럼 그려져 있고 그물 무늬에도 파
란색 작은 점들이 콕콕 박혀 있습니다.

뭐니 뭐니 해도 으름큰나방 애벌레 하면 커다랗게 부릅뜬 '눈알
무늬'를 빼놓을 수 없습니다. 정신이 번쩍 들 만큼 커다란 눈알 무
늬는 몸 중간 부분, 즉 두 번째와 세 번째 배마디 옆구리 쪽에 뚜렷
하게 박혀 있습니다. 눈알 무늬는 네 개로 왼쪽 옆구리에 두 개, 오

른쪽 옆구리에 두 개 있습니다. 눈알 무늬는 색깔이 너무 강렬해서 보는 것만으로 정신이 번쩍 들 만큼 섬뜩합니다. 눈알 무늬를 잘 보세요. 눈자위 절반은 노란색, 나머지 절반은 하얀색입니다. 눈동자는 까만색, 그리고 눈동자에는 파란 점이 찍혀 있습니다. 색 대비가 이보다 더 강렬할 수 있을까요? 노란색과 까만색의 보색 효과로 까만 눈동자가 금방이라도 튀어나올 것처럼 뚜렷합니다. 뇌라고는 먼지만큼 작은 녀석이 보색 효과를 어찌 알았을까요? 지혜롭기가 사람 못지않습니다.

이래도
안 무서워?

도대체 이 눈알 무늬 정체는 뭘까요? 무늬만 눈이지 실은 가짜 눈입니다. 이 가짜 눈은 멋내기용이 아니라 살아남으려는 생존용으로, 힘없는 녀석이 포식자에게 겁을 주려고 달고 있는 것입니다. 으름큰나방 애벌레는 몸뚱이만 컸지 자신을 지킬 무기나 독 물질을 갖고 있지 않습니다. 가진 거라고는 달랑 몸뚱이 하나뿐. 그래서 포식자가 보면 움찔하며 뒷걸음치도록 눈알 문신을 몸에 새긴 것입니다. 물론 눈알 문신은 하루아침에 뚝딱 새겨 넣은 게 아니라 조상 대대로 환경에 적응하는 진화 과정을 통해 지금 모습을 갖춘 것이지요. 그만큼 진화의 위력은 빗방울이 바위를 뚫는 것처럼 대단합니다.

으름큰나방 애벌레 몸에 있는 눈알 무늬는 어느 방향에서 보든 나를 바라보는 것 같은 착각을 일으킨다.

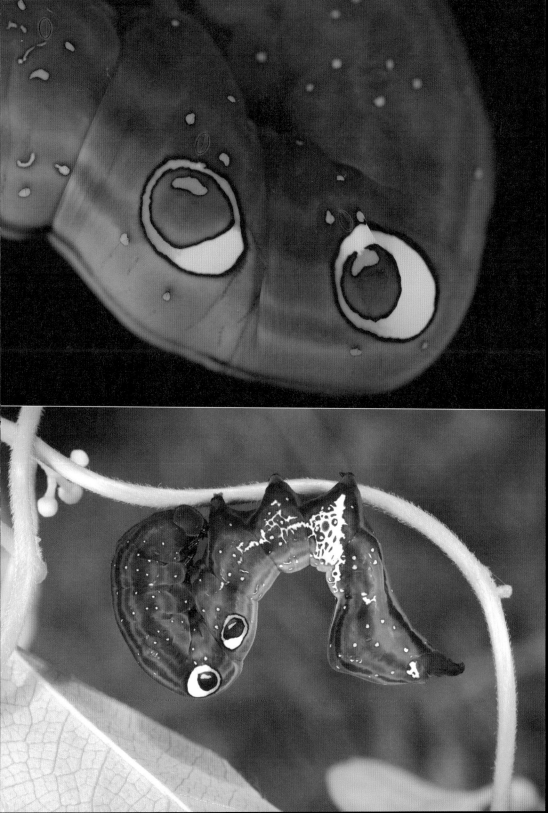

왜 포식자는 눈알 무늬를 보면 피할까요? 거기에는 눈알 무늬 색깔과 시선이 큰 몫을 합니다. 으름큰나방 애벌레는 식사할 때를 빼면 대부분 몸을 웅크리고 있습니다. 이때 배 부분인 2~3번째 배마디가 활처럼 굽어 불쑥 올라오고, 불쑥 올라온 배 부분에 절묘하게도 커다란 눈알이 찍혀 있습니다. 포식자에게 '나 무섭지?' 하며 으름장 놓기에 딱 좋은 자리지요. 그런데 묘하게도 눈알 무늬는 사시입니다.

그래서 눈알 무늬를 어느 방향에서 보든 눈알 시선이 나를 바라보는 것 같은 착각을 불러일으킵니다. 눈알 무늬를 정면에서 봐도, 왼쪽에서 봐도, 오른쪽에서 봐도 눈알 시선이 나를 향해 있습니다. 그래서 녀석과 맞닥뜨린 힘센 포식자는 자신을 똑바로 뚫어지게 노려보는 커다란 눈알 무늬에 겁을 먹고 '아, 독이 있을 것 같아. 먹으면 안 되겠네.' 하며 발길을 돌리기 일쑤입니다.

그뿐이 아닙니다. 눈알 색깔도 포식자를 겁주는 데 한몫합니다. 노란색과 하얀색이 섞인 눈알 무늬가 까만 몸에 찍혀 있으니 눈알 무늬가 유난히 도드라집니다. 그러니 새 같은 천적은 녀석의 눈알 무늬만 보고도 무서워 피해 버립니다. 새들은 눈알 모양이 있는 동물에게는 독 물질을 가지고 있다고 조상 대대로 배워 왔기 때문입니다. 눈알 무늬에 대한 새의 반응을 옥스퍼드 대학에 있는 데이빗 블레스트(David Blest) 교수가 실험을 했습니다. 방법은 새장에 새를 가두고 새가 막대기, 십자, 눈알 무늬 중에서 어떤 무늬를 가장 싫어하는지 관찰했습니다. 연구 결과를 보면 새는 눈알 무늬만 봐도 매우 자주 놀랐습니다. 눈알 모양 중에서도 소용돌이치는 것처럼 보이는 눈알 모양을 보고는 기겁을 하고 새장 밖으로 도망치

으름큰나방 3령 애벌레가 허물을 막 벗었다.

으름큰나방 애벌레가 벗어 놓은 허물

려고 했습니다. 이 실험은 새들이 몸에 눈알 무늬가 있는 동물들을 보면 본능적으로 피한다는 것을 보여 줍니다. 새의 이런 반응은 본능적인 것으로 부모로부터 유전된 것입니다.

이쯤이면 녀석의 눈알 문신 작전은 대성공을 거둔 셈입니다. 힘 없는 으름큰나방 애벌레의 지혜가 힘센 포식자 공격을 한 방에 막으니 눈알 문신 작전이 성공했다고 할 수 있겠지요. 하지만 몸에 눈알 무늬를 새겨 넣어 '나 무섭지?' 하며 경고색을 띠어도 개미나 침노린재, 쌍살벌 같은 포식자를 완전히 피할 수 없습니다. 포식자가 으름큰나방 애벌레의 눈알 무늬를 보고 자신보다 힘센 놈이라고 속기도 하지만 늘 속는 것은 아니기 때문입니다.

가만히 보니 으름큰나방 애벌레 옆구리에 좁쌀처럼 작은 알이 붙어 있군요. 뭘까요? 얌체 같은 기생파리가 낳아 놓은 알입니다.

말 그대로 이 기생파리는 자기 애벌레가 으름큰나방 애벌레 속살을 파먹고 사는 파리입니다. 기생파리 애벌레가 알에서 깨어나면 으름큰나방 애벌레 살갗을 뚫고 몸속으로 들어가 번데기가 되기 전까지 속살을 파먹고 삽니다. 번데기 될 때가 되면 으름큰나방 애벌레 살갗을 뚫고 몸 밖으로 나와 애벌레 몸 위에서 번데기 방(고치)을 만듭니다. 불행하게도 기생파리 애벌레를 먹여 살린 으름큰나방 애벌레는 제 명을 다하지 못하고 말라비틀어지며 죽어 갑니다. 천적의 아기를 키우다 죽어 간 녀석이 안쓰러울 뿐, 그 누구도 자연의 질서를 거스를 수는 없습니다.

사실 포식자가 있어야 으름큰나방 집안에 평화가 옵니다. 암컷 한 마리가 알을 100개 넘게 낳는데, 그 알에서 깨어난 애벌레가 모두 산다면 몇 세대 지나면서 개체 수가 기하급수적으로 늘어날 게 빤하고, 결국에는 먹이식물이 모자라 모두 죽을 수도 있습니다. 어쩌면 동족 사이에 먹이식물을 놓고 '식량 전쟁'이 벌어져 공멸할 수도 있습니다. 다행히 포식자가 알아서 녀석을 잡아먹으니 으름큰나방 개체 수가 저절로 조절됩니다. 포식자 입장에서 보면 '누이 좋고 매부 좋고'라는 말이 딱 어울립니다.

자벌레처럼
걷는다

잔뜩 웅크리고 있는 으름큰나방 애벌레를 여러 번 건드리니 몸을 W자로 펴고는 슬금슬금 걸어갑니다. 몸을 쭉 펴 보니 10센티미터가 넘고, 걸어가는 다리를 세어 보니 하나 둘 셋……. 모두 7쌍입니다. 보통 나비목 집안 애벌레는 가슴다리 3쌍, 배다리 4쌍, 꼬리다리 1쌍 이렇게 다리가 모두 8쌍인데, 어떻게 된 것일까요? 다리 한 쌍이 보일락 말락 하게 퇴화한 것이죠. 나비 집안 애벌레는 배에 배다리 4쌍이 붙어 있는데, 녀석은 한 쌍이 퇴화되고 3쌍만 남아 있습니다. 거기다 가슴다리와 배다리 간격이 멀찌감치 뚝 떨어져 있군요. 가슴다리는 머리 부분에 붙어 있고, 배다리는 배 끝부분에 붙어 있으니 가슴다리와 배다리 사이가 몇 개 빠진 것처럼 휑합니다. 그래서 녀석은 똑바로 스멀스멀 걷지 못하고 자나방과(科) 애벌레인 자벌레처럼 자로 잰 듯이 걸을 수밖에 없습니다. 몸을 쭉 폈다가 둥글게 구부렸다가 또다시 쭉 폈다가 둥글게 구부렸다 하며 걸어가면 자벌레로 오해받기 딱 좋습니다.

하지만 녀석은 자벌레와 다른 태극나방과(科) 식구입니다. 예전

으름큰나방 종령 애벌레가 기어가고 있는 모습

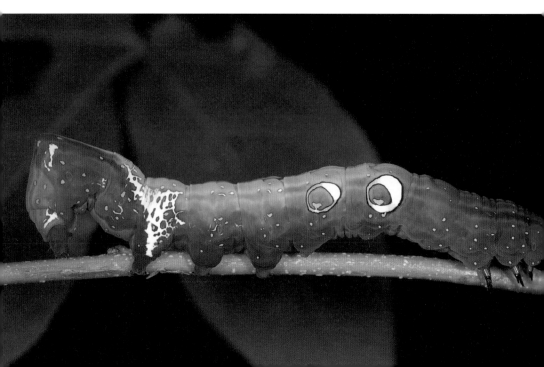

에는 밤나방과였는데 요즘에 태극나방과로 바뀌었습니다. 덩달아 이름도 '으름밤나방'에서 '으름큰나방'으로 바뀌었죠. 만약 녀석이 태극나방과의 다른 애벌레처럼 배다리가 배에 일정한 간격으로 있다면 정상적으로 꼬물꼬물 걸어갔을 것입니다. 하지만 배다리가 배 끝 쪽에 있다 보니 걸으면 자벌레처럼 등이 활처럼 구부러집니다.

재미있게도 녀석의 몸 색깔은 녹색 형과 어두운 자주색 형으로 두 가지입니다. 몸 바탕색이 녹색을 띠든 어두운 자주색을 띠든 둘 다 피부에 눈알 무늬와 점무늬가 찍혀 있어 누가 봐도 으름큰나방 애벌레라는 것을 금방 알아차립니다.

일 년에 두세 번 돌아가는 한살이

우여곡절을 겪으며 으름큰나방 애벌레가 다 자랐습니다. 닥치는 대로 먹던 식성은 어디로 사라지고 통 먹지를 않습니다. 번데기 될 때가 다가온 것이지요. 드디어 얌전히 앉아 있던 녀석이 다리를 이용해 잎을 너덧 장 끌어모은 뒤 주둥이에서 명주실을 토해 잎끼리 얼기설기 붙여 번데기 방(고치)을 짓기 시작합니다. 몇 시간이 흐르자 드디어 잎으로 얼기설기 만든 번데기 방이 완성되었습니다. 녀석이 번데기 방 안에 있으면 코빼기도 보이지 않습니다. 번데기 방을 완성한 지 이틀쯤 지나면 애벌레 시절 입었던 옷을 벗고 번데기가 됩니다.

으름큰나방 어른벌레. 겉날개 중간 중간에 자그마한 녹색 점이 찍혀 있다.

번데기가 된 지 보름이 지나면 번데기 방을 헤치고 어른 으름큰나방이 밖으로 나옵니다. 어른 으름큰나방은 휴지처럼 꼬깃꼬깃 뭉쳐진 날개를 쭉 펴고서 축축한 날개와 몸을 말리느라 나뭇가지에 매달려 쉽니다. 으름큰나방은 애벌레도 예쁘지만 어른벌레도 예뻐서 날개를 다소곳이 접고 앉아 있으면 그림같이 아름답습니다. 겉날개가 주홍빛이 감도는 밤색인데 중간 중간에 자그마한 녹색 점이 찍혀 있어 아름다운 가랑잎을 보는 것 같습니다. 완전한 보호색이지요. 또 겉날개 가두리인 날개선이 얼마나 부드럽고 고운지 한복의 소매선이나 버선코처럼 유려해 자꾸 눈이 갑니다. 특이하게도 녀석은 아랫입술이 툭 튀어나와 하늘을 향하고 있습니다.

어느새 축축했던 날개가 다 말랐는지 녀석이 훌쩍 날아갑니다. 그런데 이게 웬일인가요? 밤색 겉날개가 활짝 펼쳐지자 황금색 속날개인 뒷날개가 드러나 두 눈이 번쩍 뜨입니다. 황금색 속날개에 높은음자리표처럼 생긴 짙푸른 무늬가 그려져 있어 화려하기까지 합니다. 평소에는 가랑잎 빛깔의 겉날개를 이용해 포식자 눈을 피하지만 위험에 처하면 겉날개를 갑자기 펼치면서 황금색 속날개를 보여 주며 포식자를 놀라게 합니다. 포식자를 움찔하게 만드는 속날개. 위력이 대단하지요?

'분명히 훌쩍 날아가 숲 바닥에 앉았는데……' 도대체 녀석이 안 보입니다. 한참을 찾으니 겉날개와 색이 비슷한 밤색 가랑잎 위에 새치름히 앉아 있군요. 가랑잎처럼 생긴 날개를 접고 가랑잎 위에 앉아 있으니 보일 리가 없지요. 힘없는 어른 으름큰나방은 둘레와 비슷한 보호색을 이용해 자신을 지킵니다. 으름큰나방 애벌레는 요란한 눈알 무늬로, 으름큰나방 어른벌레는 가랑잎 같은 겉날

으름큰나방 어른벌레 날개 아랫면에는 짙푸른 무늬가 있다.

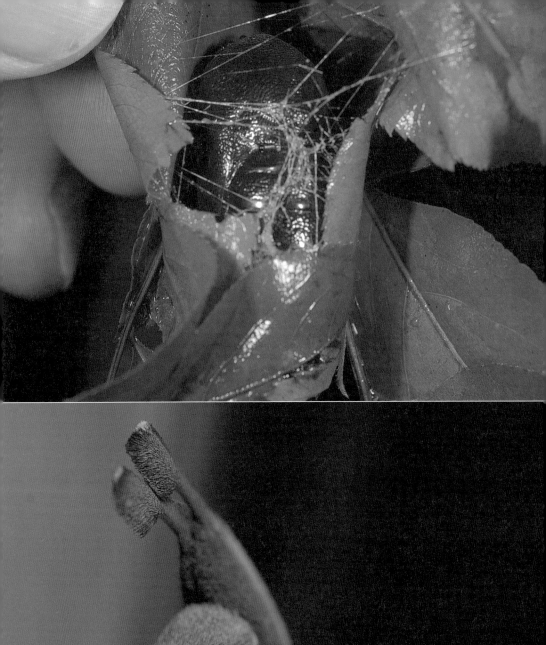

으름큰나방 애벌레
가 명주실로 잎을 얼
기설기 엮은 뒤 번데
기가 되었다.

개와 황금색 속날개로 힘센 포식자와 대적하며 해마다 대를 이어
갑니다.

으름큰나방은 한 해에 한살이가 적게는 2번, 많게는 남부 지방
에서 3번 돌아가기 때문에 우리 둘레에서 자주 만납니다. 5월쯤 되
면 겨울잠을 자던 번데기가 깨어나 어른으로 날개돋이 해 알을 낳
습니다. 어미가 구슬처럼 생긴 알을 낳으면 4~7일 만에 애벌레가
깨어납니다. 이렇게 늦가을까지 대를 잇다가 번데기 상태로 겨울
잠에 들어갑니다. 애벌레 기간은 13~24일쯤, 번데기 기간은 13~30
일쯤 되어서 한살이 기간이 비교적 짧은 편입니다.

여름 숲길, 무덥지만 천천히 걷다 보면 살아 보겠다고 온갖 꾀를
내는 으름큰나방을 만날지도 모릅니다. 만나면 잠시라도 따뜻한
눈인사를 나눠 볼 일입니다.

으름큰나방 어른벌
레는 아랫입술이 길
쭉하게 늘어났다.

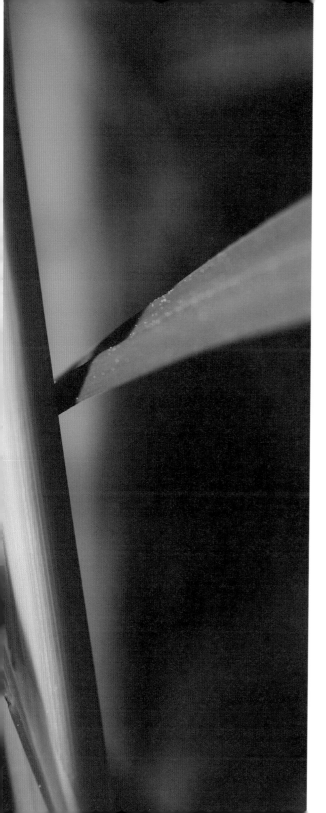

어설픈 뱀처럼 생긴

주홍박각시 애벌레

주홍박각시

온몸을 분홍빛으로 꾸민 주홍박각시가
풀잎에 앉아 있습니다.

세상에! 덩치가 얼마나 우람한지 어림잡아도 어른 손가락만큼 굵습니다. 다 자란 애벌레 몸길이가 80밀리미터나 되니 나방계의 슈퍼 헤비급에 해당합니다. 그런데 피부가 완전히 뱀 껍질과 똑 닮았습니다. 몸 색깔(피부)은 밤색이고, 뱀 비늘처럼 생긴 나무껍질 무늬가 수백 개 그려져 있고, 몸마디마다 까만 무늬가 16개씩 찍혀 있어 영락없는 뱀입니다. 더구나 배 앞부분인 첫째 마디와 둘째 마디에는 커다랗게 부릅뜬 눈알 무늬까지 뚜렷해서 끔찍한 독뱀인 살모사를 떠올리게 합니다.

드디어 녀석이 쳐들었던 고개를 숙이고 꿈틀꿈틀 기어갑니다. 어딜 가려고? 꺼림칙하지만 도망치는 녀석을 손가락으로 잡는 순간 물커덩! 뱀을 만진 듯 참을 수 없는 징그러운 느낌에 나도 모르게 내동댕이치듯 놔 버렸습니다. 졸지에 땅바닥에 뒤집혀서 떨어진 녀석, 재까닥 뚱뚱한 몸을 일으키더니 혼비백산 되어 굼실굼실 기어갑니다. 하도 미안해서 기어가는 녀석 등을 살포시 쓰다듬으니 촉감이 아기 살갗처럼 말랑말랑하고 실크처럼 보들보들합니다. 부드럽다고 너무 쓰다듬었나? 녀석이 더는 못 참겠는지 입으로 초록색 분비물을 질질 뿜어댑니다. 분비물에서 씁쓸한 풀 냄새가 확 올라오는 걸 보니 먹이식물이 가진 독 물질에서 분비물 원료를 얻은 것 같습니다.

그래도 계속 만지자 녀석이 화가 단단히 났습니다. 이번에는 가슴과 배 앞부분을 크게 부풀리며 몸을 흔듭니다. 그것도 성이 안 차는지 굵직하고 육중한 몸뚱이를 비틀며 왼쪽 오른쪽으로 휘두릅니다. 턱! 턱! 제 손가락에 부딪치는 힘이 장사입니다. 한참을 반항하다 지쳤는지 거칠게 휘두르던 몸을 C자로 맙니다. 여기서 반전

주홍박각시 애벌레는 몸마디마다 눈알 무늬가 있다.

주홍박각시 애벌레가 위험을 느끼자 뱀처럼 똬리를 틀고 있다.

이 일어납니다. 꼼짝도 하지 않고 얌전히 있지만 눈알 무늬가 섬뜩할 정도로 날 노려봅니다. 더구나 배 끝부분에는 가시돌기가 달려 있어 음산하기까지 합니다. 녀석 모습이 뱀이 똬리를 틀고 있는 것 같아 머리털이 쭈뼛쭈뼛 섭니다.

나도 뱀이다!

한번은 뱀 닮은 아기 주홍박각시 애벌레한테 물어 보았습니다.
"애벌레면 애벌레답게 귀엽게 굴지, 하필이면 독뱀처럼 소름 끼치게 하고 다니니?"
그러자 아기 주홍박각시 애벌레가 대답합니다.
"내가 독뱀을 닮은 게 얼마나 좋은 줄 알아? 새들이 감히 날 잡아먹지 못하거든."

주홍박각시 애벌레는 철저한 채식주의자라 보름쯤 되는 애벌레 시절 내내 잎 위에서 지내고 몸집까지 우람해 거미, 침노린재, 기생벌, 새 같은 힘센 포식자 눈에 쉽게 띕니다. 그렇다고 앉아서 당할 수만 없는 노릇. 주홍박각시는 조상 대대로 진화 과정을 통해 몸속에 독 물질을 만드는 대신에 맹독을 가진 뱀을 흉내 냈습니다. 피부도 뱀 껍질, 등에 있는 눈알 무늬도 뱀눈, 특히 배 앞부분에 찍힌 커다란 태극 모양 눈알 무늬는 포식자를 움츠리게 하는 데 큰

주홍박각시 애벌레는 위험을 느끼면 배 앞쪽을 크게 부풀려 가짜 눈이 앞으로 톡 튀어나온 것처럼 보이게 한다.

몫을 합니다. 신기하게도 가짜 눈인 눈알 무늬는 늘 '상대방'을 노려보니까요.

녀석의 눈알을 보세요. 사람과 달리 눈동자는 하얗고 눈망울은 까맣습니다. 거기다 하얀 눈동자가 한쪽으로 몰려 있는 사시여서 정면에서 보든, 왼쪽에서 보든, 오른쪽에서 보든 시선이 똑바로 마주칩니다. 특히 눈동자가 둥글지 않고 뾰족해서 늘 상대를 노려보고 있는 것 같습니다. 또 급하면 배 앞부분을 머리처럼 크게 부풀려 가짜 눈이 앞으로 톡 튀어나온 것처럼 보이게 합니다. 이 행동은 영락없이 독뱀의 삼각형 머리를 흉내 내는 것으로 보이지요. 주홍박각시 애벌레가 부풀린 몸을 보고는 포식자는 독뱀인 줄 착각하고 피하기도 합니다.

대식가
주홍박각시 애벌레

주홍박각시 애벌레가 봉숭아 잎을 먹고 있다.

주홍박각시 애벌레가 다리 8쌍으로 기어가니 달맞이꽃 줄기가 휘청거립니다. 주홍박각시 애벌레는 가슴다리 3쌍, 배다리 4쌍, 꼬리다리 1쌍이 있습니다. 비를 맞아 몸에 동그란 물방울이 또르르 맺혀 있습니다. 싱싱한 잎에 도착하자 걸음을 딱 멈추고 식사를 합니다. 메뉴는 달맞이꽃 잎. 가슴 속으로 자라처럼 움츠려 넣었던 머리를 쭉 빼내 튼튼한 주둥이(큰턱)로 잎살이며 잎맥이며 가리지 않고 모조리 베어 씹어 먹습니다. 배가 고팠는지 비가 내리는데도 아랑곳하지 않고 먹기만 하는군요. 녀석들은 좋아하는 먹이식물이 많습니다. 달맞이꽃, 봉숭아, 물봉선, 부처꽃, 포도나무, 우엉 잎 따위를 가리지 않고 먹습니다.

주홍박각시 애벌레는 애벌레 시절 동안 허물을 4번 벗습니다. 어느 곤충이든 종령 애벌레 때는 대식가가 되는데, 애벌레 시절 동안 먹는 총 먹이양의 80퍼센트 정도를 먹는 것으로 보고 있습니다. 특히 주홍박각시 애벌레는 몸집이 크다 보니 먹는 양도 어마어마해 자신이 머문 달맞이꽃, 봉숭아, 부처꽃 잎이 남아나지 않습니다.

어느 날, 그토록 게걸스럽게 먹던 녀석이 거식증에 걸린 듯 통 먹을 생각을 안 합니다. 새 잎을 줘도 쳐다보지도 않고 한동안 이리저리 돌아다닙니다. 아, 번데기 만들 때가 다가와 흙을 찾는 중이군요. 녀석의 흙 속 생활을 엿보기 위해 흙 대신 잎과 휴지를 바닥에 깐 통에 녀석을 넣고 조심스레 관찰합니다. 가만히 앉아 있던 녀석 둘레가 흥건하게 젖어 듭니다. 왜일까? 지금 녀석은 걸쭉

가슴 쪽에 숨겼던 주홍박각시 애벌레 머리가 나왔다.

한 물똥을 계속 싸면서 몸속에 있는 물기와 찌꺼기를 조금씩 빼내고 있는 중입니다. 통 속은 바깥처럼 공기가 잘 통하지 않으니 녀석 둘레에 묻은 물기를 자주 닦아 줍니다. 그러기를 벌써 일주일째. 실했던 녀석 몸이 절반으로 작아졌고, 피부도 창백하고 쭈글쭈글합니다. 하도 움직이지 않아 죽은 게 아닌가 걱정이 되어 살짝 건드리니 몸을 일으켜 휘젓듯 세차게 몸부림칩니다. '아, 살아 있구나!' 하고 마음을 놓습니다.

드디어 녀석이 애벌레 시절 입었던 뱀 껍질 옷을 벗고 번데기가 되었습니다. 번데기도 시원시원하게 잘 생겼습니다. 비록 흙 속은 아니지만 아무 탈 없이 무사하게 잘 지내기만 기도하며 어른이 되길 기다립니다. 번데기가 된 지 20일째가 되자 꿈틀거리기 시작합니다. 머리부터 등까지 난 탈피선이 열리며 어른 주홍박각시가 나오고, 잠시 뒤 꼬깃거리던 날개까지 쫙 펴지자 여신이 따로 없습니다. 얼마나 화사하고 아름답던지 감탄사만 연발합니다. 온몸에 분홍색 무늬가 가득해 분홍박각시라는 이름이 훨씬 잘 어울릴 것 같습니다.

주홍박각시는 한 해에 한살이가 2번 돌아갑니다. 봄에 날개돋이한 어른 주홍박각시가 알을 낳으면서 1세대가 시작되고, 여름에 날개돋이한 어른 주홍박각시가 알을 또 낳으면서 2세대가 돌아가는데, 2세대 애벌레는 가을까지 살다가 추워지면 번데기가 되어 겨울잠을 잡니다.

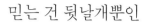

믿는 건 뒷날개뿐인

흰뒷날개나방 애벌레

흰뒷날개나방 애벌레

흰뒷날개나방 애벌레가
귀룽나무 잎을 갉아 먹고 있습니다.

5월 말, 찬란했던 봄은 물러가고

초여름이 문턱 너머까지 바짝 다가왔습니다.

화야산 오솔길 옆, 수천 개 넘는 잎을 달고 있는

집채만 한 귀룽나무 한 그루가 듬직하게 서 있습니다.

"누군지 모르지만 귀룽나무 잎을 먹고 사는 녀석은

먹을 복이 터졌네. 잎이 이리도 많으니."

혼잣말로 중얼거리며 나뭇가지를 이리저리 들여다봅니다.

그러면 그렇지, 희끄무레한 애벌레가

나뭇가지를 꼭 붙잡고 앉아 있군요.

귀룽나무

이 꼭지는 나비목 태극나방과 종인 흰뒷날개나방(*Catocala nivea*) 이야기입니다.

흰뒷날개나방 애벌레의
주황색 반점

한 마리가 아닙니다. 열 마리도 넘는 애벌레들이 나뭇가지에 매달려 귀룽나무 잎을 먹느라 정신이 없습니다. 큰턱을 양옆으로 오므렸다 펼쳤다 하면서 귀룽나무 잎을 한입씩 사각사각 베어 먹습니다. 한 녀석이 잎 하나를 다 먹어 치우고 옆 잎으로 이사 가는데, 몸이 얼마나 묵직한지 나뭇가지가 휘청거립니다. 몸집이 큰 만큼 먹는 양도 많아 둘레에는 잎이 사라지고 잎자루만 남았군요. 도대체 누굴까요? 이름도 낯선 흰뒷날개나방 애벌레입니다

아기 흰뒷날개나방 애벌레는 몸집이 큰 슈퍼 헤비급 나방입니다. 몸길이가 자그마치 75밀리미터쯤이나 되니 '아기'라는 말을 붙이기가 멋쩍을 정도입니다. 몸이 길 뿐만 아니라 살이 토실토실 뚱뚱하기까지 합니다. 몸집이 하도 커서 카메라 접사용 렌즈 화면에

흰뒷날개나방
애벌레

다 잡히지 않아 멀찌감치 떨어져야 제대로 찍힙니다. 녀석은 나비목 식구답게 가슴다리 3쌍, 배다리 4쌍, 꼬리다리 1쌍 이렇게 모두 8쌍 다리가 붙어 있어 굼실굼실 정상적으로 기어 다닐 수 있습니다. 등 쪽에는 긴 털이 없어 매끈한 편이지만, 유독 바닥에 닿는 옆구리 쪽에만 하얀 털이 덥수룩하게 나 있습니다.

　녀석의 몸 색깔이 눈길을 끕니다. 언뜻 보면 희끄무레한 회색빛이라 굉장히 수수해 보이지만 자세히 보면 은근히 요란스럽습니다. 살갗 전체에 까만 점들이 주근깨처럼 쫙 깔려 있고, 등 쪽에 노란색 작은 물방울무늬가 40개쯤 찍혀 있어 하늘에 별이 떠 있는 것처럼 아름답습니다. 그런데 이 물방울무늬는 멋을 부리려 찍어 놓은 게 아닙니다. 포식자를 헛갈리게 만들려는 고도의 속임수 전략입니다. 수십 개의 노란색 무늬가 일정한 간격으로 줄 맞춰 있으면 착시 효과가 나타나 어디가 머리인지, 어디가 몸 가운데인지, 어디

흰뒷날개나방 애벌레는 분단색 효과가 나타나는 몸 무늬를 가지고 있다. 어디가 머리인지 배 끝인지 헷갈린다.

가 배 끝인지 알 수가 없습니다. 줄 맞춰 찍힌 무늬 때문에 포식자 눈에는 녀석 몸이 몇 개로 나뉜 것처럼 보입니다. 이것을 '분단색 (分斷色) 효과'라고 합니다. 색깔이 두드러진 어떤 무늬 때문에 몸 윤곽이 뚜렷하지 않고 입체감이 줄어들어 실제 모습이 은폐되는 현상을 말합니다. 그래서 포식자가 먹이를 보고도 '먹잇감이 아니 구나!' 착각하고 그냥 지나치기도 합니다. 몸 색깔의 분단색 효과 는 곤충의 보호색 전략 가운데 하나입니다.

그뿐이 아닙니다. 녀석의 등 한가운데인 여섯 번째 배마디를 보 면 주황색 반점이 마치 커다란 보석처럼 뚜렷하게 박혀 있습니다. 말하자면 눈에 확 띄는 '가짜 눈'을 등에 달고 있는 것입니다. 몸을 쭉 펴고 굼실굼실 걸어갈 때는 주황색 반점이 더 커집니다. 새는 이 화려한 주황색 반점을 보면 본능적으로 녀석에게 독이 있다고 여겨 마음 놓고 잡아먹을 수 없습니다. 즉 곤충의 경고색은 포식자

흰뒷날개나방 애벌 레는 몸 가운데에 붉은 무늬가 있다.

에게 잡아먹기를 포기하라는 메시지를 던집니다.

이렇게 잡아먹히지 않으려고 전략을 세워도 흰뒷날개나방 애벌레는 곳곳에 있는 기생벌, 쌍살벌, 침노린재, 새, 개구리, 뱀 같은 힘센 포식자를 완전히 당해 낼 재간이 없습니다. 포식자 입장에서는 거의 도마뱀과 맞먹을 만큼 몸집이 큰 흰뒷날개나방 애벌레를 한 마리만 잡아먹어도 작은 곤충 수십 마리를 잡은 것과 같으니 호시탐탐 녀석을 노립니다.

잎을 엮어 만든 번데기 방

흰뒷날개나방 애벌레는 귀룽나무 잎을 먹으며 무럭무럭 자랍니다. 귀룽나무 잎이 없으면 귀룽나무와 같은 장미과에 속하는 벚나무 잎도 먹어 치웁니다. 다행히도 애벌레 기간은 보름 정도로 짧습니다. 애벌레 기간이 길어 봤자 뭐 좋을 게 있겠습니까? 큰 몸뚱이를 잎 위에서 완전히 드러내고 살아야 하니 언제 포식자에게 잡아먹힐지 모릅니다.

알에서 깨어난 지 보름째. 엄청나게 먹어 대던 녀석이 통 먹지 않습니다. 싱싱한 잎을 갖다 줘도 입에 대지도 않고 정신없이 기어만 다닙니다. 게다가 몸 색깔은 창백해지고 피부는 쪼글쪼글 탄력을 잃어 갑니다. 드디어 번데기 만들 때가 된 것이죠. 이리저리 돌아다니더니 드디어 겹쳐진 잎 사이에 자리를 잡습니다. 그러고서

흰뒷날개나방이 둘레 잎을 겹쳐 명주실로 얼기설기 엮어 방을 만든 뒤 번데기가 되었다.

는 둘레에 있는 잎들을 앞다리로 끌어당겨 주둥이에 있는 아랫입술샘에서 명주실을 뽑아 잎들을 붙입니다. 몇 시간을 쉬지 않고 작업한 결과 번데기 방(고치)이 완성되었습니다. 그런데 번데기 방이 영 어설프군요. 잎 대여섯 장을 얼기설기 붙여 만들다 보니 방이 굉장히 허름합니다.

녀석은 번데기 방에 들어가 번데기가 될 새살이 돋을 때까지 꼼짝 않고 쉽니다. 이틀이 지나자 애벌레 시절 입었던 허물을 벗고 번데기가 됩니다. 번데기가 된 지 한 달이 지나면 번데기 머리와 등에 난 탈피선이 갈라지면서 흰뒷날개나방 어른벌레가 번데기에서 서서히 빠져나옵니다.

화려한
뒷날개

번데기에서 완전히 빠져나온 어른 흰뒷날개나방이 나뭇잎에 앉아 날개를 말리더니 숲속으로 날아갑니다. 나비목(目) 식구답게 주둥이가 빨대 모양이라 배고프면 숲속에 널려 있는 꽃꿀, 나뭇진, 과일즙, 죽은 동물, 똥즙 따위를 빨아 먹습니다. 어른 흰뒷날개나방 몸 색깔도 애벌레처럼 희끄무레합니다. 그래서 어두컴컴한 숲속에서 거무칙칙한 나무줄기에 삼각형 모양으로 날개를 펴고 앉아 있으면 녀석인지 나무껍질인지 구별이 되지 않습니다. 몸 색깔이 나무껍질 색깔과 뒤섞였기 때문이지요. 그래서 새들이 녀석을 발견하기가 만만치 않습니다. 실제로 여러 연구자들이 실험한 결과 둘레 환경과 비슷한 색을 띤 곤충들은 확실히 새 같은 포식자들에게 덜 잡아먹혔습니다. 다 보호색 덕분이지요.

마침 어른 흰뒷날개나방이 짐승이 숲 바닥에 싸 놓은 똥에 앉아 식사를 합니다. 돌돌 말린 빨대 주둥이를 쭉 펼쳐 똥즙에 꽂고는 방아라도 찧듯이 머리를 들었다 숙였다 하면서 똥즙을 쭉쭉 빨아 마십니다. 바로 그때 알락파리류가 날아옵니다. 깜짝 놀란 녀석이 재빠르게 날개를 펼칩니다. 그 순간 연노랑 바탕에 까만 줄무늬가 그려진 속날개인 뒷날개가 쉬익 나타납니다. 노랑과 검정은 색깔 대비가 강해 눈에 확 띕니다. 눈에 띄는 속날개를 펼친 것은 '나는 맛없어. 먹지 마.' 하고 포식자에게 경고 메시지를 보낸 것입니다. 따지고 보면 힘 약한 어른 흰뒷날개나방이 믿을 건 뒷날개뿐입니다. 평소에는 속날개를 거무칙칙한 겉날개 속에 숨겨 두었다가

꽃매미 뒷날개

회색붉은뒷날개나방 뒷날개

흰무늬왕불나방 뒷날개

왕사마귀 뒷날개

위험하면 경고 카드를 꺼내듯 후다닥 꺼내 보입니다. 몸에 독이 없
지만 독이 있는 양 허세를 부리면 포식자가 놀라 움찔하며 물러섭
니다.

　속날개가 화려하면 포식자가 정말 놀랄까요? 놀랍니다. 평소에
는 거무칙칙한 보호색을 띤 겉날개만 보이다가 위험해지면 섬뜩할
만큼 화려한 속날개를 얼른 펼치니 포식자가 놀랄밖에요. 연구자
들은 새들이 잘 먹는 먹잇감과 잘 먹지 않는 먹잇감을 실험을 통해
살펴보았는데, 확실히 새들은 화려하고 선명한 색깔을 가진 먹잇
감을 꺼려했습니다. 특히 빨간색과 노란색 먹잇감은 아예 먹을 생
각을 하지 않았습니다. 새들은 화려한 색깔을 띤 먹잇감은 맛이 없
거나 독을 품고 있다는 것을 태어날 때부터 본능적으로 알고 있기
때문입니다.

흰뒷날개나방 빨대
주둥이가 둥글게 말
려 있다.

흰뒷날개나방처럼 화려한 속날개를 가진 곤충들은 제법 많습니다. 메뚜기목 메뚜기과인 팥중이 속날개는 노란색과 까만색이 섞여 있고, 왕사마귀 속날개는 자주색이 뚜렷하고, 뒷노랑수염나방 속날개는 샛노랗고, 흰무늬왕불나방 속날개는 노란 바탕에 까만 점무늬가 있고, 꽃매미 속날개는 새빨갛습니다. 특히 나방 가운데 이름에 '뒷날개나방'이 들어간 종류는 속날개가 화려하기로 소문이 났습니다. 붉은뒷날개나방, 연노랑뒷날개나방, 회색붉은뒷날개나방, 노랑뒷날개나방 등등. 다들 속날개에 빨간색, 노란색, 까만색이 선명하게 들어가 있습니다.

포식자와 만나면 그대로 굴복하기보다 맞서 싸우는 멋진 녀석들에게 거침없는 박수를 보냅니다. 올 여름도 숲속 오솔길을 걷다가 녀석들과 한번쯤 꼭 마주치길 고대합니다.

진짜 같은 가짜 눈을 가진

호랑나비 애벌레

끈끈이대나물 꽃에 앉은 호랑나비
호랑나비가 끈끈이대나물 꽃에 날아와
꿀을 빨아 먹고 있습니다.

따스한 봄볕이 쏟아지는 4월입니다.

이름만 대면 온 국민이 다 아는 나비,

호랑나비 한 마리가 풀밭을 훨훨 납니다.

호랑나비만 보면 떠오르는 영화가 있습니다.

바로 <빠삐용>.

스티브 맥퀸과 더스틴 호프만의 멋진 연기,

자나 깨나 탈출을 꿈꾸는 종신수,

태평양에 메아리처럼 울려 퍼지던 장엄한 주제곡,

고귀한 생명을 포기하지 않는 아름다운 도전,

거대한 자연과 맞서 찾은 값진 자유······.

그것 말고도 주인공 빠삐용 가슴에 새겨진 나비 문신이 생각납니다.

영화 제목 '빠삐용(Papillon)'은 호랑나비속(屬) *Papilio*에서 따온 이름입니다.

굴곡 많은 인생을 살았던 빠삐용처럼

호랑나비 애벌레도 극적인 삶을 살아갑니다.

수컷

암컷

수컷 옆모습

호랑나비

이 꼭지는 나비목 호랑나비과 종인 호랑나비(*Papilio xuthus*) 이야기입니다.

범나비
호랑나비

노란색과 검은색이 섞인 몸 색깔이 호랑이 털가죽 무늬와 비슷하다 보니 '호랑나비'라는 이름이 붙었습니다. '호랑'은 '범'과 '이리'를 말하는데 언제부턴지 사람들은 범을 '호랑'이라고 부르기 시작했습니다. 그래서 범나비가 아니라 자연스럽게 호랑나비가 되었는데, 북한에서는 지금도 '범나비'라고 부릅니다.

녀석이 풀밭을 가로질러 너울너울 날아다니다 산초나무 둘레를 맴돕니다. 산초나무도 막 싹을 틔우고 있군요. 녀석이 산초나무 가지에 재빨리 앉더니 배를 둥그렇게 구부려 새싹에 대고 움찔움찔 움직이며 알을 낳습니다. 노란 알이 쏙 빠져나와 새싹에 붙자 다시 날아올라 건너편 나뭇가지에 내려앉아 또 알을 낳습니다. 그렇게

호랑나비 어른벌레
여름형

어미 호랑나비는 며칠에 걸쳐 적게는 30개, 많게는 400개까지 알을 낳습니다. 알은 공처럼 동그랗고 연노랑 빛을 띠어 보석처럼 아름답습니다. 알을 다 낳은 어미 호랑나비는 힘이 빠져 기진맥진하다 죽어 땅에 나뒹굽니다.

알에서 깨어난
호랑나비 애벌레

어미 호랑나비가 알을 낳고 죽은 지 일주일이 넘었습니다. 노랗던 알은 점점 거무튀튀한 색으로 바뀝니다. 어느덧 알 속에 있는 호랑나비 애벌레의 새까만 머리가 알 껍질을 통해 살짝 비칩니다. 바싹 긴장하고 까만 머리가 나오기를 기다리는데, 드디어 호랑나비 애벌레가 알 속에서 알 껍질 맨 윗부분을 사각사각 갉아 먹기 시작합니다. 잠시 뒤 병뚜껑처럼 둥글게 구멍 난 알 껍질에서 새까만 머리가 밖으로 나오고, 이어서 가슴과 배가 천천히 딸려 나옵니다. 1령 애벌레 탄생! 갓 깨어난 아기 호랑나비 애벌레는 거무칙칙한 데다 온몸이 돌기투성이로 굉장히 못생겼습니다. 녀석은 머뭇거릴 틈도 없이 곧바로 자신이 깨어난 알 껍질을 다 먹어 치운 다음 뒤도 돌아보지 않고 잎 가장자리로 기어갑니다. 얼마나 씩씩하게 잘 기어가는지 갓 깨어난 '신생아'라는 게 믿기지 않습니다.

이제부터 호랑나비 애벌레는 번데기가 될 때까지 산초나무에게 신세를 져야 합니다. 산초나무가 자신을 뜯어 먹지 말라고 줄기에 가시를 달아도, 몸속에 독 물질을 품어도 호랑나비 애벌레는 자기 먹이식물인 산초나무 잎을 먹어야 합니다. 안 먹으면 죽으니 어쩔 수 없습니다. 산초나무에 독 물질이 들어 있지만 오랜 세월 조상 대대로 산초나무 잎을 먹으면서 내성이 생겼기 때문에 아무런 문제가 없습니다. 이제는 산초나무 독 물질이 섭식 자극제로 둔갑해 녀석의 입맛을 돋우기까지 합니다.

새똥으로 변신한 애벌레

호랑나비 애벌레는 변신의 귀재입니다. 허물을 벗을 때마다 몸 색깔이 바뀌니 말입니다. 애벌레 시절 동안 허물을 4번 벗는데, 허물을 벗을 때마다 몸 색깔이 좀 다릅니다. 1령에서 4령까지는 몸 색깔이 새똥처럼 희끄무레한데, 5령은 잎과 비슷한 초록색입니다.

특히 1령에서 4령까지는 거무칙칙한 바탕에 허연색 무늬가 등 쪽에 그려져 있어 잎에 앉아 있으면 영락없는 새똥입니다. 3령과 4령 애벌레는 허연 무늬가 배 끝에도 생겨서 더 그럴듯합니다. 애벌레는 늘 잎 위에서 온몸을 드러낸 채 지내기 때문에 새, 거미, 침노린재 같은 힘센 포식자 눈에 띄는 건 시간문제입니다. 그래서 1령에서 4령까지는 자기 몸을 새똥인 양 변장하고 '나 똥이야. 가까이 오지 마.' 하며 포식자를 속입니다.

뭐니 뭐니 해도 변신의 하이라이트는 다 자란 5령(종령) 애벌레입니다. 4령 애벌레가 마지막 허물을 벗으면 몸 색깔이 거무칙칙한 새똥 색깔과 전혀 다른 초록빛 애벌레가 나옵니다. 더구나 몸매까지 얼마나 훤칠하고 늠름한지 한눈에 반합니다. 몸길이가 4센티미터쯤 되어서 몸집이 크지만 온몸이 초록색이다 보니 산초나무 잎 위나 줄기에 앉아 있으면 잘 보이지 않습니다. 잎 색과 닮은 보호색을 띠었으니 찾아낼 도리가 없지요.

호랑나비 1령 애벌레

호랑나비 2령 애벌레

호랑나비 3령 애벌레

호랑나비 4령 애벌레

이 냄새뿔의 정체는 무엇일까요? 피부가 바뀌어 만들어진 분비샘입니다. 평상시에는 몸속에 숨겨져 있는데, 위험해지면 순간적으로 혈림프가 냄새뿔로 흘러 들어가면서 냄새뿔이 부풀어지고 동시에 뒤집히면서 몸 밖으로 불쑥 튀어나옵니다.

호랑나비 애벌레는 냄새뿔 말고도 비장의 무기가 또 있습니다. 바로 가짜 눈인 눈알 무늬입니다. 눈알 무늬가 가슴 양옆에 진짜 눈처럼 그려져 있습니다. 그래서 곤충 초보자 중에는 눈알 무늬를 진짜 눈으로 착각하는 분들이 제법 많습니다. 녀석의 진짜 눈은 머리에 붙어 있는데, 크기가 모래알보다 작은 데다 평상시에는 머리를 가슴 속에 파묻고 있어 진짜 눈이 잘 보이지 않습니다.

녀석은 위험해지면 가슴 부분을 뱀 머리처럼 크게 부풀립니다. 그러면 가슴에 있는 눈알 무늬도 더 크게 보여 적을 놀라게 합니다. 재미있는 건 눈알 무늬의 시선입니다. 앞쪽, 옆쪽, 위쪽처럼 녀석을 바라보는 방향이 어디든 눈알 무늬 시선과 정면으로 마주칩니다. 즉 포식자가 녀석을 어떤 방향에서 노리든 눈알 무늬가 포식자를 똑바로 노려본다는 얘기입니다. 포식자는 자신을 똑바로 노려보는 눈알 무늬가 겁나 호랑나비 애벌레를 덥석 공격하지 못하고 머뭇거립니다.

호랑나비뿐 아니라 호랑나비가 속해 있는 호랑나비속(*Papilio* 속) 애벌레들은 거의 다 눈알 무늬와 냄새뿔을 가지고 있습니다. 우리나라에 사는 호랑나비속(屬) 식구들은 제비나비, 산제비나비, 긴꼬리제비나비, 호랑나비, 산호랑나비, 무늬박이제비나비, 남방제비나비 이렇게 7종이 있습니다. 핏줄은 못 속인다고 녀석들은 몸 크기, 몸매, 몸 색깔이 비슷합니다. 건드리면 머리와 가슴 사이

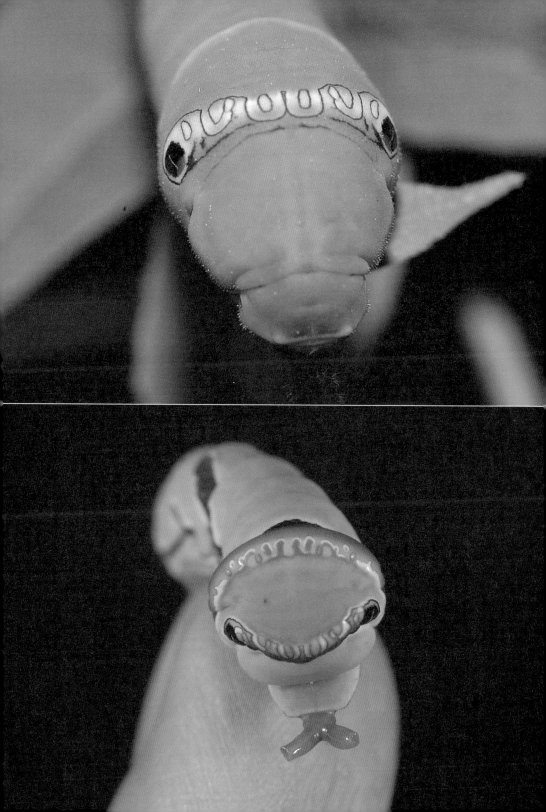

로 냄새뿔을 내밀고, 가슴에 가짜 눈인 눈알 무늬가 그려져 있고, 1령에서 4령까지 애벌레 몸 색깔과 5령(종령) 몸 색깔이 비슷합니다. 다만 몸에 그려진 자잘한 무늬들이 종마다 조금씩 다를 뿐입니다. 녀석들 사이에 공통점이 많은 것은 아마도 같은 조상에서 갈라졌기 때문이라 추정됩니다.

어른 호랑나비
탄생

호랑나비 애벌레는 번데기를 만들 때가 되면 산초나무를 떠나 대개 둘레에 있는 나뭇가지에 자리를 잡습니다. 물론 먹이식물인 산초나무에 만들기도 합니다. 주둥이에서 명주실을 뽑아 배 끝을 나뭇가지에 고정시킨 뒤 자기 가슴과 배의 경계 부분 몸통을 나뭇가지에 꽁꽁 묶습니다. 한참 동안 주둥이를 자기 몸과 나뭇가지 사이로 왔다 갔다 하면서 비바람이 몰아쳐도 떨어지지 않도록 단단히 맵니다. 이렇게 나뭇가지에 몸을 고정시키고서는 몸에 있는 찌꺼기와 물을 밖으로 내보냅니다. 어느새 녀석 몸이 많이 쪼그라들었습니다. 이때를 '앞번데기(전용, prepupa)'라고 합니다. 앞번데기 상태로 이틀쯤 지나면 애벌레 시절 입었던 옷을 벗고 번데기가 됩니다.

번데기가 된 지 2주일이 지났습니다. 처음에는 초록색이었는데, 어느새 까무잡잡한 색으로 바뀌었습니다. 그동안 번데기는 겉모습

번데기가 되기 직전인 호랑나비 전용 애벌레

호랑나비 번데기

호랑나비가 날개돋이 한 뒤
날개를 말리고 있다.

호랑나비 옆모습

사람들이 뿌리는 살충제는 어찌 손을 써 볼 수가 없습니다. 그저 온몸을 비틀고 입에서 초록색 분비물을 토하며 죽어 갈 뿐입니다.

작년 봄 일입니다. 엎드리면 코 닿을 데 있는 공원에서도 산초나무 몇 그루가 자랍니다. 그 산초나무에 호랑나비 애벌레가 40마리 넘게 살고 있어 시간 날 때마다 들러 잘 있는지 살펴보았습니다. 걱정스런 마음에 공원 관리 담당자에게 전화까지 걸어 아기 호랑나비를 부탁했지만 모든 게 헛수고. 결국은 나무만 살리겠다고 뿌린 살충제에 호랑나비 애벌레가 모두 몰살당했습니다. 예정된 '아기 호랑나비의 몰살' 사건이었지요.

올해 봄에도 문턱이 닳도록 그 공원을 둘러봤지만 안타깝게도 그 산초나무에는 호랑나비가 단 한 마리도 살지 않았습니다. 요즘 도심 공원에서 자라는 잘 가꾼 나무들은 그야말로 '그림 속 나무'입니다. 그 나무에는 곤충도 없고, 곤충을 잡아먹는 거미도 없고, 그래서 곤충과 거미를 먹는 새가 오지 않습니다. 그저 나무만 덩그러니 서 있을 뿐. 그야말로 나무에는 침묵만 흐릅니다.

애국 나방

태극나방

태극나방

태극나방이 땅과 비슷한 몸빛으로
몸을 숨기고 앉아 있습니다.
날개에는 뚜렷한 태극 무늬가 나 있습니다.

춘마곡추갑사(春麻谷秋甲寺),

봄에는 마곡사, 가을에는 갑사가 운치 있다는 말입니다.

봄도 아니고 가을도 아닌 여름에 갑사에 갑니다.

초록빛 잎을 한껏 달고 있는 아름드리나무들이 만든

그늘 길을 걷는 맛이 제법 쏠쏠합니다.

흙길을 살폿살폿 걷는데, 뭔가 후딱 지나갑니다.

눈 깜짝할 사이에 벌써 풀숲에 들어가 숨어 버렸군요.

살금살금 풀숲으로 다가가니

웬 나방 한 마리가 두 눈 부릅뜨고 저를 노려봅니다.

뱀인 줄 알고 등골이 오싹해 식은땀이 다 납니다.

가만히 보니 뱀은 아니고

말로만 듣던 그 유명한 태극나방입니다.

자귀나무

이 꼭지는 나비목 태극나방과 좋인 태극나방(*Spirama retorta*) 이야기입니다.

소심한
태극나방

태극나방은 참 소심합니다. 풀밭 위를 대범하게 쉬익- 쉬익- 날아다니지 않고 가능한 낮게 낮게 납니다. 그것도 멀리 날지 않고 고작 몇 미터 날고는 땅바닥이나 풀밭 속으로 내려앉습니다. 태극나방이 날다가 우거진 풀숲에 뚝 떨어지면 눈에 잘 띄지 않습니다. 마침 태극나방 한 마리가 어디선지 불쑥 날아와서는 곧바로 풀숲 바닥에 뚝 떨어집니다. 살금살금 풀숲으로 들어가지만 헛수고. 녀석이 풀들이 우거진 땅바닥에 앉아 버려 아무리 찾아도 안 보입니다. 풀들을 흔들었더니 겁에 질려 후다닥 풀숲에서 나와 저쪽으로 날아갑니다. 하지만 날갯짓이 서툴러 멀리 날지 못하고 땅바닥에 깔린 널빤지 위에 앉습니다. 방금 날개돋이를 했는지 날개 색깔이 너무도 싱싱하고 산뜻합니다.

태극나방이 풀밭에
앉아 있다.

숨죽여 찬찬히 들여다보니 날개 색깔이 예술입니다. 날개에 물결무늬가 쭉쭉 그려져 있는데, 마치 잔잔한 호수에 물결이 너울대는 것 같습니다. 추상화가 따로 없군요. 어느 화가가 이리도 멋지고 강렬하게 붓질을 할 수 있을까요? 또 겉날개 한가운데에 커다란 눈알 무늬가 2개 찍혀 있습니다. 감상도 잠시, 부릅뜬 커다란 눈알이 금방이라도 툭 튀어나올 듯 노려보고 있어 정신이 번쩍 납니다. 아이고, 무서워라! 순간 뱀이 떠올라 등골이 오싹합니다.

태극나방 눈알 무늬

최초의
곤충 우표 모델

그런데 녀석의 동그란 눈알 무늬는 어디서 많이 본 듯합니다. 아하! 태극기 한가운데 그려진 태극 무늬와 똑 닮았군요. 그래서 태극나방이라는 이름이 붙었습니다. 녀석 말고도 태극 무늬가 들어간 친척 나방들이 있는데, 마찬가지로 이름에 '태극'이 들어갑니다. 몸집이 유난히 큰 왕태극나방, 날개에 굵은 하얀색 줄이 있는 흰줄태극나방, 몸집이 크고 날개에 가는 하얀색 줄이 있는 왕흰줄태극나방처럼 사람으로 치면 이름에 돌림자를 쓴 셈입니다.

북녘에서는 녀석을 뭐라 부를까요? 북한은 나방 이름에 우리나라(남녁) 국기 상징인 '태극'을 붙이는 건 정서적으로나 이데올로기적으로나 상상할 수 없습니다. 아니나 다를까 북한에서는 눈알 무늬가 뱀 눈을 닮았다 해서 '뱀눈밤나방'이라 이름을 지었습니다.

태극나방이 풀숲 속에 앉아 있다. 날개 가녀덜너덜 해졌다.

또 일본에서는 태극나방을 '오스구로토모에(オスグロトモエ)'라고 부르는데, 수컷 날개에 검은 소용돌이무늬가 있다는 말입니다. 같은 나방에 있는 눈알 무늬를 우리는 태극 무늬로, 북한은 뱀 눈 무늬로, 일본은 소용돌이무늬로 본 것이지요. 사람들마다 정서가 달라도 커다란 눈알 무늬에 염두를 두고 이름을 붙인 것은 공통점입니다.

태극나방은 복도 많습니다. 해방이 되자 우리나라 사람들은 태극 무늬가 있는 태극나방이 나타나면 나라에 좋은 일이 생긴다고 생각했습니다. 실제로 어떤 어린 학생이 여름방학 때 이 곤충들을 잡아 이승만 대통령에게 전달했다고 합니다. 태극나방을 향한 사랑은 여기서 멈추지 않습니다. 한국 전쟁이 끝나고 1954년 4월 1일부터 1955년 10월 19일까지 발행된 우표에 태극나방이 등장합니다. 태극나방은 우리나라 곤충들 가운데 우표에 출연한 최초의 곤충이 되었으니 출세도 보통 출세한 게 아닙니다. 이렇게 태극나방은 전쟁으로 고통받는 사람들에게 힘도 되어 주고 애국심도 일깨우는 데 한몫했습니다.

눈알무늬의 위력

태극나방 몸 색깔은 밤색과 까만색이 섞여 있어 풀숲에 내려앉으면 잘 안 보입니다. 둘레 색깔과 어울리도록 보호색을 띠고 있는 것입니다. 또 한군데에 느긋하게 앉아 있는 법이 없고 잠깐 앉았다가 후다닥 날아가고, 또 잠깐 앉았다 후다닥 날아갑니다. 녀석은 앉아 있어도 허수아비처럼 날개를 늘 양옆으로 활짝 펴고 있습니다.

특이하게도 녀석은 눈알 무늬를 앞날개(겉날개)에 노골적으로 그려 넣었습니다. 그래서 날 때나 앉아 있을 때나 늘 눈알 무늬가 눈에 확 띕니다. 만일 속날개에 눈알 무늬가 있다면 어찌 될까요? 그야 속날개는 겉날개에 덮여 보이지 않고, 오로지 날개를 펼치고 날 때에만 속날개에 찍힌 눈알이 보이게 되겠지요.

하지만 태극나방은 대담해서 겉날개, 그것도 겉날개 한가운데에 눈알을 찍어 넣어 적극적으로 힘센 포식자들과 심리전을 펼칩니다. 더구나 앉았다 후다닥 날 때는 날개가 활짝 펼쳐지면서 날개에 가려져 있던 배가 보이는데, 배 색깔이 빨간색입니다. 온몸이 거무스름한데 배 부분만 유난히 빨개 포식자가 놀라 멈칫할 수도 있습니다.

태극나방은 앞날개 가운데에 동그란 태극 무늬가 있다.

거의 모든 포식자들은 가짜 눈인 눈알 무늬에 속아 넘어갑니다. 새 같은 힘센 포식자들은 눈알 무늬가 그려진 동물은 독을 가졌다고 판단합니다. 영국의 곤충학자 데이빗 블레스트(David Blest)는 새를 새장에 가두고 '새는 동물의 어떤 경고 전략을 가장 무서워하는가?'를 실험했는데, 연구 대상이 된 새는 3종류였습니다. 블레스트는 작은 상자에 창문을 한 쌍 내고, 상자 안에 전등을 넣었습니다. 이때 창문에는 막대기 모양, 십자 모양, 동그라미 모양 같은 무늬를 붙여 두었습니다. 그런 뒤 먹잇감인 딱정벌레붙이 애벌레를 이 3종 새들에게 주었는데, 새가 창문 틈으로 부리를 넣어 작은 상자 속에 있는 딱정벌레붙이 애벌레를 잡으려는 순간마다 매번 전등을 켜 창문에 붙인 종이 모양이 새에게 뚜렷하게 보이도록 했습니다. 실험 결과 3종류 새 모두 막대기 모양과 십자 모양에는 거의 놀라지 않았고, 동그라미 모양에는 깜짝깜짝 놀랐습니다. 동그라미 모양 중에서도 소용돌이치는 모양에는 기겁을 하고 새장 밖으로 도망치려고 했고, 소용돌이치는 동심원 모양에 음영을 넣어 입체적인 느낌을 낸 것에는 훨씬 더 겁을 먹고 도망쳤습니다.

이 실험은 새들이 몸에 눈알 무늬가 있는 동물들을 보면 굉장히 놀란다는 사실을 증명합니다. 새들에게는 조상 대대로 눈알 무늬에 대한 무서운 기억이 있는 것 같습니다. 눈알 무늬를 가진 동물을 공격했다가 되레 큰코다쳤던 기억이 있어 본능적으로 눈알 무늬만 보면 피하는 것 같습니다. 이쯤이면 눈알 무늬 때문에 고초를 당했던 스트레스는 자신보다 더 힘센 포식자를 만났을 때 느꼈던 두려움과 맞먹는 것 같습니다.

태극나방은 이것을 어찌 알고 가짜 눈인 눈알 무늬를 날개에 그려 넣고 허세를 부릴까요? 물론 태극나방이 눈알 무늬 날개를 갖게 된 것은 조상이 의도해서 이뤄진 것이 아니라 우연히 이뤄진 것입니다. 즉 태극나방 조상의 여러 변이형 가운데 눈알 무늬 날개를 가진 변이형이 살아남는 데 더 유리해 지금까지 번식해 온 것으로 보입니다.

눈알 무늬를 가진
다른 나비들

가짜 눈인 눈알 무늬는 살아남기 위한 무기입니다. 눈알 무늬에는 독 물질은 없지만 힘센 포식자를 당황하게 하고 허둥대게 만드니까요. 눈알 무늬는 나비목 가문 식구들에게 흔한 무늬입니다. 특히 애벌레들에게서 많이 볼 수 있는데, 호랑나비 애벌레, 제비나비 애벌레, 긴꼬리제비나비 애벌레, 주홍박각시 애벌레, 줄박각시 애벌레, 으름큰나방 애벌레 따위가 있습니다.

또한 애벌레 못지않게 눈알 무늬를 가진 어른벌레도 제법 많습니다. 태극나방, 흰줄태극나방, 왕태극나방, 뱀눈박각시, 참나무산누에나방, 작은산누에나방, 밤나무산누에나방, 흰뱀눈나비, 굴뚝나비, 물결나비, 부처나비, 부처사촌나비처럼 헤아릴 수 없이 많습니다.

새와 원숭이가 싫어하는
곤충 실험

연구자들이 실험을 통해 새들은 눈알 무늬가 있는 곤충들, 빨간색이나 노란색 같은 화려한 색깔을 띠는 곤충들을 피한다는 것을 알아냈습니다. 실험 내용을 몇 가지 소개합니다.

1. 옥스퍼드 대학의 해일 카펜터(Hale Carpenter) 교수 실험

1921년에 카펜터 교수는 원숭이 두 마리를 끈으로 길게 묶어 아프리카 숲속에 풀어 놓았습니다. 두 원숭이가 먹으려고 찾아낸 먹이와 이 중에서 실제로 먹은 먹이 숫자를 기록했습니다. 결과를 보면 두 원숭이는 244마리의 곤충을 찾았습니다. 연구진은 그 곤충들을 눈에 잘 띄는 무리(143마리)와 눈에 잘 띄지 않는 무리(101마리)로 나누었습니다. 두 원숭이는 찾은 곤충들 가운데 눈에 잘 띄지 않는 무리는 모두 먹었고, 눈에 잘 띄는 무리는 4분의 1도 먹지 않았습니다. 이 실험을 통해 원숭이들은 눈에 잘 띄는 곤충들은 먹기를 꺼려한다고 추정할 수 있습니다.

2. 미국 박물학자인 프랭크 모튼 존스(Frank Morton Jones) 박사 실험

1930년대에 존스 박사는 자기 별장에 오는 새들을 관찰하다가 가끔씩 그 새들이 어떤 곤충을 잡아먹는지 표를 작성했습니다. 또 다른 실험으로 접시 여러 개에 곤충을 담아 놓고 새들이 어떤 접시에 있는 곤충을 잡아먹고, 어떤 접시의 곤충을 잡아먹지 않는지를 관찰하고 기록했습니다. 결과를 보면 별장에 오는 많은 새들 가운데 200종(4천 마리)의 새들이 곤충들을 잡아먹었습니다. 새들은 박사가 준비한 접시에 담긴 곤충들도 잡아먹었는데, 대체로 몸 색깔이 칙칙한 곤충들을 먼저 잡아먹었습니다. 접시에 담긴 곤충들 가운데 새들이 먹지 않은 곤충은 31종이었고, 31종 가운데 24종은 몸 색깔이 밝은 색으로 빨간색, 오렌지색, 노란색을 주로 띠었습니다. 이 실험을 통해 새들은 몸 색깔이 밝은 곤충들을 별로 선호하지 않는다고 추정할 수 있습니다.

3. 앰허스트 대학의 링컨(Lincoln)과 제인 브라우어(Jane Brower) 부부 연구팀 실험

이 연구팀은 새들이 몸 색깔이 밝은 곤충을 꺼려한다는 문제를 새로운 실험으로 접근하고 통계적인 분석 방법을 이용하여 결과를 얻었습니다. 앰허스트 지역에 사는 여러 마리의 아메리카 어치들을 트리니다드 섬으로 옮긴 뒤 하루 먹이로 아메리카 어치 한 마리당 나비 10마리씩 주면서 열흘 동안 계속 관찰했습니다. 이때 먹잇감인 나비 10마리는 모두 다른 종으로, 5마리는 경고색을 띤 종들이고, 나머지 5마리는 경고색을 띠지 않거나 맛이 없어 보이는 종들이었습니다. 실험 결과, 어치는 경고색을 띠지 않은 나비들을 잡아먹었고 맛이 없어 보이는 종(3마리)을 부리로 쪼거나 죽이기만 했지 잡아먹지는 않았습니다. 나머지 나비 2종은 꽤 자주 잡아먹혔지만 대부분 어치가 다시 내뱉었습니다. 심지어 어치들은 어떤 나비들을 잡아먹은 뒤 금방 내뱉었는데, 알고 보니 그 나비들의 애벌레는 독성이 많은 식물 잎을 먹고 자랐다고 합니다. 이 실험을 통해 새들은 경고색을 띠거나, 맛이 없어 보이거나, 독성을 가진 나비들은 학습이나 경험을 통해 먹지 않는다는 것을 보여 줍니다.

4. 옥스퍼드 대학의 니코 틴베르겐(Niko Tinbergen) 교수팀 연구

이 연구팀은 유럽산 굴뚝나비류를 연구했습니다. 틴베르겐 교수가 쓴 《호기심 강한 박물학자들(Curious Naturalists)》이라는 책에 나오는 연구 내용을 간추리면 다음과 같습니다. 굴뚝나비류는 작고 눈에 잘 띄지 않는 종들입니다. 날개 윗면은 밤색과 황토색이 섞여 있고 눈알처럼 생긴 점이 두 개씩 있습니다. 날개 아랫면은 얼룩덜룩한 회색입니다. 굴뚝나비류는 재빨리 날다가 나무줄기에 앉으면 얼른 날개를 접고 가만히 있는데, 몸 색깔이 나무껍질 색깔과 뒤섞여 눈에 띄지 않습니다. 그러면 새들은 굴뚝나비류가 눈에 띄지 않으니 잡아먹을 수가 없었습니다.

틴베르겐 교수는 수많은 곤충들을 연구하면서 곤충의 몸 색깔이 서식 환경과 비슷할 경우 다른 포식자들은 몰라도 적어도 새들에게는 잡아먹힐 가능성이 매우 낮다는 것을 알아냈습니다. 새들 눈에 띄지 않기 때문입니다.

또한 그는 눈알 무늬에 대한 연구도 했습니다. 북미에 살고 있는 산누에나방으로 노란 속날개에 푸른색 눈알 무늬가 있는 이오나방은 속날개에 올빼미 눈을 닮은 커다랗고 화려한 눈알 무늬가 있습니다. 이오나방은 쉴 때 날개를 펼치고 앉는데, 이때 겉날개가 속날개를 덮어 눈알 무늬를 숨깁니다. 그러다가 포식자가 다가오면 갑자기 겉날개를 들어 올려 속날개에 있는 커다란 눈알 무늬를 내보이며 '나는 올빼미다.' 하고 포식자를 속입니다.

5. 옥스퍼드 대학의 데이빗 블레스트(David Blest) 교수 연구

틴베르겐 제자인 데이빗 블레스트는 눈알 모양 무늬가 새들을 놀라게 해 쫓아버리는 데 아주 뛰어난 효과가 있다는 걸 알아냈습니다. 블레스트의 실험 내용은 앞쪽 본문(409쪽)에 설명해 두었습니다.

태극나방 애벌레 밥은
자귀나무 잎

태극나방 애벌레는 아무 식물이나 먹지 않고 오직 자귀나무 잎만 먹습니다. 자귀나무는 낮에는 잎을 양옆으로 활짝 펼치고 있지만, 밤에는 잎을 오므려 포개기 때문에 '자는 귀신', '합환수'라는 별명을 갖게 되었습니다. 자귀나무 잎이 밤에 포개지는 것을 보고 옛사람들은 부부 금슬이 좋으라고 부부가 생활하는 방 앞에 자귀나무를 심었다고 합니다.

태극나방 한살이는 일 년에 2번 돌아갑니다. 겨울잠을 잔 번데기가 5월쯤에 날개돋이 하는데, 희한하게도 봄에 나오는 어른벌레(봄형) 날개에는 눈알 무늬가 없습니다. 봄형 어른벌레가 낳은 알에서 깨어난 애벌레는 초여름 동안 무럭무럭 자라 번데기 시절을 거쳐 7~8월 여름에 어른벌레(여름형)로 날개돋이 합니다. 봄형과 달리 여름형 어른벌레 날개에는 커다란 눈알 무늬가 있습니다. 여름형 어른벌레가 낳은 알에서 깨어난 애벌레는 여름과 초가을 내내 부지런히 자라다가 추워지기 전에 번데기가 되어 겨울잠을 잡니다.

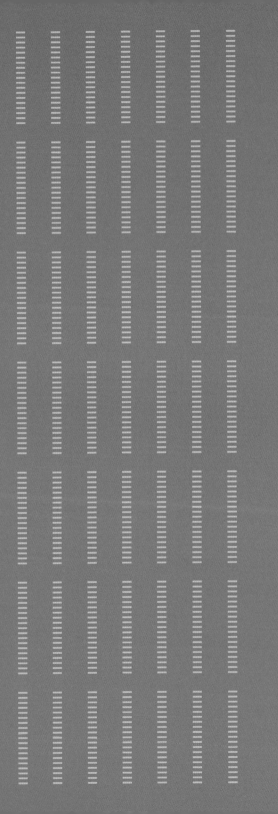

6장

독 물질

매미나방 애벌레

매미나방 애벌레

매미나방 종령 애벌레가
잎을 기어가고 있습니다.
온몸에 기다란 털이 수북하게 나 있습니다.

5월도 벌써 절반이 지납니다. 오늘도 산에 갑니다.

해마다 이맘때면 봄 곤충이 쏟아져 나와

마음이 급해도 보통 급한 게 아닙니다.

오솔길은 곤충들로 떠들썩한데,

올해는 유난히 아기 매미나방 애벌레가 많군요.

몇 걸음 걸어가면 보이고, 또 몇 걸음을 걸어가면 보입니다.

갈참나무 잎, 싸리나무 잎 같은 나뭇잎마다 앉아 있습니다.

많아도 이렇게 많을 수가! 언뜻 봐도 수백 마리가 넘을 듯합니다.

그런데 미라가 된 듯 움직일 생각을 안 합니다.

심지어 어떤 녀석은 초록색 피를 토하고 있군요.

다가가 건드려 보니 이미 죽어 몸이 축축 처집니다.

무슨 일일까? 살충제를 뿌렸군요.

올해 매미나방 애벌레가 대발생했다고 난리도 아니더니,

결국은 살충제 세례를 맞고 죽어가는군요.

싸리나무

이 꼭지는 나비목 태극나방과 종인 매미나방(*Lymantria dispar*) 이야기입니다.

봄은
매미나방 애벌레 시대

4월, 추운 겨울을 무사히 넘긴 매미나방 알 주머니에서 아기 매미나방 애벌레가 꼬물꼬물 기어 나옵니다. 한 마리, 두 마리, 세 마리……. 백 마리도 넘는 새까만 애벌레들이 한꺼번에 솜뭉치 같은 알 주머니에서 쏟아져 나옵니다. 기특하게도 흩어지지 않고 약속이라도 한 듯 푹신한 알 주머니 위에 모인 다음 잎을 찾아 나뭇가지를 타고 꼬물꼬물 기어 올라갑니다. 무턱대고 올라가는 것이 아니라 집합페로몬을 풍기며 올라가기 때문에 매미나방 애벌레들은 흩어지지 않고 무사히 잎에 도착합니다. 잎 위에 자리 잡자 누가 먼저랄 것도 없이 잎을 갉아 씹어 먹기 시작합니다. 다 먹으면 모두 옆 잎으로 이사해 식사합니다. 그러다 몸집이 커지면 뿔뿔이 흩

알에서 나온 매미나방 1령 애벌레

어져 각자 잎을 하나씩 차지하고 밥을 먹습니다. 몸이 커지면 식사량이 늘어나 먹이 전쟁이 일어날 수 있으니 붙어 사는 것보다 차라리 떨어져 사는 게 식량을 확보하는 데 훨씬 유리합니다.

매미나방 애벌레는 닥치는 대로 잎사귀를 먹으며 몸을 불립니다. 몸이 커지면 허물을 벗고, 또 먹다가 몸이 커지면 허물을 벗고, 이렇게 모두 4번(암컷은 5번) 허물을 벗어야 종령 애벌레가 됩니다. 재미있게도 매미나방 애벌레는 허물을 벗을 때마다 몸 색깔이 살짝 바뀝니다. 1령과 2령 때는 거의 까만색이고, 3령 때는 전체적으로 까만색이고 등에 주황색 점과 하얀색 점이 찍혀 있습니다. 4령 때는 전체적으로 주황색이고 등에 빨간 점과 파란 점이 찍혀 있고, 5령(종령) 때는 전체적으로 짙은 회색이고 등에 파란 점과 빨간 점이 뚜렷하게 찍혀 있습니다. 색깔은 달라도 모두 무시무시하게 생긴 털 뭉치를 달고 삽니다. 게다가 몸 색깔은 얼마나 화려한지 어디에 붙어 있어도 눈에 금방 띕니다.

매미나방 애벌레
털

종령 애벌레가 버드나무 잎을 싹둑싹둑 베어 씹어 먹고 있군요. 먹성이 얼마나 좋은지 5분도 안 돼 버드나무 잎 하나를 해치웁니다. 식사 삼매경에 빠진 녀석 몸을 지긋이 감상합니다. 몸집은 얼마나 큰지 어른 손가락만 해 도대체 곤충이라고 믿어지지 않습니

다. 어떤 때는 나무속 곤충을 관찰하려고 나무껍질을 떠들면 녀석
(5령 애벌레)이 턱 버티고 앉아 쉬고 있습니다. 그 순간 실뱀이 뻗치
고 앉아 있는 것 같아 소스라치게 놀라 뒤로 물러선 적이 한두 번이
아닙니다.

그래도 자세히 뜯어보면 몸이 화려해서 나름 예쁜 구석도 있습
니다. 몸 색깔은 전체적으로 짙은 회색빛이고, 등과 옆구리에 돋아
난 수십 개나 되는 돌기는 빨간색과 파란색입니다. 이 돌기에는 수
십 개의 길고 억센 센털이 산지사방으로 뻗쳤는데, 센털을 살짝 만
져 보니 뻣뻣합니다. 잘못 만지면 독이 오를 수 있으니 함부로 만
지면 안 됩니다.

곤충은 왜 털을 달고 있을까요? 자기 생명을 지키기 위해서이지
요. 곤충 피부(표피층)는 질기고 단단한 큐티클 층인데, 이 피부만
으로는 둘레에서 벌어지는 환경 변화를 잘 알아차리지 못합니다.
그래서 진화 과정에서 곤충은 온몸에 수십만 개가 넘는 길고 짧은
털과 가시털을 달았습니다. 피부 아래층에서 나온 털은 큐티클 층
(표피층)을 뚫고 몸 밖으로 나왔습니다. 털이 신경 기관과 이어졌
기 때문에 곤충은 바깥의 미세한 움직임, 온도, 바람 방향과 습도
같은 둘레 환경 변화를 금방 알아차릴 수 있습니다. 겉보기에 보잘
것 없는 털이지만 곤충 자신을 지키는 수호천사입니다.

매미나방 애벌레도 길고 짧은 털을 셀 수 없이 많이 달고 있는
데, 어떤 털은 제 몸길이에 3분의 1이 될 만큼 깁니다. 게다가 털이
독 물질을 분비하는 독샘과 이어져 있어 포식자가 건드리면 즉시
독샘에서 독 물질을 분비하고, 이 독 물질은 털을 통해 털끝으로
나옵니다. 그래서 털을 만지기만 해도 독 물질이 손에 묻어 가렵고

따끔거립니다. 결국 매미나방 애벌레 털은 포식자의 접근을 알아채기도 하고, 위험에 맞닥뜨리면 독 물질을 분비하니 소중한 생명줄인 셈입니다. 거의 모든 독나방과(科) 식구는 독샘이 있습니다.

그래도 녀석 둘레에는 포식자가 널려 있어 늘 녀석을 잡아먹으려고 노립니다. 특히 기생벌 종류는 녀석만 골라 알을 낳으니 자연 세계에서는 절대 강자도 절대 약자도 존재하지 않습니다.

먹성 좋은
매미나방 애벌레

매미나방 애벌레가 먹는 주식은 식물 잎입니다. 먹성이 얼마나 좋은지 잎이란 잎은 다 먹어 치웁니다. 떡갈나무 잎, 상수리나무 잎, 갈참나무 잎, 신갈나무 잎, 벚나무 잎, 뽕나무 잎, 팥배나무 잎, 버드나무 잎, 포플러나무 잎, 느릅나무 잎, 밤나무 잎, 감나무 잎, 자두나무 잎, 블루베리 잎 같은 그 많은 넓은잎나무도 모자라 소나무 잎, 낙엽송 잎처럼 바늘잎나무까지 가리지 않고 먹어 치웁니다. 심지어 무궁화 꽃잎을 먹는 것도 본 적이 있는데, 먹는 나무 종류가 100종이 넘습니다. 식성 좋은 걸로 따지면 어떤 곤충도 따를 자가 없습니다. 녀석처럼 여러 가지 식물을 먹는 곤충을 '광식성(또는 다식성) 곤충'이라고 합니다. 그래서 나무를 사랑하는 사람들은 매미나방 애벌레에게 해충이란 딱지를 붙입니다.

매미나방 고향은 유럽과 아시아입니다. 미국 동부 지역 매사추

세츠주에 사는 곤충에 관심이 많던 레오폴드 트루벨로(Leopold Trouvelot)라는 학자가 1869년에 병을 잘 이기는 누에나방 품종을 개발하기 위해 실험용으로 쓰려고 한 연구소로부터 매미나방을 수입했습니다. 그런데 그만 애벌레가 실험실을 탈출하고 말았지요. 식성 좋고 적응력이 뛰어난 매미나방 애벌레는 점차 미국에 자리를 잡고 귀화에 성공했습니다. 약 20년이 지난 뒤 매미나방들이 사고를 쳤습니다. 굉장히 많은 매미나방 애벌레들이 떼로 나타나 둘레에 있는 나뭇잎을 족족 다 먹어 치웠지요. 녀석들을 없애기 위해 온갖 노력을 했건만 비웃기라도 하듯 미국 전역뿐 아니라 캐나다까지 퍼져 나갔습니다. 먹이가 다양하고 번식력이 왕성해 곳곳으로 퍼져 나가 지금은 북미, 유럽, 남아프리카, 아시아, 우리나라처럼 세계 거의 모든 지역에서 삽니다.

　어떤 사람들은 수컷이 암컷을 찾아 이리저리 떠돌아다니는 모습

매미나방 애벌레가
살충제를 맞아 모두
죽었다.

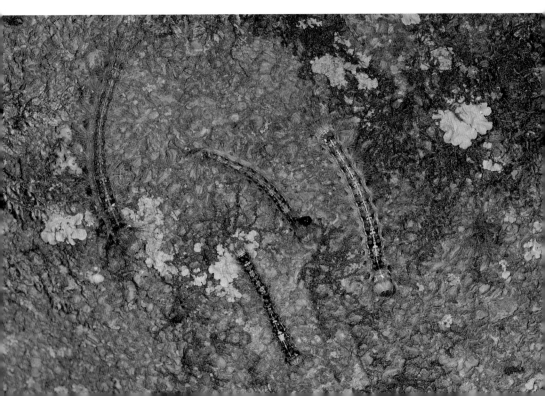

이 접시를 닮았다 해서, 또 어떤 사람들은 삼각형으로 날개를 접고 앉아 있는 모양새가 접시가 입는 치마와 비슷하다 해서 '접시나방'이라고도 합니다.

잎을 얼기설기 엮어 만든 고치

무더운 7월쯤 되면 매미나방 애벌레는 다 자랍니다. 번데기가 될 즈음이면 식사를 멈추고 번데기 만들 장소를 찾아 어슬렁어슬렁 돌아다닙니다. 명당을 찾으면 그곳에 딱 멈춰서 고치를 만들기 시작합니다. 그런데 고치(번데기 방) 만드는 솜씨는 영 엉성합니다. 주둥이 아랫입술샘에서 명주실을 토해 나뭇잎을 몇 개 끌어다 얼기설기 묶으면 완성! 덩치가 커서 명주실이 많이 나올 것 같지만 완성된 번데기 방을 보면 나뭇잎이 대부분이고 사용된 명주실 양은 나뭇잎의 십분의 일도 안 됩니다. 엉성한 방이라도 번데기만 잘 보호하면 문제될 것이 없지요. 종령 애벌레는 번데기 방에서 2~3일쯤 꼼짝 않고 앞번데기(전용)로 지내다가 애벌레 시절 마지막 털옷을 벗고 번데기가 됩니다. 번데기로 2주쯤 지나 7월 말이 되면 어른벌레로 날개돋이 합니다.

매미나방은 일 년에 한살이가 한 번 돌아갑니다. 계산해 보니 지난해 여름에 난 알이 이번 여름에 어른벌레가 되기까지 거의 11달이나 걸리는군요. 사람들이 해충 딱지를 붙이든 말든 긴 세월을 용

케 잘 버티고 어른벌레로 태어난 녀석에게 응원의 박수를 보냅니다.

대 잇기

어른 매미나방은 무엇을 먹을까요? 아무것도 먹지 않습니다. 나비목(目) 어른벌레는 대부분 빨대 주둥이를 가지고 있는데, 녀석에게는 빨대 주둥이가 없습니다. 진화 과정에서 퇴화가 된 것인데, 어른벌레는 애벌레 때 모아 둔 영양분으로 일주일쯤 버틸 수 있기 때문에 아무것도 먹지 않아도 알 낳는 데 지장이 없습니다. 암컷 임무는 수컷과 짝짓기 해 알 낳는 일. 수명이 짧은 어른벌레들은 여름이 무척이나 바쁩니다.

후덥지근하고 끈끈한 바람이 살살 부는 여름날 짝짓기 준비가 된 매미나방 암컷이 수컷을 부르느라 사랑의 묘약인 성페로몬을 뿜습니다. 성페로몬은 바람을 타고 공기 중에 떠다니고, 수컷은 감각 기관을 모두 동원해 바람에 실려 온 성페로몬을 감지하고 근원지를 찾아 날기 시작합니다. 수컷의 여러 가지 감각 기관 가운데 빗살처럼 생긴 더듬이에는 감각 기관이 빼곡히 있어서 아주 적은 양의 성페로몬도 더듬이에 속속 걸려듭니다. 수컷은 암컷에게서 10킬로미터 떨어져 있어도 성페로몬 냄새를 맡을 수 있다고 하니 놀랄 뿐입니다.

암컷을 찾은 수컷, 잠시 암컷 둘레를 빙빙 돌다가 이내 암컷 옆으로 다가가 암컷과 나란히 앉습니다. 그런 다음 배 끝을 암컷 배 끝에 갖다 댑니다. 암컷도 싫지 않은지 순순히 수컷이 하는 대로 내버려

둡니다. 커다란 날개에 가려 배 끝은 보이지 않지만 위에서 보면 꼭
사이좋게 짝짓기 하는 것 같습니다.

희한하게도 암컷과 수컷은 몸 색깔이 다릅니다. 암컷 날개는 허연
색 바탕에 까만색 무늬가 찍혀 있고, 수컷 날개는 온통 거무스름한
색입니다. 날개를 쫙 편 몸길이는 암컷이 8센티미터, 수컷은 5센티미
터입니다. 또 암컷 더듬이는 가느다란 실처럼 생겼고, 수컷 더듬이는
기다란 털이 빽빽이 붙어 있는 커다란 빗살 모양입니다. 짝짓기를 하
고 있으니 같은 매미나방인 줄 알지 서로 떨어져 있으면 다른 종으
로 오해하기 딱 좋습니다.

털 이불 덮어 주는
어미 매미나방

짝짓기를 마친 암컷은 알 낳을 곳을 찾는데, 까다롭게 고르지는
않습니다. 참나무류, 벗나무, 낙엽송, 잣나무 할 것 없이 애벌레가 먹
을 수 있는 나무면 됩니다. 심지어 전봇대, 바윗덩이, 현수막, 가로등
기둥에도 알을 낳습니다.

여름날 운이 좋으면 어미 매미나방이 알 낳는 장면을 구경할 수 있
습니다. 마침 매미나방 3마리가 소나무 줄기에 모여 알을 낳고 있군
요. 녀석들이 언제부터 알을 낳았는지 벌써 알 더미가 만들어졌습니
다. 날개에 가려 곁에서는 보이지 않는 배 끝이 실룩실룩 움직입니다.

어미는 배 끝에서 삐져나온 산란 돌기를 들락날락 좌우로 움직이

면서 알을 하나씩 낳습니다. 산란 돌기 길이는 5밀리미터쯤 되고, 지름은 2밀리미터쯤 됩니다. 그런데 알을 낳으면서 배에 붙은 털로 알을 덮어 주는군요. 알 하나 낳고 털 이불을 덮어 주고, 또 알 하나를 낳고 털 이불 덮어 줍니다. 이렇게 똑같은 동작을 되풀이하면서 300개나 낳습니다. 물론 알이 나올 때 산란관 옆 부속샘에서 끈적이는 분비물도 같이 나와 털이 알에 잘 붙도록 도와줍니다. 알이 수백 개 모이니 졸지에 알 더미가 생겼습니다. 알 더미에는 누리끼리한 잔털이 물샐틈없이 붙어 있어 폭신한 스펀지 같기도 합니다. 알을 털 이불로 감싸는 것은 어미 매미나방이 죽기 전에 자식에게 베푸는 마지막 배려입니다. 그 덕에 알은 칼바람 부는 겨울에도 얼지 않고 살아남습니다. 털 이불을 살살 만져 보니 보송보송한 게 부드럽다 못해 잘 부스러집니다. 미안하지만 털 이불을 살살 헤치니 털 사이사이에 동그란 알들이 보입니다. 알은 지름이 1밀리미터로 꽤 커서 맨눈으로도 보입니다.

알을 낳은 암컷은 위쪽으로 몇 걸음 옮겨 자리를 잡고 배 끝을 실룩거리며 또 수많은 알을 낳습니다. 그리고 또 몇 걸음 옮겨 또 알을 낳네요. 세어 보니 나무줄기에 낳은 알 더미가 4개나 됩니다. 다 어미 한 마리가 낳은 알 더미입니다.

가장 먼저 낳은 알 더미가 가장 크고, 두 번째, 세 번째, 네 번째 알 더미로 갈수록 작아집니다. 보통 매미나방 한 마리가 낳는 알 수는 적게는 300개, 많게는 1,000개가 넘습니다. 알을 다 낳은 어미 배는 3분의 1로 쪼그라들었습니다. 그리고 서서히 죽어 갑니다. 할 일을 다 했으니 죽어도 여한이 없지요.

하지만 자연 세계는 만만치 않습니다. 어미 매미나방이 자기 털을

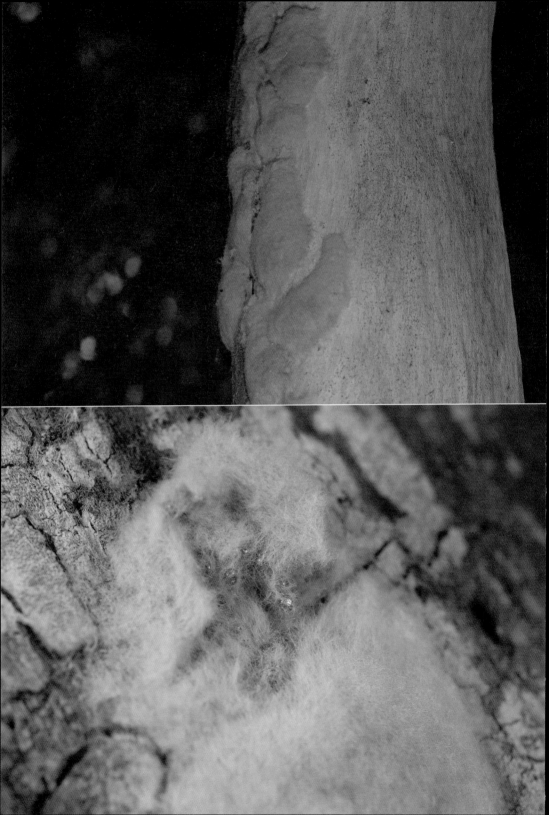

덮어 가며 공들여 알을 낳았건만, 알들이 모두 무사하게 애벌레로 깨어나는 건 아닙니다. 이듬해 봄까지 장장 8달 넘게 알로 지내야 하는데, 알들은 기생벌류나 새 같은 포식자의 밥이 될 때가 많습니다. 특히 겨울철은 새들 먹이가 모자란 때이고, 어미 매미나방이 나무줄기나 전봇대처럼 눈에 잘 띄는 곳에 알을 낳기 때문에 먹이를 찾는 새들 눈에 금방 발견됩니다. 새들은 '얼씨구나 좋다!' 하고 알을 순식간에 쪼아 먹어 알 더미는 사라지고 알 주머니가 붙어 있던 흔적만 남습니다. 그래서 어미 매미나방은 포식자에게 먹힐 것을 대비해 알을 많이 낳아 새끼가 많이 살아남을 수 있도록 합니다.

독을 품은

독을 품은

독나방 애벌레

독나방

독나방 종령 애벌레가
큰까치수염 꽃봉오리를 갉아 먹고 있습니다.
독나방 애벌레 몸에 난 털에는 독이 있습니다.

8월 초, 무더위를 피해 강원도 삼척에 왔건만

여기도 더운 건 마찬가지입니다.

동해안답게 밤인데도 덥고 습한 바람이 불어 온몸이 끈적입니다.

쏟아지는 별들을 머리에 이고 깜깜한 숲길을 걷는데

저만치 가로등 불빛이 환하게 새어 나옵니다.

서둘러 다가가 보니 그새 밤 곤충들이 많이도 모였군요.

여러 가지 나방들, 뱀잠자리들, 거저리들…….

그런데 갑자기 불빛을 향해 돌진하던

나방 한 마리가 땅바닥에 뚝 떨어집니다.

이름도 무서운 독나방이군요.

노란빛이 너무 고와 살짝 만지니 털들이 먼지처럼 날리고,

얼마 뒤 참을 수 없는 가려움과 따끔거림에

긁고 긁어도 가렵기 시작합니다.

어느새 손등에 불그스름한 좁쌀 같은 두드러기가 나고,

팔목은 군데군데 벌겋게 변해 버렸습니다.

말로만 듣던 독나방의 '독 맛'이 바로 이런 것이군요.

가죽나무

이 꼭지는 나비목 태극나방과 종인 독나빙(Artaxa subflava) 이야기입니다.

겨울잠 깬
독나방 애벌레

아직은 바람이 쌀쌀한 봄날 오후입니다. 봄볕을 쬐며 양지바른 오솔길을 걷는데, 길옆 가죽나무 줄기에 독나방 애벌레들이 떼로 모여 식사를 합니다. 한 마리 두 마리 세 마리…… 도무지 셀 수 없을 만큼 많군요. 아무리 못 되어도 80마리가 넘습니다. 놀랍게도 그 많은 녀석들이 명주실로 텐트를 치고 그 속에 들어앉아 있군요. 몸길이가 5밀리미터쯤 되는 걸 보니 2령쯤 된 것 같습니다. 지난겨울부터 가랑잎 더미 속에서 겨울잠을 자다 며칠 전 깨어난 녀석들인데, 약속이나 한 듯 새잎에 모여 본격적으로 한살이를 시작하는 중입니다.

새잎에 모인 녀석들은 잎을 썰어 먹습니다. 대가족이 먹다 보니 밥이 금방 동나 서둘러 바로 옆 새잎으로 이사 갑니다. 동료들이 뿜은

독나방 2령 애벌레가 겨울을 나고 나왔다.

독나방 애벌레들이
떼로 모여 잎을 갉
아 먹고 있다. 독나
방 애벌레들은 집합
페로몬을 풍겨 서로
모여 산다.

집합페로몬 덕분에 한 마리도 빠지지 않고 모두 새잎에 무사히 도착합니다. 도착하자마자 녀석들은 저마다 주둥이 아랫입술샘에서 명주실을 토해 자기 둘레에 텐트를 치기 시작합니다. 수십 마리가 명주실을 뽑아내 작업을 하니 금세 잎을 에워싼 커다란 텐트가 완성됩니다. 녀석들은 명주실 텐트 안에서 대가족이 함께 생활합니다. 먹고, 싸고, 쉬고, 자고. 먹이가 떨어지면 바로 옆 잎으로 이사 가 명주실 텐트를 또 칩니다.

왜 독나방 애벌레들은 텐트를 치고 모여 살까요? 다 자신을 지키려는 것입니다. 말이 독나방이지 아직 어린 독나방 애벌레는 독이 없고 너무 작아 개미나 침노린재 같은 포식자의 밥이 되기 딱 좋습니다. 가진 거라고는 명주실뿐이니 저마다 명주실을 토해 텐트를 친 뒤 그 속에서 숨어 삽니다. 더구나 모여 있으면 포식자 눈에 몸집이 커 보여 마음 놓고 달려들지 못합니다. 하지만 독나방 애벌레는 여러 번 허물을 벗고 몸집이 커지면 합숙 생활을 멈추고 뿔뿔이 흩어져 번데기가 될 때까지 홀로 살아갑니다.

긴
애벌레 기간

독나방 애벌레들이
떡갈나무 잎을 갉아
먹었다.

독나방 애벌레는 먹성이 좋습니다. 먹이식물을 가리지 않고 잎이란 잎은 다 먹습니다. 단풍나무, 줄딸기, 산딸기, 갈참나무, 신갈나무, 떡갈나무, 산사나무, 층층나무 같은 나뭇잎과 그것도 모자라

때죽나무 꽃도 먹으니 먹성 하나는 대단합니다. 주로 밤에 식사를 한다고 알려졌지만 제가 관찰한 바로는 낮에도 식사를 합니다. 마침 독나방 애벌레 한 마리가 산딸기나무 잎을 먹고 있습니다. 주둥이는 씹어 먹는 모양이라 큰턱을 양옆으로 벌렸다 오므렸다 하며 잎을 아삭아삭 씹어 먹습니다. 큰턱이 단단해 잎살뿐 아니라 잎맥까지 쑥덕쑥덕 베어 먹습니다.

몸 색깔은 황토색과 까만색이 섞여 있어 금방 눈에 띕니다. 독나방 하면 털이죠. 독나방류 식구답게 온통 털투성이인데, 길고 짧은 털이 뭉친 털 뭉치들이 등 쪽을 덮고 있습니다. 마디 하나에 붙은 털 뭉치를 세어 보니 모두 7개군요. 7개 털 뭉치가 마디마다 일정한 간격을 두고 줄 맞춰 붙어 있습니다. 특히 1~4번째 배마디에는 억세고 기다란 나무 모양 돌기들이 박혀 있고, 등 쪽이 활처럼 솟아오른 1~2번째 배마디에는 다른 배마디에 있는 털 뭉치와 생김새가 다른 밤색 털 뭉치가 있습니다. 놀랍게도 1~2번째 배마디에 있는 밤색 털에는 독이 들어 있습니다.

털로 무장한 녀석은 먹다가 몸집이 커지면 허물을 벗습니다. 거의 모든 나방은 허물을 4번 벗는데, 녀석은 무려 12번쯤 벗습니다. 아직까지 허물 벗는 횟수는 확실히 밝혀지지 않았습니다. 그러니 애벌레 시절이 굉장히 깁니다. 9월쯤 알에서 깨어난 독나방 1령 애벌레는 겨울에 가랑잎 더미 속에 숨었다가 이듬해 봄에 밖으로 나와 여름인 7월쯤에 번데기가 되고 8월에 어른벌레로 날개돋이 합니다. 따져 보면 애벌레 시절만 10달쯤 됩니다. 날짜로는 약 300일쯤 애벌레로 지내니 입이 떡 벌어집니다.

애벌레 시절이 이리도 기니 녀석이 사는 나무는 성할 날이 없지

요. 그래도 나무는 녀석들이 먹고도 남을 만큼 잎을 만들어 내니 얼마나 다행인지 모릅니다. 식물이 살아야 독나방 애벌레도 살 수 있으니 말이지요.

독나방 애벌레가 허물을 벗고 있다. 독나방은 허물을 12번쯤 벗는다.
—

번데기
만들기

봄부터 여름까지 밥만 먹던 독나방 애벌레가 번데기로 탈바꿈하려나 봅니다. 거식증에 걸린 듯 아무것도 안 먹고 번데기 만들 장소를 찾아 돌아다닙니다. 드디어 잎 뒷면에 자리를 잡고는 입에서 명주실을 토해 고치(번데기 방)를 만듭니다. 명주실 색깔은 황토색으로 누에고치만큼 섬세하지는 않지만 나름 정성을 들여 깔끔하고 단단하게 고치를 만듭니다. 완성된 번데기 방 속에서 이틀쯤 쉬다가 애벌레 시절 마지막 털옷을 벗고 번데기가 됩니다.

그런데 고치가 예사롭지 않습니다. 고운 명주실 위에 덥수룩한 털들이 붙어 있어 고치가 거칠어 보입니다. 무슨 일일까요? 종령 애벌레가 고치를 만들 때 자기 털을 명주실에 붙였기 때문입니다. 독나방 애벌레는 종령 애벌레 때만 털에 독 물질이 묻어 있기 때문에 고치에 묻은 털들은 고치를 안전하게 지켜줄 수 있습니다. 번데기는 다리가 없어 포식자가 나타나면 한 발짝도 도망가지 못하고 당합니다. 고치 속에 숨어 있어도 눈치 빠른 포식자에게 들키면 꼼짝없이 당하지요. 그래서 고치를 독이 있는 털로 덮는 것입니다. 그렇다고 포식자가 전혀 잡아먹지 않는 것은 아니지만, 독 있는 털을 붙이지 않는 것보다 훨씬 안전합니다.

독나방 고치

번데기가 된 지 20일쯤 지나자 드디어 어른 독나방이 고치를 뚫고 나옵니다. 갓 날개돋이 한 어른 독나방은 온몸이 노란 털과 비늘로 덮여 있어 노란 병아리처럼 예쁘고 깜찍합니다. 저렇게 귀여운 녀석이 독을 품고 있을 거라고는 상상이 안 됩니다. 몸 크기는 500원짜리 동전만 해서 맨눈으로도 잘 보이고, 길어 봤자 일주일쯤 삽니다. 독나방 암컷은 짧은 생을 사는 동안 짝짓기를 한 뒤 알을 200개에서 300개쯤 낳고 죽습니다.

독 물질 품은
털과 비늘

강연 중에 단골로 받는 질문이 있습니다.

"나방을 만진 손으로 눈을 비비면 눈이 머나요?"

"물론 눈은 멀지 않습니다. 그렇다고 일부러 비비지는 마세요. 체질에 따라 나방 비늘에 예민한 사람도 있으니까요."

그런데 조심해야 할 나방이 있습니다. 바로 독나방 식구와 쐐기나방 식구입니다. 녀석들 비늘과 털에는 독 물질이 들어 있어 만진 손으로 눈을 비비면 무슨 일이 일어날지 모릅니다. 눈까지 멀지는 않겠지만 끔찍한 알레르기 반응이 일어날 수도 있으니까요. 독 물질이 눈에 묻으면 결막염을 일으키기도 한다니 그럴 때는 빨리 맑은 물로 씻어 내거나 비눗물 또는 암모니아수로 닦아 내고 긁지 않고 병원으로 가는 게 상책입니다.

독나방 식구들은 대부분 몸집이 크거나 중간 정도고, 생김새가 밤에 활동하는 밤나방과(科) 식구와 많이 닮았습니다. 예전에는 독나방과(科)를 따로 두었는데, 요즘에는 새로운 분류 체계에 따라 밤나무상과 태극나방과 독나방아과로 바뀌었습니다. 지구에 사는 독나방류는 2,500종이 넘고 우리나라에는 40종이 살고 있습니다. 상제독나방, 사과독나방, 콩독나방, 무늬독나방, 갈색독나방, 흰독나방, 황다리독나방, 매미나방, 포도독나방, 흰띠독나방처럼 거의 모든 어른 독나방은 '올빼미형'이라 밤에 돌아다니기를 좋아합니다. 특히 불빛만 봤다 하면 무섭게 돌진해 날아옵니다.

독나방 식구는 이름처럼 모두 독을 품고 있는데, 종령 애벌레와 어른벌레만 독이 있습니다. 독이 어디에 있을까요? 종령 애벌레는 털, 어른벌레는 비늘과 털에 있습니다. 털 맨 아랫부분 피부 밑에 독샘이 있는데, 누가 건드리면 잽싸게 독샘에서 독 물질을 분비합니다. 독 물질은 털을 통과해 털끝으로 나옵니다. 종령 애벌레는 온몸에 무려 600만 개나 되는 털을 가지고 있다니 입이 다물어지지 않습니다.

어른 독나방은 털과 비늘에 독을 품고 있습니다. 나비목(目) 곤충들의 비늘은 센털이 특수하게 바뀐 것입니다. 비늘과 센털은 기원이 같습니다. 따라서 센털 맨 아랫부분에 독샘이 있듯이 비늘 맨 아랫부분에도 독샘이 있어 누가 건드리면 이 독샘에서도 독 물질이 나옵니다. 그래서 독나방을 만지기만 해도 독나방의 독 물질에 감염될 가능성이 굉장히 높습니다. 숲속에 있을 때 운이 나쁘면 독나방 비늘과 털이 우연히 몸에 떨어질 수 있습니다. 특히 얼굴, 목, 손처럼 드러난 곳에 종령 애벌레 털이나 어른벌레 비늘 또는 털이

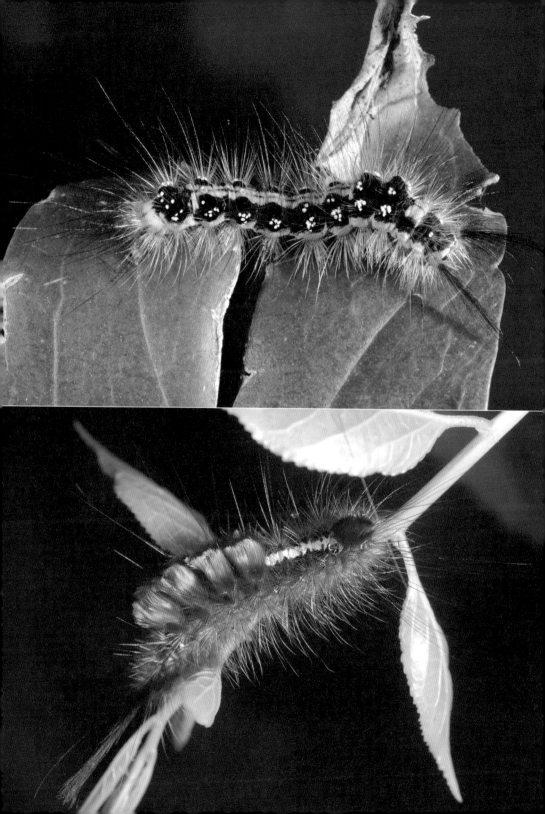

떨어지면 독 물질이 피부 속으로 파고들어 두드러기가 생기면서 가렵습니다. 그래서 숲길을 걸을 때는 긴 옷을 입어 될 수 있는 한 맨살을 드러내지 않는 게 좋습니다.

사람에게는 독을 품은 털과 비늘이 성가신 존재이지만 독나방에게 비늘과 털은 생명줄이나 마찬가지입니다. 500원짜리 동전만 한 녀석이 연약한 날개를 가지고 살아가기에 세상은 너무 험합니다. 거미, 개미, 침노린재, 쌍살벌, 새 같은 힘센 포식자가 호시탐탐 노리고 있는데, 무방비 상태로 당할 수만은 없는 노릇이지요. 그래서 독나방들은 오랜 진화 과정을 거치면서 독 물질을 갖게 되었습니다. 확실히 독 물질을 갖고 있는 것이 섬서구메뚜기처럼 위장을 하거나 남생이잎벌레처럼 허물로 변장하는 것보다 포식자로부터 자신을 더 잘 보호할 수 있습니다.

치명적인 독을 품은

남
가
뢰

남가뢰 수컷

남가뢰 수컷이 땅을 기어가고 있습니다.
수컷은 암컷과 더듬이 생김새가 다릅니다.
수컷은 더듬이 6~7번째 마디가 부풀었습니다.

봄바람 앞에서는 꽃샘추위도 맥을 못 춥니다.

4월 어느 날, 꽃들이 만발한 화야산에 갑니다.

어느새 청초한 꿩의바람꽃과 매혹적인 얼레지 꽃이 지고

족도리풀과 미치광이풀 꽃이 한창입니다.

볕 잘 드는 오솔길에 오늘따라 무더기로 난

꿩의바람꽃 잎에 자꾸 눈이 갑니다.

잎사귀마다 뜯어 먹힌 흔적이 있기 때문이지요.

도대체 독이 많은 꿩의바람꽃 잎을 누가 먹었을까?

한참을 찾아보니 파란 남가뢰가 먹고 있습니다,

남가뢰

이 꼭지는 딱정벌레목 가뢰과 종인 남가뢰(*Meloe proscarabaeus proscarabaeus*) 이야기입니다.

배불뚝이
남가뢰

이른 봄이면 풀밭에 어김없이 나타나는 남가뢰. 몸 색깔이 짙은 남색이라 남가뢰라는 이름이 붙었습니다. 곤충치고는 생김새도 기이하고 입맛도 별나 독성 강한 풀만 골라 먹습니다. 쑥 잎, 얼레지 잎, 심지어 독성이 매우 강한 박새 잎도 먹고, 어떤 때는 밭에 들어가 파, 콩, 가지, 고구마 같은 농작물도 먹습니다. 녀석은 강한 독에 내성이 생겨 아무리 먹어도 멀쩡합니다.

마침 암컷 한 마리가 배가 고팠는지 쳐다보는 줄도 모르고 두툼한 쑥 잎을 거침없이 씹어 먹습니다. 가까이 가서 보니 정말 요상하게 생겼습니다. 새파란 몸뚱이는 뚱뚱해서 둔해 보이고, 머리는 개미를 똑 닮았고, 배는 불룩하게 튀어나온 배불뚝이입니다. 머리에 달린 더듬이는 암컷은 구슬을 알알이 꿰어 놓은 목걸이 같고,

남가뢰가 독이 있는 꿩의바람꽃 잎을 갉아먹고 있다.

남가뢰 수컷은 6~7
번째 더듬이 마디가
부풀었다.

수컷은 여섯 번째 마디와 일곱 번째 마디가 부풀어 있습니다. 피부는 곰보처럼 움푹움푹 파여 거칠고 우글쭈글합니다.

특히 날개가 참으로 희한합니다. 딱지날개(겉날개)가 얼마나 짧은지 배 부분이 절반이나 드러나고, 속날개는 아예 없습니다. 속날개가 없으니 날고 싶어도 날 수 없는 운명이지요. 날지를 못하니 여섯 다리로 열심히 걸어 다녀 봄이면 풀밭이나 산길을 걷는 사람들 발에 밟혀 죽는 일이 허다합니다. 어쩌겠어요? 그리 타고났으니 별도리가 없지요.

식사 중인 암컷을 슬쩍 건드리자 딱 멈추면서 땅바닥으로 떨어져 뒤집힌 채 기절한 듯 꼼짝하지 않습니다. 더듬이와 다리는 배쪽으로 잔뜩 오그려 붙였군요. 지금 녀석은 혼수상태에 빠져 있어 몸 밖에서 무슨 일이 일어나는지 전혀 모릅니다. 진짜로 죽은 것이 아니라 가짜로 죽은 가사 상태이죠. 2분쯤 지났을까? 더듬이와 다리가 꿈틀거리더니 언제 그랬냐는 듯 얼른 몸을 뒤집어 어기적어기적 걸어갑니다.

걸어가는 녀석을 또 손끝으로 잡아봅니다. 역시 소문대로 녀석이 피를 흘리는군요. 그것도 '노란 피'를! 다리 마디마디 관절에서 노란 피가 스며 나와 방울방울 이슬처럼 맺힙니다. 제 손끝도 어느새 노란 피로 흥건히 젖었습니다.

노란 피는 남가뢰가 자랑하는 '남가뢰표 독 물질'입니다. 독 물질 성분은 '칸타리딘(cantharidin)'인데, 맹독성이라 웬만한 천적들이 잘못 먹었다간 토하고 죽을 수 있습니다.

남가뢰 암컷은 몸이
뚱뚱하고, 더듬이가
구슬을 꿰어 놓은
것 같다.

맹독성
칸타리딘

　자신을 건드리기만 하면 남가뢰가 기절하며 흘리는 피에는 독물질인 칸타리딘이 이만저만 많은 게 아닙니다. 남가뢰 몸속에 칸타리딘이 많아 포식자들이 남가뢰를 마음 놓고 잡아먹지 못합니다. 얼마나 독성이 강한지 사람들 세계에도 '칸타리딘 독성은 굉장하더라.'라고 알려졌습니다.

　독성을 말하자면, 가뢰가 흘리는 피가 상처 난 살갗에 묻으면 처음에는 아무렇지 않지만 시간이 가면 화끈거립니다. 그러다 살갗이 부풀어 오르면서 물집이 생기고, 급기야는 물집이 터지고, 물집이 터진 자리에는 염증이 생겨 곪아 썩어 갑니다. 물론 치료를 하면 낫긴 하지만 상처 자국은 한동안 남아 있습니다. 살갗에 물집이 생기는 것을 보고 오래전부터 서양에서는 살갗에 난 사마귀를 없

—
남가뢰가 내뿜은 노란 칸타리딘

앨 때 가뢰 피를 발랐습니다. 영어 이름은 '물집 만드는 딱정벌레'
라는 뜻인 '블리스터 비틀(blister beetle)'이라고 합니다.

역사적으로 거슬러 올라가 보면 가뢰는 우리나라와 중국 같은
동양권과 서양 로마 시대 때까지 오랫동안 약으로 썼습니다. 또한
서아시아에서는 가뢰의 노란 피를 최음제로 썼다고 합니다. 칸타
리딘은 혈관을 확장해 주는 효능이 있기 때문에 요도가 자극되어
의도하지 않았는데도 발기 상태가 오랫동안 지속됩니다. 가뢰 피
와 얽힌 웃지 못할 에피소드가 있습니다. 2차 세계 대전 중에 북아
프리카에 주둔한 프랑스 군인들이 개구리를 잡아먹은 뒤 페니스가
저절로 발기되는 바람에 혼쭐이 난 일이 있었습니다. 군의관들이
원인을 조사했는데, 군인들이 먹은 개구리와 같은 종류 개구리를
잡아 해부했더니 위장에서 소화되다 만 가뢰 찌꺼기가 나왔습니
다. 페니스가 저절로 발기된 원인이 바로 가뢰의 칸타리딘 독 물질
때문이었습니다. 요즘도 최음제인 '스페니쉬 플라이(spanish fly)'
를 성인용품점에서 팔고 있는데, 스페니쉬 플라이는 유럽에서 사
는 청가뢰류 이름입니다. 가뢰과(科)의 한 종인 청가뢰도 칸타리딘
이 들어 있으니 상품 광고를 제대로 하는 것이지요.

또한 한방에서는 옛날부터 가뢰의 진가를 알아보고 칸타리딘을
치료제로 씁니다. 가뢰를 '반묘' 또는 '지담'이라고 하는데 옴, 버
짐, 부스럼, 악성 종기, 곰팡이 감염으로 인한 탈모증 같은 여러 가
지 피부병에 가뢰 가루를 발랐다고 합니다. 또 성병 일종인 매독을
고치는 데도 쓰였다고 하니 잘만 쓰면 독 물질도 약이 됩니다. 하
지만 칸타리딘을 많이 먹으면 목구멍이 타듯이 아프고, 급성 위장
장애가 생겨 피를 토하고, 콩팥에 무리가 가 죽을 수도 있습니다.

수컷만이 만들 수 있는
칸타리딘

　다시 남가뢰 이야기로 돌아가 보면, 남가뢰는 칸타리딘을 어떻게 구할까요? 자기 몸속에서 독 물질을 직접 만듭니다. 왕나비 애벌레 같은 어떤 곤충들은 먹이식물에서 재료를 얻어 독 물질을 만들지만, 신기하게도 남가뢰는 어른벌레 수컷만 '생식 부속샘'에서 칸타리딘을 만듭니다. 어른벌레 암컷은 만들지 않습니다. 물론 암컷은 짝짓기 전에도 굉장히 적은 양의 칸타리딘을 가지고 있습니다. 애벌레가 몸속에 저장해 두었던 칸타리딘이 어른벌레가 되어서도 어른벌레 몸속에 남아 있기 때문이지요. 하지만 암컷은 칸타리딘을 만들지 못하기 때문에 짝짓기를 통해서만 수컷이 마련한 칸타리딘 선물을 받을 수 있습니다. 그러니 암컷은 칸타리딘이 들어 있는 알을 낳으려면 반드시 짝짓기를 해야 합니다. 수컷은 짝짓

남가뢰는 다리 무릎 관절에서 노란 독인 칸타리딘이 나온다.

기 할 때 칸타리딘이 들어 있는 정자를 암컷에게 넘겨주기 때문에 암컷이 낳은 알에 칸타리딘이 들어 있습니다. 그래서 칸타리딘을 품고 있는 암컷과 알은 포식자들에게 잡아먹힐 가능성이 더 적습니다.

칸타리딘은 평소엔 가뢰과 곤충 혈액(혈림프) 속에 있다가 위험이 닥치면 다리 무릎 관절 홈을 타고 밖으로 흘러나옵니다. 이것을 '반사 출혈'이라고 합니다. 너무 급한 상황이라 포식자를 위협하기 위해 자극을 받으면 뇌의 명령을 받지 않고 곧바로 운동 신경이 반응해 반사적으로 피를 내보내는 것입니다.

가뢰과 수컷 한 마리가 품고 있는 칸타리딘 양은 얼마나 될까요? 종마다 다르지만 대부분 몸무게에 0.2~2.3퍼센트 정도의 양을 갖고 있습니다. 몸무게에 비해 독 양이 적은 것 같지만 독성이 굉장히 강해서 몸집이 큰 동물이라도 잘못 먹다가 부작용이 일어날 수 있습니다.

남가뢰 수컷

수천 개 알 낳는
어미 남가뢰

남가뢰가 짝짓기를 하
고 있다.

칸타리딘 선물을 받으며 짝짓기를 한 남가뢰 암컷은 알 낳을 곳을 찾습니다. 알 낳는 곳은 땅속입니다. 배불뚝이 암컷은 이리저리 걸어 다니며 알 낳기 좋은 포슬포슬한 땅을 찾습니다. 한참을 걷다가 마음에 드는 땅을 발견하면 흙을 파고 들어가 땅속 깊은 곳에 알을 낳습니다. 알을 무더기로 낳았는데도 암컷은 죽지 않고 다시 땅 위로 올라와 쑥이나 박새 같은 잎을 먹습니다.

그렇게 며칠 동안 영양을 보충한 뒤 다시 땅속으로 들어가 또 알을 무더기로 낳습니다. 놀랍게도 암컷은 약 3주에 걸쳐 4~5번쯤 땅속에 들어가 알을 낳습니다. 암컷 한 마리가 죽을 때까지 낳는 알 개수가 무려 3,000개쯤이나 되니 이 정도면 곤충계의 다산 왕입니다.

암컷은 얼마나 깊은 땅속에 알을 낳을까요? 한번은 속이 훤히 비치는 유리통에 25센티미터쯤 흙을 깔고 암컷을 놓아주었습니다. 녀석은 3~4일에 한 번씩 흙 속으로 들어가 알을 낳았는데, 모두 밑바닥에 낳았습니다. 아마도 야외에서는 더 깊이 파고 들어갈 것으로 보입니다. 알은 늘 무더기로 낳았습니다. 알 모양은 원통형으로 작달막한 소시지 같고 색깔은 샛노래서 흙 속에 있어도 금방 눈에 띕니다.

땅속에 낳은 남가뢰
알

지나친
탈바꿈

남가뢰 애벌레는 생김새도 이상한데다, 허물을 벗고 클 때마다 생김새가 크게 바뀝니다. 한마디로 변신의 귀재이죠. 이런 경우는 곤충 세계에서 굉장히 희귀합니다. 허물을 벗을 때마다 어떻게 변신을 하는지 알아볼까요?

땅속 알에서 남가뢰 애벌레가 깨어나면 연약한 몸으로 흙을 뚫고 땅 위로 올라오는데, 생김새가 정말 희한합니다. 갓 깨어난 1령 애벌레는 몸이 굉장히 작고 좀처럼 생겼으며(좀꼴 모양) 발톱이 3개입니다. 과거에는 1령 애벌레를 발톱이 3개라서 '세발톱벌레'라는 뜻인 '트룅굴린(triungulin)'이라고 했지요. 그런데 원래 트룅굴린은 다른 곤충 이름입니다. 그래서 지금은 가뢰과 애벌레 이름으로 쓰지 않습니다.

1령 애벌레가 2령 애벌레를 거쳐 3령 애벌레가 되면 생김새가 완전히 바뀌어 좀꼴 모양에서 굼벵이 모양이 됩니다. 또 4령 애벌레를 거쳐 5령 애벌레가 되면 생김새가 또 확연히 바뀝니다. 껍질에 싸인 가짜 번데기 모양(의용), 즉 번데기처럼 생긴 애벌레 모양이 되어 긴 시간 동안 움직이지 않고 삽니다. 그 뒤로 6령 애벌레를 거쳐 7령(종령) 애벌레가 되면 다시 굼벵이 모양이 됩니다. 또 일정 시간이 지나면 마침내 애벌레 시절을 마치고 진짜 번데기가 됩니다. 알에서 진짜 번데기가 되기까지 전 과정은 순서대로 말하기도 숨 가쁠 만큼 복잡합니다. 이렇게 애벌레가 허물을 벗을 때마다 생김새가 지나치게 바뀌는 것을 전문 용어로 '지나친 탈바꿈(과변태,

hypermetamorphosis)' 또는 '이형 탈바꿈(heteromorphosis)'이라고
합니다.

꿀벌류 집에서 기생하는
남가뢰 애벌레

흙 속에서 갓 깨어난
남가뢰 애벌레가 엉
겅퀴 꽃에 올라와
뒤영벌류를 기다리
고 있다.

나이(령)를 먹어감에 따라 생김새를 바꾸는 남가뢰 애벌레는 사
는 방법도 특이합니다. 혼자 힘으로 살지 못하고 늘 '남의 집'에 얹

혀 기생 생활을 합니다. 애벌레가 어떻게 남에게 의지하는지 볼까요?

한번은 땅속에서 땅 위로 올라온 1령 애벌레들이 약속이나 한 듯 모두 엉겅퀴 줄기를 타고 오르는 장면을 보게 되었습니다. 녀석들은 잎 끝이나 꽃 위에 달라붙어 아무것도 하지 않고 무작정 누군가를 기다립니다. 도대체 누굴 애타게 기다릴까요? 바로 꽃가루를 따라 온 꿀벌과 집안 식구들을 기다립니다. 즉 꼬마꽃벌류, 애꽃벌, 뒤영벌류, 호박벌, 가위벌류처럼 몸에 털이 북슬북슬 난 벌들인데. 남가뢰 애벌레는 특히 뒤영벌류를 무척 좋아합니다. 다시 말해 남가뢰 애벌레는 꿀벌류와 메뚜기류에 기생하는 기생성 곤충으로 꿀벌류가 새끼를 위해 모아 둔 꽃가루나 메뚜기류 알을 훔쳐 먹는 기생성 곤충입니다.

마침 뒤영벌이 날아와 엉겅퀴 꽃에 앉습니다. 이때를 기다렸던 남가뢰 애벌레들이 잽싸게 뒤영벌 털에 달라붙기 시작합니다. 발톱이 3개인 까닭이 여기에 있었군요. 발톱이 삼지창처럼 3개여서 뒤영벌 털과 다리를 잘도 붙듭니다. 뒤영벌 다리와 몸뚱이 털에 옮겨 붙은 녀석들은 뒤영벌 털을 잡고 뒤영벌 집까지 딸려 갑니다. 모든 애벌레가 벌 따라 둥지로 갈 수 있는 건 아닙니다. 벌을 못 만나면 그냥 꽃 위, 잎 위에서 죽기도 합니다. 그래서 어미 남가뢰는 될 수 있는 한 알을 많이 낳아 새끼의 생존율을 높이려고 애씁니다.

남가뢰 애벌레가 뒤영벌 집에 도착하니 녀석을 환영이라도 하듯 맛있는 꽃가루 경단이 차려져 있고, 거기에다 꽃가루 위에 뒤영벌 알까지 놓여 있으니 남가뢰 애벌레에게는 이게 무슨 횡재입니까? 뒤영벌 애벌레의 밥은 꽃가루여서 어른 뒤영벌은 들판에서 꽃가루를 모아 경단을 만든 다음 경단 위에 알을 낳습니다. 마른하늘에 날벼락이라고 뒤영벌 집에 도착한 남가뢰 애벌레들이 뒤영벌 털에서 떨어져 나와 뒤영벌 알도 먹고 꽃가루 경단도 파먹습니다.

이렇게 남가뢰 애벌레는 1령 애벌레 때 뒤영벌 집에 와서 어른벌레가 될 때까지 지냅니다. 녀석의 한살이 과정을 정리하면 '알-좀꼴 모양(1, 2령 애벌레)-굼벵이 모양(3령 애벌레)-가짜 번데기 모양(5령 애벌레)-굼벵이 모양(7령 애벌레)-번데기-어른벌레'입니다. 남가뢰는 일 년에 한 번 한살이가 돌아갑니다.

우리나라 가뢰

가뢰 족보는 딱정벌레목 가뢰과입니다. 지구에 사는 가뢰들은 약 7,500종이나 되는데, 우리나라에는 16종쯤 삽니다. 가뢰들은 대부분 따뜻하고 메마른 곳을 좋아하고, 종류마다 색깔이 제각각입니다. 그래서 우리나라에서 사는 가뢰류는 몸 색깔에 따라 이름(common name, 국명)이 지어졌습니다. 몸 색깔이 까만색이면 먹가뢰, 노란색이면 황가뢰, 파란색이면 남가뢰, 초록색이면 청가뢰, 무늬가 4개면 네눈박이가뢰입니다.

- 남가뢰: 몸 색깔은 짙은 파란색인데, 우리나라뿐 아니라 유럽과 북미 지역에서 흔하게 삽니다. 남가뢰속(屬)은 건들면 다리에서 노란 피를 흘린다고 해서 '기름딱정벌레'라는 뜻인 '오일 비틀즈(oil

beetles)'라는 별명이 붙었습니다. 우리나라에 사는 남가뢰류는 둥
글목남가뢰, 애남가뢰, 남가뢰, 좀남가뢰, 긴목남가뢰로 5종이 살
고 있습니다.

- 먹가뢰 : 이름 그대로 빨간 머리만 빼고 온몸이 까만색입니다. 주
  로 산언저리에서 사는 키작은나무(관목), 특히 싸리나무 같은 콩
  과(科) 식물에서 삽니다. 미국산 먹가뢰속(屬)은 건초 더미 사료에
  섞여 있을 때가 많은데, 말이 사료를 먹으면서 먹가뢰까지 먹어서
  죽는 경우도 있습니다.

- 청가뢰 : 온몸이 초록색이며 윤이 반질반질 나 굉장히 아름답습니
  다.

- 네눈박이가뢰 : 딱지날개가 주황색 바탕에 까만 무늬가 4개 있어
  독성이 많은 곤충치고는 깜찍합니다. 네눈박이가뢰는 주로 중북
  부 지방의 높은 산에서 사는데, 늦봄 미나리과 식물인 전호 꽃에
  무더기로 나와 꽃가루를 먹습니다.

- 황가뢰 : 몸 색깔이 황토색인 황가뢰는 주로 밤에 불빛으로 날아옵
  니다.

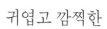

귀엽고 깜찍한

무
당
벌
레

무당벌레

무당벌레가 풀잎에 매달려
짝짓기를 하고 있습니다.
몸빛과 무늬가 다르지만
같은 무당벌레입니다.

"이 산 저 산 꽃이 피니 분명코 봄이로구나~."

〈사철가〉의 첫 구절이 생각나는 봄 4월입니다.

봄이 오니 진달래꽃, 조팝나무 꽃, 복사꽃, 산벚꽃,

제비꽃, 양지꽃, 얼레지 꽃, 복수초 꽃 같은 봄꽃들이

지칠 줄 모르고 피고 집니다.

덩달아 속살 비치는 연둣빛 잎들도

햇살을 받아 반짝반짝 빛이 나고,

겨울잠에서 깨어난 빨간 무당벌레도

봄빛에 흠뻑 취해 있습니다.

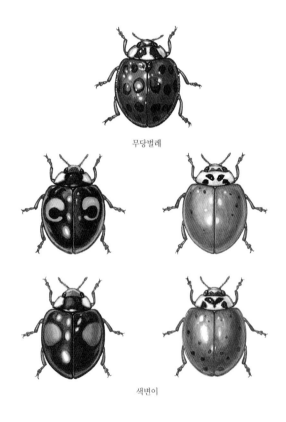

무당벌레

색변이

이 꼭지에 나오는 무당벌레는 딱정벌레목 무당벌레과에 속하는 모든 종을 가리킵니다.

무당벌레의
못 말리는 유명세

따사로운 봄, 가랑잎 더미나 돌 틈에서 대가족이 떼로 모여 겨울잠을 자던 무당벌레들이 꼬물꼬물 깨어납니다. 세상 밖으로 나온 녀석들은 뿔뿔이 흩어져 제 갈 길을 갑니다. 한 녀석이 소리쟁이 풀 줄기를 오릅니다. 소리쟁이 잎 뒤에는 소리쟁이진딧물들이 진을 치고 있군요. 진딧물을 발견한 녀석은 입맛을 다시며 진딧물 쪽으로 달려가더니 겨우내 굶주린 배를 채웁니다. 연약한 진딧물을 한 입씩 깨물어 오물오물 씹어 먹는 모습이 참으로 귀엽습니다.

진딧물 식사에 푹 빠진 녀석을 가만히 들여다보니 참 매력적입니다. 몸매는 바가지를 엎어 놓은 듯 동글동글 볼록하고, 피부는 투명 매니큐어를 바른 듯 반질반질 윤이 납니다. 짧은 더듬이는 푹 숙인 머리 밑에 숨기고 있어 보이지 않습니다. 빨간 딱지날개는 까만 점무늬가 여러 개 박혀 있어 굉장히 화려합니다. 이렇게 귀엽고 예쁘니 어른 아이 대부분 무당벌레를 모르는 사람은 없습니다.

무당벌레는 오래전부터 사람들과 친한 사이였습니다. 중세 유럽 농부들은 채소나 과일에 흠집을 내는 진딧물을 없애 달라고 성모 마리아에게 기도를 올리고는 했습니다. 그래서 영국에서는 무당벌레를 '성모 마리아의 새'라는 뜻인 '레이디버드(ladybird)'라고 했습니다. 독일에서는 '마리아의 딱정벌레'라는 뜻인 '마리엔쾨퍼(Marienkäfer)'라고 했고, 네덜란드에서는 '주님의 작은 창조물'이라는 뜻인 'Lieveheersbeestje'라고 했습니다.

우리나라에서는 무당처럼 울긋불긋 화려한 옷을 입고 있다 해서 무당벌레라고 부릅니다. 무당거저리, 무당거미, 무당개구리처럼 다른 동물들 이름에도 무당이란 말이 붙은 것을 보면 우리나라 사람들은 유난히 알록달록 화려한 빛깔을 보면 불현듯 무당이 떠오르는 것 같습니다. 한때는 무당벌레의 볼록한 몸 생김새가 엎어 놓은 됫박을 닮았다고 무당벌레 대신에 '됫박벌레'라고도 했습니다. 북녘에서는 녀석 몸에 점무늬가 많이 찍혀 있다고 '점벌레'라고 부릅니다. 그러고 보니 서양에서는 진딧물을 잡아 달라고 기원하면서 종교적인 이름을 붙여 주고, 우리나라에서는 화려한 몸 색깔에 매료되어 이름을 지었으니 문화 차이가 확실히 느껴집니다.

색깔 변이가 심한 무당벌레

지구에는 무당벌레과(科) 식구가 5,000종 넘게 살고 있고, 우리나라에는 90종 넘게 살고 있습니다. 무당벌레, 칠성무당벌레, 남생이무당벌레, 열석점긴다리무당벌레, 달무리무당벌레, 꼬마남생이무당벌레, 긴점무당벌레……. 참 많지요. 그중에서 매우 흔해 눈에 가장 많이 띄는 녀석은 무당벌레입니다.

그런데 무당벌레(*Harmonia axyridis*) 딱지날개에 찍힌 점무늬에 변이가 많습니다. 주황색 바탕에 까만색 점무늬가 있는 녀석, 노란색 바탕에 까만색 점무늬가 있는 녀석, 까만색 바탕에 빨간색 점무늬가 있는 녀석, 까만색 바탕에 노란색 점무늬가 있는 녀석, 주황

색 바탕에 아예 점무늬가 하나도 없는 녀석처럼 바탕색과 점무늬 색이 다양합니다. 색깔뿐만 아닙니다. 딱지날개에 찍힌 점무늬 수에도 변이가 있습니다. 점무늬가 두 개 있는 녀석, 네 개 있는 녀석, 열두 개 있는 녀석, 열여섯 개 있는 녀석, 열아홉 개 있는 녀석처럼 점무늬 수가 저마다 다릅니다. 하지만 점무늬 수도 다르고 색깔이 비슷하거나 달라도 모두 같은 종인 무당벌레입니다. 무당벌레의 빼놓을 수 없는 공통점은 모두 몸 색깔이 굉장히 화려하다는 것입니다.

노란 피 흘리는
무당벌레

왜 무당벌레는 화려한 옷을 입었을까요? 시각을 이용해 사냥하는 새나 척추동물 같은 포식자에게 자신을 잡아먹지 말라고 경고하기 위해서입니다. '내 몸에 독이 있어. 먹지 마.'라며 메시지를 전하는 것이지요. 눈에 확 띄는 빨간색, 노란색, 까만색 등은 새나 개구리 같은 힘센 포식자들이 꺼려하는 색이어서 '경고색'이라고 합니다. 특히 새들은 경고색을 띤 먹잇감을 보면 피할 때가 많습니다. 재미있게도 곤충 세계의 경고색은 교통 신호에도 사용하는 색깔입니다.

경고색도 경고색이지만 무당벌레는 건드리면 죽은 듯 몸을 오그리고 뒤집어집니다. 더 세게 건드리면 다리 마디에서 지독한 냄새

가 나는 '노란색 피'가 흘러나옵니다. 마침 풀 위에 앉아 있는 무당벌레를 슬쩍 건드려 봅니다. 역시나 아래로 뚝 떨어져 몸뚱이를 뒤집습니다. 여섯 다리와 더듬이를 배 쪽으로 오그려 붙이고 죽은 듯 꼼짝하지 않는군요. 지금 죽은 척하는 게 아니라 실제로 혼수상태에 빠져 있어 가짜로 죽은 가사 상태인 것입니다.

몇 분쯤 지나자 다리와 더듬이가 꼬물꼬물 움직거리고, 여러 번 바동거리다 몸을 뒤집더니 부리나케 걸어 도망칩니다. 도망치는 녀석을 또 건드립니다. 그러자 자동적으로 다리와 더듬이를 배 쪽으로 오그리고 발라당 누워 버립니다. 그런데 이번에는 노란 액즙까지 흘립니다. 지독한 냄새가 코끝을 찌르는군요. 시큼한 냄새도 아니고 쓴 냄새도 아닙니다. 자세히 보니 노란 액즙이 각각의 다리마디 관절에서 이슬처럼 방울방울 맺히고, 그 액즙이 가슴등판 쪽으로 흘러가고 있습니다.

녀석의 노란 액즙은 사람으로 치면 피에 해당합니다. 사실 곤충은 피가 없고, 피 역할을 하는 물질은 혈림프이지요. 무당벌레는 희한하게 피를 흘립니다. 위험에 처하면 곧바로 각 다리마디 관절 바깥쪽 얇은 큐티클이 찢어지고 그 틈으로 독 물질인 코치넬린(coccinellin)이 섞인 피가 방울방울 배어 나옵니다. 큐티클이 찢어졌으니 상처가 날 법한데 찢어진 큐티클은 곧바로 꾸득꾸득 아뭅니다. 녀석의 경우처럼 위험한 순간에 갑작스레 피가 나는 것을 '반사 출혈'이라고 합니다. 급박한 상황에서는 적이 공격한다는 신호를 뇌에 보낼 틈도 없습니다. 그래서 자극을 받으면 뇌의 명령 없이 운동 신경이 그냥 반사적으로 반응해 피가 나옵니다. 피를 흘렸으니 호흡이 가빠지고 생명에 지장이 있을까요? 아닙니다. 녀석은 표피에 있는 숨구멍(기문)으로 숨을 쉬기 때문에 필요한 양의 산소가 숨구멍을 통해 직접 들락거립니다. 녀석이 피를 흘릴 때 잃어버린 건 단지 영양분과 독성분뿐이지요. 더구나 그 양이 아주 적어 반사 출혈을 아무리 해도 아무런 해가 없습니다.

그런데 왜 피를 흘릴까요? 녀석의 노란색 피에는 코치넬린이라는 독 물질이 들어 있습니다. 사람이야 녀석의 피를 보고 놀라지 않지만, 포식자는 노란 피에 들어 있는 독 물질을 두려워합니다. 이 물질은 독성이 있어 삼키면 구역질이 나고 토할 수도 있습니다. 만약 어린 새나 개구리 같은 포식자들이 멋모르고 독 품은 무당벌레를 삼켰다간 고생할 수 있습니다.

이렇게 무당벌레가 화려한 옷을 입고 있는 데다 역겨운 냄새를 풍기는 독 물질까지 갖고 있으니 새들은 무당벌레를 공격하길 꺼립니다. 그래서 독 물질이나 방어 무기가 없는 힘없는 곤충 중에는 '나도 무당벌레처럼 독이 있어.'라며 무당벌레의 화려한 옷 색깔을 흉내 낸 녀석들도 있습니다.

무당벌레가 짝짓기를 하고 있다.

번식력 좋은
무당벌레

진딧물을 배부르게 먹고 짝짓기를 마친 무당벌레는 진딧물 둘레에 자란 식물에 쌀알처럼 길쭉하게 생긴 노란 알을 낳습니다. 알은 하루에 약 20개에서 50개씩 무더기로 낳는데, 어미가 2~3달쯤 살면서 알을 600~800개쯤 낳는다니 허리가 휘어질 지경입니다.

알을 낳은 지 3~4일이 지나면 알에서 무당벌레 애벌레가 깨어납니다. 갓 태어난 1령 애벌레는 가슴등판에 붙어 있는 부화용 돌기로 알 껍질을 깨고 나온 뒤 알 둘레에서 하루쯤 머뭅니다. 놀랍게도 이때 1령 애벌레는 아직 깨어나지 못한 알을 종종 먹어 치우기도 합니다. '동족 포식(Cannibalism)' 현상이지요. 조사해 보니 무당벌레 알들 가운데 약 31퍼센트 정도가 1령 애벌레에게 잡아먹혔다고 합니다. 아이러니하게도 동족 포식은 앞으로 살아가면서 있을지도 모르는 먹이 부족을 해결하는 데 한 역할을 할 수 있다니 자연 세계는 사람의 짧은 소견으로는 해석하기 힘듭니다.

갓 깨어난 무당벌레 애벌레는 번데기가 되기 직전까지 줄기차게 진딧물을 먹고 또 먹습니다. 마침 무당벌레 종령 애벌레가 진딧물을 찾아다니며 식사를 합니다. 무당벌레 애벌레는 귀여운 어른벌레와 달리 무섭게 생겼습니다. 몸 색깔은 주황색과 까만색이 섞여 있어 화려하고 몸뚱이는 길쭉합니다. 또 등은 나뭇가지처럼 생긴 가시돌기가 덮여 있고, 가시돌기에 날카로운 가시털이 여러 갈래 나와 있어 살짝만 건드려도 찔릴 것 같습니다. 하지만 손가락을 직접 대 보니 찔릴 정도는 아닙니다.

번데기 될 때가 되니 종령 애벌레가 진딧물을 더 이상 먹지 않고 식물을 오르락내리락하며 번데기 만들 명당을 찾습니다. 녀석은 번데기를 식물이나 바위 같은 안전한 지지대 위에 만드는데, 항문에서 분비물을 내 배 끝을 잎에 단단히 붙인 다음 애벌레 시절에 입었던 마지막 옷을 벗고 번데기가 됩니다. 번데기는 잎 위에 엎드리고 있는데, 개미나 침노린재 같은 포식자가 다가오면 귀신같이 알아차리고 순간적으로 벌떡 일어납니다. 그러고는 윗몸일으키기라도 하듯 다시 엎어졌다 또 벌떡 일어나고, 엎어졌다 또 벌떡 일어나며 겁을 줍니다.

번데기 시절을 무사히 보내면 비로소 어른 무당벌레로 날개돋이합니다. 2세대 어른 무당벌레는 1세대 부모가 그랬던 것처럼 진딧물을 잡아먹으며 짝짓기를 하고 알을 낳아 가문을 이어 갑니다. 무당벌레는 한살이가 짧아 일 년에 2~3번쯤 돌아가는데, 알에서 어른벌레가 되기까지 한 달이 채 걸리지 않는 21~25일쯤 걸리니 그럴 만도 합니다. 남부와 중부 지방 한살이 횟수는 다릅니다.

추운 겨울이 되면 어른 무당벌레는 모두 겨울잠을 자려고 주로 바람이 들이치지 않는 바위 아래나 따뜻한 가랑잎 더미, 나무껍질 속, 동굴 속에 들어가고 심지어 사람들이 사는 집에도 들어와 겨울을 보냅니다. 곤충은 변온 동물이어서 온도가 떨어지면 몸을 제대로 움직이지 못해 휴면(겨울잠)에 들어갑니다. 무당벌레는 겨울잠을 잘 때 적게는 수십 마리, 많게는 수백 마리가 함께 떼로 모여 잡니다.

살아 있는 농약
무당벌레

무당벌레는 어른 아이 모두 주식이 진딧물이기 때문에 오래전부터 사람들에게 진딧물 해결사, 살아 있는 농약, 착한 곤충 대접을 받았습니다. 아시다시피 진딧물은 수십 마리 이상 떼로 모여 사람들이 키우는 채소나 과일즙을 빨아 먹어 어린순을 말려 죽이고, 바이러스를 옮겨 식물을 병들게 합니다. 골칫덩이 진딧물을 무당벌레가 알아서 척척 잡아먹으니 얼마나 고마운지 모릅니다. 또한 진딧물 잡으려고 농약을 뿌리지 않아도 되니 사람들에게 대접 받는 건 당연합니다.

무당벌레 한 마리가 하루 평균 잡아먹는 진딧물 수는 자그마치 150마리가 넘는다고 합니다. 주식은 진딧물이고, 때로는 온실가루이 유충, 응애류, 나방류 알 따위를 먹을 때도 있습니다.

무당벌레가 진딧물을 잡아먹고 있다.

무당벌레과
식성

    무당벌레과는 전 세계에 분포하는데, 열대 지역과 온대 지역에 특히 더 많이 삽니다. 무당벌레류 대부분은 진딧물 같은 힘 약한 생물을 잡아먹는 육식성이지만 일부는 식물을 먹는 식식성입니다. 열대 지역에는 식물을 먹는 무리가 많은 편이고, 온대 지역에는 다른 곤충을 잡아먹는 포식성 무리가 많은 편입니다. 우리나라에 사는 무당벌레류 식성을 알아보니 다음과 같습니다.

- 식물을 먹는 무리 : 이십팔점박이무당벌레, 큰이십팔점박이무당벌레, 곱추무당벌레, 중국무당벌레 따위
- 진딧물을 먹는 무리 : 칠성무당벌레, 무당벌레, 남생이무당벌레, 긴점무당벌레 따위

칠성무당벌레가 작은 나방을 잡아먹고 있다.

• 깍지벌레를 먹는 무리 : 애홍점박이무당벌레, 홍점박이무당벌레,
　홍테무당벌레

• 흰가루병균을 먹는 무리 : 노랑무당벌레

　무당벌레류 이름을 보면 '숫자'가 들어간 경우가 많습니다. 재미
있게도 딱지날개에 찍힌 점무늬 수로 종을 구분한 경우에 이름에
'숫자'가 들어갔습니다. 예를 들면 점무늬가 7개인 칠성무당벌레,
점무늬가 9개인 구성무당벌레, 점무늬가 12개인 십이흰점무당벌
레, 점무늬가 13개인 열석점긴다리무당벌레, 점무늬가 28개인 이
십팔점박이무당벌레와 큰이십팔점박이무당벌레 따위가 있습니다.

휘황찬란한 보석

큰광대노린재

큰광대노린재

큰광대노린재는 몸빛이 아주 휘황찬란합니다.
그래서 눈에 아주 잘 뜨입니다.

세상을 달군 여름 더위가 한풀 꺾인 9월,

아침저녁으로 제법 선선한 바람이 불어오니 살 것 같습니다.

관악산 언저리에는 회양목이 백 그루가 넘게 자랍니다.

키작은나무(관목)치고 사람 키보다 훨씬 큰 걸 보니

나이가 많은 것 같습니다.

진한 회양목 냄새를 맡으며 천천히 걷는데,

회양목 잎에 보석이 주렁주렁 열렸네요.

휘황찬란한 색깔에 두 눈이 번쩍 뜨여 다가가 보니

큰광대노린재 애벌레들이 총출동했습니다.

회양목 잎에만 붙은 게 아니라

바로 옆 갈참나무, 청미래덩굴, 때죽나무 잎에도

다닥다닥 떼 지어 붙어 있습니다.

언뜻 세어 봐도 수백 마리가 넘습니다.

이 가을날, 무슨 일로 큰광대노린재 애벌레들이

죄다 나왔을까요?

큰광대노린재

이 꼭지는 노린재목 광대노린재과 종인 큰광대노린재(*Poecilocoris splendidulus*) 이야기입니다.

비단벌레 뺨치는
몸 색깔

따사로운 봄볕이 산과 들을 흠뻑 적시는 5월, 가랑잎 더미 속에서 겨울잠을 자던 큰광대노린재 애벌레들이 기지개를 켜고 일어나 엉금엉금 걸어 나옵니다. 몸 색깔을 보아하니 다 자란 종령(5령) 애벌레로군요. 녀석들은 입맛이 까다로워 주로 회양목을 먹고 삽니다. 눈부신 봄 햇살에 잠시 해바라기를 하더니 더듬이를 흔들며 어기적어기적 걸어 회양목을 찾아갑니다. 회양목은 초식 동물이 뜯어 먹지 못하게 방어 물질인 독을 갖고 있는데, 회양목 특유의 냄새는 이 독 물질 냄새입니다. 큰광대노린재 애벌레가 주로 먹는 먹이식물은 회양목이어서 회양목이 풍기는 독 물질 냄새를 쫓아 찾아갑니다. 어떻게 냄새를 맡을까요? 더듬이와 몸에 난 털들에 감각 기관이 빼곡히 몰려 있어 냄새를 기막히게 잘 맡습니다.

큰광대노린재 5령 애벌레가 먹이식물인 회양목을 빨아 먹고 있다.

그새 회양목에는 새로 난 가지가 쭉쭉 뻗었습니다. 큰광대노린 재 애벌레들이 하나둘 회양목의 새 가지, 새잎에 속속 도착해 여느 노린재들처럼 함께 식사를 합니다. 밥은 회양목의 신선한 즙. 침처럼 가느다란 주둥이를 잎과 줄기에 꽂고 주-욱 마십니다. 겨우내 굶주렸던 배를 채우느라 정신이 없군요.

식사하는 녀석을 가만히 들여다봅니다. 녀석은 노린재목 식구라서 침처럼 생긴 주둥이를 가지고 있습니다. 주둥이는 식물 조직에 꽂을 수 있게 큰턱과 작은턱이 뾰족하게 바뀌었습니다. 녀석은 이 침 같은 주둥이를 열매나 줄기에 꽂으면서 펙티나아제(pectinase) 라는 효소를 분비합니다. 이 효소는 식물 세포벽의 중간 박막층을 부드럽게 분해시켜 침 주둥이가 식물 조직에 잘 들어가도록 도와줍니다. 또한 침 속에는 아밀라아제도 있어 소화를 도와줍니다.

신선한 식물 즙 식사를 하면서 다 자란 큰광대노린재는 애벌레 시절 마지막 허물을 벗고 어른벌레가 됩니다. 마지막 허물을 벗을 때 머리에서부터 앞가슴등판까지 난 탈피선이 살살 갈라지면서 주황색 어른 큰광대노린재가 나옵니다. 허물을 다 빠져나온 어른 큰광대노린재는 잠시 동안 꼼짝 않고 쉬면서 몸을 말립니다. 마르면서 말랑말랑하던 몸이 굳어지고(경화), 그러는 동안 주황색이던 몸 색깔이 점점 오색찬란한 무지개 색으로 바뀝니다. 거기다 화려한 무늬까지 그려져 있어 얼마나 아름다운지 눈이 부실 정도지요.

어느 도예가가 저리 아름다운 작품을 빚을 수 있을까? 어느 화가가 저리 고운 색깔을 낼 수 있을까? 녀석 몸에는 빨간색 바탕에 초록색, 파랑색, 보라색, 비취색이 섞인 화려한 무늬가 그려져 있습니다. 무늬 색깔은 유화 물감을 기묘하게 섞어 놓은 듯 반질반질

큰광대노린재

큰광대노린재 옆모습

윤이 납니다. 녀석을 한참 바라보고 있으니 문득 동화책 속에서 본 설날에 입던 색동저고리가 생각나는군요. 햇빛이 비치자 몸 색깔이 보는 각도에 따라 총천연색 무지개 빛깔로 바뀝니다. 누구도 감히 흉내 낼 수 없는 색깔에 두 눈이 휘둥그레집니다. 아름답기로는 신라 시대 때 장식품으로 사용했던 비단벌레 뺨칠 정도지요. 옛 사람들이 비단벌레를 사용한 것처럼 큰광대노린재와 광대노린재를 나전칠기나 장식품을 만들 때 사용하면 굉장히 아름다운 작품이 탄생할 것 같습니다.

겉날개가 아닌
작은방패판

그런데 녀석 등이 심상치 않습니다. 머리 바로 뒤쪽에 널찍한 앞가슴등판이 있는 건 확실한데, 겉날개가 보이지 않습니다. 보통 곤충의 앞가슴등판 뒤쪽에는 세모꼴 또는 소 혓바닥처럼 생긴 작은 방패판(소순판)과 겉날개가 이어져 있습니다. 어떻게 된 일일까? 등을 살살 떠들어 봐도 양쪽으로 갈라지지 않는 걸 보니 분명 겉날개는 아닙니다. 그럼 무엇일까? 아, 작은방패판이군요. 곤충 가슴은 3부분 즉 앞가슴, 가운데가슴, 뒷가슴이 연결막으로 이어져 있습니다. 그 가운데 앞가슴은 겉날개에 가려지지 않아 등 쪽에서 보면 잘 보입니다. 가운데가슴 대부분과 뒷가슴은 겉날개에 가려져 등 쪽에서 보면 보이지 않고, 가운데가슴 중 조금 드러난 곳이 작은방패판입니다. 즉 작은방패판(소순판)이란 가운데가슴 일부로서 겉날개 앞쪽에 아주 조금 드러난 부분입니다.

보통 노린재목 식구들의 작은방패판은 역삼각형입니다. 그런데 희한하게도 큰광대노린재 작은방패판은 굉장히 커서 뒷가슴과 배를 다 덮습니다. 도대체 겉날개는 어디에 있을까? 바로 작은방패판 밑에 있습니다. 그럼 속날개는 어디에 있을까? 바로 겉날개 밑에 속날개가 있습니다. 그런데 작은방패판이 겉날개를 덮고 있으니 날 때가 문제군요. 급하면 작은방패판 옆구리로 겉날개와 속날개를 꺼내 펼치면서 날아가니 문제가 없습니다. 날개가 나는 역할을 한다 해도 작은방패판에 덮여 있어 녀석은 잘 날지 못합니다. 그래서 도망칠 때 멀리 날지 못하고 또 웬만하면 성큼성큼 걸어 잎 뒤로 도망갑니다.

작은방패판이 늘어난 노린재들이 여럿 있는데, 광대노린재과

큰광대노린재는 작은방패판이 굉장히 크다.

(科) 집안 몇몇, 알노린재과(科) 집안 몇몇이 그렇습니다. 광대노린재과 집안 중에는 제주도와 남부 지방에서만 사는 방패광대노린재, 도토리를 닮은 도토리노린재, 오색찬란한 광대노린재 따위가 있고, 알노린재과 집안 중에는 알노린재, 무당알노린재, 눈박이알노린재, 동쪽알노린재 따위가 있습니다.

여름을 즐기는
큰광대노린재 애벌레

5~6월은 어른 큰광대노린재의 계절입니다. 회양목 열매와 줄기, 잎의 즙을 빨아 먹고, 또 짝을 만나 짝짓기를 합니다. 짝짓기를 한 큰광대노린재 암컷은 회양목 잎 뒷면에 알을 하나씩 가지런히 줄 맞춰 낳습니다. 알을 낳을 때마다 산란관 옆 부속샘에서 분비 물질이 나와 알들끼리 서로 떨어지지 않도록, 또 알들이 잎에서 떨어지지 않도록 잘 붙입니다. 알에서 깨어난 큰광대노린재 애벌레는 어른벌레가 되기까지 11달쯤 동안 애벌레로 지내야 합니다. 녀석은 애벌레 시절 동안 4번 허물을 벗고 종령(5령) 애벌레가 됩니다.

재미있게도 광대노린재 애벌레 생김새는 어른과 비슷한데, 색깔은 굉장히 달라 광대노린재 애벌레를 다른 곤충으로 착각하기도 합니다. 광대노린재 애벌레는 허물을 벗을 때마다 몸 색깔이 조금씩 바뀝니다. 어렸을 때는 초록빛과 파란빛이 섞인 바탕에 주홍색 띠무늬가 가로로 그려져 있어 화려하면서도 귀엽고, 5령(종령) 애

벌레가 되면 몸 색깔이 휘황찬란하고 몸에 바늘로 콕콕 찍은 것 같
은 자국인 점각들이 나 있습니다. 둥글둥글한 게 얼마나 깜찍한지
커다란 단추, 아니 예쁜 브로치를 옷에 달아 놓은 것 같습니다.

　큰광대노린재 애벌레는 별일이 없는 한 혼자 있는 법이 없습니
다. 적게는 대여섯 마리에서 많게는 수십 마리까지 늘 모여서 지냅
니다. 9월이 되면 종령 애벌레 대부분이 잔칫날처럼 회양목 잎과
줄기에 바글바글합니다. 집합페로몬 냄새를 맡고 큰광대노린재 애
벌레 수십 마리가 모이는데, 흩어져 사는 것보다 모여서 살면 손
해보다 이익이 더 많습니다. 함께 있으면 힘센 포식자가 몸집이 큰
곤충으로 착각해 대 놓고 달려들지 않습니다. 또 위험을 느낀 큰광
대노린재 애벌레들이 일제히 화학 방어 물질을 내뿜으면, 포식자
는 고약한 냄새를 맡고 괴로워하면서 도망칠 수도 있습니다.

　녀석들은 추워질 때까지 모여 살면서 마음껏 식사를 하는데, 춥
고 기나긴 겨울을 나기 위해 영양 많은 즙을 미리 먹어 두는 것입
니다. 큰광대노린재 애벌레들이 배불리 먹는 사이 계절은 점점 추
운 늦가을로 접어듭니다. 이때가 되면 먹는 것을 멈추고 돌 틈, 나
무껍질 아래, 수북하게 쌓인 가랑잎 더미 속, 바람이 몰아치지 않
는 덤불 속 같은 따뜻한 곳에서 기나긴 겨울잠에 들어갑니다. 겨울
잠을 자는 녀석들은 대부분 다 자란 종령 애벌레입니다. 이듬해 따
스한 봄이 되면 겨울잠에서 깨어나 좀 더 즙을 빨아 먹은 뒤 번데
기 시절을 거치지 않고 곧장 어른벌레로 탈바꿈합니다. 즉 안갖춘
탈바꿈(불완전변태)을 합니다.

　큰광대노린재 한살이는 일 년에 한 번 돌아갑니다. 노린재목 식
구들은 모두 안갖춘탈바꿈을 합니다. 애벌레는 어른벌레에 비해

큰광대노린재 3령 애벌레

큰광대노린재 4령 애벌레

갓 허물을 벗은 큰광대노린재 5령 애벌레.
아직 몸이 굳지 않아서 몸빛이 빨갛다.

초록빛 큰광대노린재 5령 애벌레와
검은빛 광대노린재 5령 애벌레 들이 함께 모여 있다.

몸집이 작고, 날개가 없고, 색깔이 다를 뿐 애벌레와 어른벌레는
생김새가 비슷하고 먹이가 똑같습니다.

건드리면
화학 폭탄 날릴 거야

바글바글 모여 있는 큰광대노린재를 사진 찍느라 녀석들을 건드
렸더니 지독한 냄새가 풍깁니다. 녀석을 건드린 손가락을 보니 손
끝에 노르스름한 액체가 묻어 있습니다. 손끝을 코에 대고 냄새를
맡으니 계피인지 빙초산인지 식초인지 역겨운 냄새가 납니다. 냄
새가 오죽 독하면 '노린내 난다.' 해서 노린재라고 지었을까? 노르
스름한 액체와 냄새는 큰광대노린재가 배 속에서 만든 화학 방어
물질입니다. 일종의 생화학 폭탄(화학 가스)이지요. 위험을 느끼면
곧바로 폭탄을 만들어 펑 터뜨려서 포식자를 당황하게 만듭니다.

폭탄 성분 대부분은 카르보닐기 화합물인 알데히드(aldehyde)
와 케톤(ketone) 물질입니다. 그 중에서도 특히 트랜스-2-헥센알
(trans-2-hexenal)이 가장 널리 알려져 있습니다. 폭탄이 만들어지는
과정을 보면 이렇습니다. 위험을 느끼면 분비샘에서 폭탄 원료인
에스테르(ester)가 분비되어 무기 제조방인 저장고로 보내집니다.
동시에 분비샘에서 폭탄 원료를 가공하는 데 필요한 가수 분해 효
소와 산화 효소가 분비되어 마찬가지로 저장고로 보내집니다. 저
장고에서는 폭탄 재료와 반응할 카르보닐기 화합물이 분비됩니다.

저장고에 모인 재료와 효소, 화합물이 섞이면서 여러 화학 반응 단계를 거쳐 생화학 폭탄인 알데히드가 최종적으로 만들어집니다. 이 화합물은 독성이 강하고 냄새가 지독해 곤충들이 싫어합니다.

그러면 폭탄은 어떻게 발사될까요? 날개가 있는 어른벌레는 뒷가슴 옆구리 쪽에 뚫려 있는 분비 구멍으로, 날개가 없는 애벌레는 등 쪽에 뚫려 있는 분비 구멍으로 폭탄을 쏩니다. 폭탄먼지벌레는 폭탄을 공중으로 쏘지만, 큰광대노린재는 자기 몸에 스며들도록 발사합니다. 폭탄에 물기(액체)가 살짝 들어 있고, 폭탄이 발사되는 분비 구멍 둘레에 폭탄인 화학 가스를 흡수할 수 있는 스펀지 같은 큐티클 층이 있습니다. 일단 폭탄이 발사되면 폭탄 일부는 공중으로 퍼지고, 일부는 분비 구멍 둘레 큐티클 층으로 촉촉이 스며듭니다. 공기 중에 퍼진 폭탄 냄새는 비교적 빨리 사라지지만, 큐티클 층에 스며든 폭탄 냄새는 천천히 오래도록 풍깁니다. 냄새를 붙잡아 두는 것은 포식자 코를 괴롭히려는 작전입니다. 실제로 녀석을 만졌던 손끝에서는 오랫동안 노린재 특유의 지독한 냄새가 풍겨 나옵니다. 냄새가 역겹다 보니 다가오던 포식자가 뒤로 물러나기도 하고, 냄새를 견디다 못해 가 버리기도 합니다. 물론 모든 포식자가 먹잇감을 포기하는 것은 아닙니다.

7장

흉내 내기

개미를 똑 닮은

개
미
벌

개미벌류

개미벌류가 모래밭을 돌아다니며
기생할 둥지를 찾고 있습니다.

벌써 6월 문턱을 넘었습니다.

산 좋고 물 맑은 양평에 있는 절 사나사 옆 산길을 걷습니다.

아침 안개에 촉촉이 젖은 흙길에서

구수한 흙냄새가 살포시 퍼져 나옵니다.

살랑살랑 부는 바람에 몸을 맡기니 입에서 콧노래가 절로 나옵니다.

"초여름 산들바람 고운 볼에 스칠 때⋯⋯."

한 발짝 한 발짝 내딛으며 천천히 걷는데,

빨갛고 까만 옷을 입은 곤충 한 마리가

폭신한 흙길을 뽈뽈대며 부리나케 걸어갑니다.

얼른 보니 개미와 똑 닮았군요. 누굴까요?

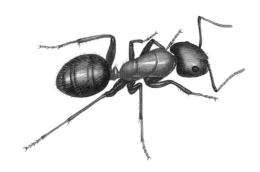

한국홍가슴개미

이 꼭지에 나오는 개미벌은 벌목 말벌상과 개미벌과에 속하는 모든 종을 가리킵니다.

개미와 닮은
개미벌

개미 닮은 곤충이 얼마나 빠른지 땅에 떨어진 벚나무 잎 아래로 쏘옥 숨습니다. 본능적으로 잎을 들춥니다. 순간 "앗! 따가워!" 호들갑을 떨며 잎을 들추던 손가락을 마구 텁니다. 뭐에 쏘였지? 벌에 쏘인 것처럼 몹시 아프고 따갑습니다. 정신 차리고 잎을 다시 들추니 녀석이 겁에 질린 듯 가만히 앉아 있습니다. 아, 개미벌이군요. 말로만 듣던 그 유명한 개미벌을 여기서 만나다니! 비록 녀석에게 쏘이긴 했지만 오늘은 운수 대통한 날입니다.

개미벌은 몸길이가 10밀리미터쯤밖에 안 될 만큼 몸집이 작아서 자세히 보려면 무릎을 꿇고 엎드려야 합니다. 녀석은 암컷이군요. 개미벌이라고 하니 그런 줄 알지 정말이지 생김새가 개미랑 똑

개미벌류

닮았습니다. 네모난 머리, 기다란 가슴등판, 잘록한 '허리'에다 호
리병처럼 생긴 어여쁜 배는 개미로 착각하기 딱 좋습니다. 하기야
개미와 개미벌이 모두 벌목 가문 식구들이니 닮을 수밖에요. 잘록
한 허리는 첫 번째 배마디가 가느다랗게 늘어난 부위로 '전신복절
(前伸腹節)'이라고 합니다.

　하지만 녀석을 꼼꼼히 살펴보면 개미와 다른
구석이 많습니다. 먼저 몸 색깔을 보면 개미와 달리
개미벌 몸 색깔은 빨간색과 까만색이 섞여 있어
화려합니다. 가슴은 빨간색, 머리와 배는 까만색입니다.
특히 까만색 배에 하얀 띠가 둘러진 것이 금방 눈에
띕니다. 또한 온몸에는 뻣뻣하고 억센 털이
개미보다 훨씬 많이 나 있고, 머리와 가슴에는
홈처럼 파인 커다란 점각들이 곰보처럼 콕콕 찍혀
있습니다. 개미 몸에는 이런 점각들이 없습니다.
몸 색깔도 대부분 개미벌보다 덜 화려합니다.
또 여왕개미와 일개미 더듬이는 L자 모양으로 첫째 마디인 자루마
디가 길고 나머지 2번째 마디에서 12번째 마디까지 촘촘히 이어져
있습니다. 이에 비해 개미벌 더듬이는 말채찍 모양으로 굉장히 굵
은 것이 특징이고, 더듬이 마디 수는 모두 12마디(수컷은 13마디)로
마디들이 실에 꿴 것처럼 연달아 붙어 있습니다.

　곤충은 날개가 4장인데 놀랍게도 개미벌 암컷은 모두 날개가 없
습니다. 날개가 없으니 암컷은 부지런히 걸어 다니며 먹이를 사냥
하고, 포식자를 만나면 재빨리 도망칩니다.

건들면
기절할 거야

가랑잎 아래에 가만히 앉아 있던 녀석이 자기가 들킨 것을 눈치
챘는지 갑자기 움직이기 시작합니다. 어디론가 바람처럼 달려가는
녀석을 핀셋으로 슬쩍 건드려 봅니다. 순간 녀석은 그 자리에 딱
멈추면서 땅바닥에 바짝 웅크립니다. 머리는 아래쪽으로 푹 숙이
고, 더듬이는 배 쪽으로 붙입니다. 다리 여섯 개는 바짝 오그리고,
가슴과 배 부분은 활처럼 구부려 몸을 C자 모양으로 맙니다. 톡톡
건드려도 죽은 듯이 꼼짝하지 않습니다. 한 1분쯤 지났을까? 배 쪽
에 붙어 있던 더듬이가 꿈틀꿈틀 움직이기 시작하더니 다리 여섯
개가 서서히 펼쳐지고, 몸을 천천히 일으킨 녀석은 또다시 부지런
히 달려갑니다. 또 녀석을 건드리자 온몸을 C자 모양으로 구부리

개미벌을 건드리니
몸을 C자로 구부리
고 혼수상태에 빠져
꼼짝 안 하고 있다.

고 꼼짝하지 않습니다.

다시 1분쯤 지나 녀석이 깨어납니다. 또다시 도망치는 녀석을
또 건드리니 이번에는 "찍찍찍" 소리를 내며 위협합니다. 녀석은
위험해지면 배마디와 배마디를 이어 주는 연결막을 아코디언처럼
늘였다 줄였다 하는데, 이때 연결막과 배마디가 마찰되면서 "찍찍
찍" 소리가 납니다.

반항도 잠시뿐 건드리니 또 기절합니다. 녀석이 깨어나면 건드
리고, 또 깨어나면 건드리고……. 10번도 넘게 건드렸지만 건드릴
때마다 매번 몸을 구부리며 기절합니다. 독침을 무기로 가진 개미
벌 체면이 말이 아닙니다.

날개 없는
암컷 개미벌

6월 중순 어느 날, 개미벌 암컷 한 마리가 땡볕이 쨍쨍 내리쬐는
흙길을 바삐 걸어가는데, 어디선가 날개 달린 벌 한 마리가 날아와
암컷 개미벌 둘레를 얼씬거립니다. 얼른 보니 몸 색깔이 암컷과 비
슷하고 더듬이도 암컷처럼 굵직하고 깁니다. 날개가 달려 있는 것
을 보니 개미벌 수컷이군요. 개미벌 수컷은 독침이 없어 손으로 잡
아도 찌르지 않습니다. 벌목의 독침은 암컷 산란관이 바뀐 것이라
암컷만 독침이 있고, 수컷은 독침이 없습니다. 수컷은 암컷과 달리
날개가 있어서 아무 데나 마음대로 날아다니며 사냥을 하고, 짝짓

개미벌류가 모래밭을 돌아다니며 기생할 둥지를 찾아다니는 것 같다.

기 무렵이면 평생을 땅바닥만 훑고 다니는 암컷을 찾아 이리저리 날아다닙니다.

암컷 위를 맴돌던 수컷이 기회를 엿보더니 땅에 내려앉습니다. 암컷 둘레를 조심조심 살피더니 재빠르게 암컷 등 위로 올라탑니다. 암컷은 순순하게 짝짓기에 응합니다. 녀석들은 땡볕 아래 땅바닥에서 짝짓기를 합니다.

개미벌은
기생벌

짝짓기가 끝나면 수컷은 휭하니 날아가고 암컷은 다시 땅바닥을 헤맵니다. 이제 알 낳을 차례. 암컷은 땅굴을 찾고 있는데, 아무 땅굴이나 찾지 않습니다. 벌들이 파 놓은 땅굴, 거기에다 애벌레나 번데기가 들어 있는 땅굴을 찾습니다. 왜 그럴까요? 녀석은 자신이 직접 땅굴을 파지 않습니다. 다른 벌들이 공들여 파고서 정성껏 낳은 땅굴 속 애벌레나 번데기에 알을 낳기 때문입니다. 즉 녀석은 기생벌이지요. 녀석은 땅굴 중에서도 호박벌 같은 뒤영벌류(*Bombus*)나 띠꼬마꽃벌류(*Nomia*) 땅굴을 특히 좋아합니다.

개미벌류가 기생할 둥지를 찾아 땅속으로 들어가고 있다.

암컷은 굴속 애벌레 방이나 번데기 방으로 간 뒤 배 끝에서 독침을 주욱 빼내 애벌레나 번데기를 재빨리 찌릅니다. 녀석의 독침은 한 번만 봐도 소름이 돋을 만큼 무시무시합니다. 주욱 빼낸 독침 길이는 배의 절반 정도나 되고 독침 끝부분은 바늘처럼 뾰족해 뭣

이든 푹푹 찌르기 좋게 생겼습니다. 그 침으로 사람을 쏘면, 한 방만 쏘여도 따갑고 아파 펄쩍펄쩍 뛸 정도입니다.

영문도 모른 채 독침을 맞은 뒤영벌류 애벌레와 번데기는 마취가 됩니다. 이때를 놓칠세라 개미벌 암컷은 애벌레와 번데기에 산란관을 꽂고 알을 낳습니다. 그런 다음 또 다른 뒤영벌류 둥지를 찾아 유유히 떠납니다. 개미벌 암컷은 마치 전문가답게 뒤영벌류 애벌레와 번데기의 급소인 신경절을 정확하게 찔러 혼수상태에 빠뜨릴 뿐 절대 죽이지 않습니다. 왜일까요? 개미벌 애벌레는 죽은 고기를 먹지 않고 싱싱하게 살아 있는 고기만 먹기 때문입니다. 그러니까 살아 있는 곤충을 먹지 죽어 부패한 곤충은 먹지 않습니다.

개미벌이
소도 잡는다?

개미벌과 집안은 말벌상과 조상으로부터 갈라져 나왔습니다. 상과(上科)는 목과 과 사이에 있는 분류 체계입니다. 말벌상과에는 개미벌과, 말벌과 따위가 있으니 개미벌은 장수말벌같이 무서운 말벌들과 친척이라 해도 틀리지 않습니다. 지구에 사는 개미벌과 집안의 종 수는 5,000종쯤 되지만, 우리나라에는 7종만 살고 있기 때문에 운이 좋아야 개미벌을 만날 수 있습니다.

우리나라에서는 생김새가 개미와 닮아서 '개미벌'이라 부르고, 영어를 사용하는 나라에서는 '벨벳 앤트(velvet ant)'라고 합니다.

온몸에 덮인 털들이 얼마나 촘촘하고 빽빽한지 벨벳 옷을 입은 것 같아 붙은 이름입니다. 우아한 별명인 벨벳 앤트 말고도 다른 영어 별명도 있습니다. 듣기만 해도 무시무시한 '카우 킬러(cow killer)'. 도대체 무슨 까닭으로 개미벌을 '소 죽이는 벌'이라고 할까요?

우리나라에는 살지 않지만 미국에는 개미벌과 중에서 다시무틸라류(Dasymutilla속)가 많이 살고 있습니다. 다시무틸라류는 몸길이가 25밀리미터쯤 될 만큼 몸집이 커 눈에 잘 띕니다. 다시무틸라류 중에서도 다시무틸라 옥시덴탈리스(Dasymutilla occidentalis)란 종이 사람들에게 가장 많이 알려져 있는데, 몸 색깔은 주황색과 까만색이 섞여 있어 굉장히 화려합니다. 이 녀석은 초원에서 한평생을 사는데, 암컷은 기생성 개미벌답게 땅속에 있는 꿀벌류 둥지에 몰래 쳐들어가 꿀벌류 애벌레와 번데기를 독침으로 찔러 마취시킨 다음 알을 낳습니다.

그러다 보니 암컷은 살아 있는 동안 알을 낳기 위해 땅속 꿀벌류 둥지를 찾아 초원을 부지런히 걸어 다니는데, 그 초원에는 풀어 놓은 소들이 여유롭게 풀을 뜯어 먹으며 삽니다. 소들은 풀을 뜯어 먹다가 우연히 초원 바닥을 누비고 다니는 개미벌을 발이나 입으로 건드립니다. 그러면 개미벌은 지체 없이 소의 발이나 주둥이를 독침으로 찌른 뒤 독액을 집어넣습니다. 독침에 쏘인 소는 따갑고 아파 어쩔 줄을 모릅니다. 아마도 그런 행동을 보고 '카우 킬러'라는 별명을 지어 준 것 같습니다. 아무리 개미벌 독이 지독한들 자신보다 수천 배나 더 큰 소를 죽이기까지 할까요? 개미벌에게 쏘이면 그만큼 고통스럽다는 걸 해학적으로 표현한 것 같습니다. 실제로 개미벌의 독성 물질은 몸집이 큰 동물의 신경이나 몸을 마비

시킬 만큼 맹독성은 아닙니다. 실제로 올여름에 한 번 쏘여 봤는데 눈물이 찔끔 날 만큼 따갑고 아플 뿐 참을 만합니다.

개미벌류가 먹이를
찾아 땅바닥을 돌아
다니고 있다.

개미벌 닮은

참
개
미
붙
이

참개미붙이

참개미붙이가 소나무 껍질 위로
먹이를 찾아 돌아다니고 있습니다.

무시무시한 독침 덕에
'카우 킬러(cow killer)'라는 별명을 얻은 개미벌.
그래서인지 힘없는 곤충들 중에는
개미벌을 닮은 곤충들이 있습니다.
바로 겉날개가 딱딱한 딱정벌레목 가문
개미붙이류가 개미벌과 똑 닮았습니다.

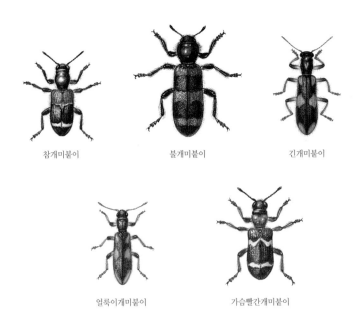

참개미붙이   불개미붙이   긴개미붙이

얼룩이개미붙이   가슴빨간개미붙이

이 꼭지는 딱정벌레목 개미붙이과 종인 참개미붙이(*Clerus dealbatus*) 이야기입니다.

참개미붙이에 대한
쓰린 기억

　개미붙이류를 아시나요? '개미붙이과(科)'라는 이름은 말 그대로 개미를 닮았다 해서 붙었습니다. 곤충 세계에서는 어떤 곤충 이름 뒤에 '붙이'가 들어가면 그 어떤 곤충과 '비슷하다'는 뜻입니다. 그런데 개미붙이류를 실제로 보면 개미보다 개미벌을 훨씬 더 닮았습니다. 한 번만 봐도 "와! 개미벌과 똑같네."라는 말이 절로 나올 정도입니다. 우리나라에 사는 개미붙이류 가운데 개미벌을 특히 더 닮은 녀석을 손꼽으라면 단연 참개미붙이가 1등, 가슴빨간개미붙이가 2등, 띠가슴개미붙이가 3등쯤 됩니다.

　참개미붙이를 처음 만난 건 20년 전쯤 백담사 가는 길목에서였습니다. 곤충에 막 눈을 뜰 무렵 길옆에 산더미처럼 쌓인 통나무들

참개미붙이가 나무
줄기를 돌아다니며
먹이를 찾고 있다.

불개미붙이

을 살피는데, 곤충들이 얼마나 많은지 혼이 쏘옥 빠졌습니다. 쌓인 통나무 사이를 엉금엉금 걸어 다니는 하늘소류, 번개처럼 휘익-휘익 날아다니는 비단벌레류, 나무껍질 아래에 딱 붙어 있는 머리대장, 나무껍질 속에 긴 산란관을 꽂고 알을 낳는 기생벌류, 하도 작아 모래알처럼 보이는 밑빠진벌레류, 잠시도 가만있지 않고 부산스럽게 걸어 다니는 개미붙이류……. 그중에서 몸 색깔이 화려해 눈을 확 사로잡은 녀석이 개미붙이류였지요. 가까이 다가가 한 녀석을 잡는 순간 당황한 녀석이 큰턱으로 손가락을 꽉 깨무는 바람에 나도 모르게 녀석을 뿌리쳤던 기억이 있습니다.

당시에는 녀석이 누군지 몰라 집에 돌아와서 여러 도감을 뒤졌는데, 녀석이 '개미붙이(*Thanasimus lewisi*)'라고 설명되어 있었습니다. 그때부터 '개미붙이'는 '까만색 몸에 빨간색과 하얀색 띠가 넓게 둘러져 있는 녀석이다.'라고 기억했지요. 더구나 일제 강점기 때 일본 곤충학자가 이 녀석을 보고 '개미붙이'가 우리나라에 살고 있다는 논문을 썼고, 그 기록을 토대로 해방 후 한국 곤충학자들이 쓴 우리나라에 사는 곤충 관련 보고서 대부분에 '개미붙이'라는 이름이 올라가 있습니다.

하지만 '개미붙이'는 우리나라에 살고 있지 않습니다. 저도 실수를 했습니다. 저는 '한국산 개미붙이과(科)'에 관한 논문을 정식으로 발표했는데, 그 논문에 '개미붙이'가 수록되어 있습니다. 지금까지 기록된 연구 결과를 아무런 의심 없이 인용했고, 또 직접 동정도 했습니다. 그런데 그 연구 결과에 오류가 있다는 걸 얼마 지

가슴빨간개미붙이   띠가슴개미붙이

나지 않아 알았습니다. 평소 믿고 따르던 곤충학자 한 분이 우리나라에 산다고 알려진 '개미붙이'가 '개미붙이'가 아닌 것 같다고 귀뜸해 주었지요. 몹시 당황해 등줄기에 식은땀이 흐르고 일순간 머릿속이 하얘지고 앞이 깜깜했습니다. '설마 종 구분이 너무 쉬운 개미붙이를 잘못 동정하다니.' 그래서 가지고 있던 자료를 다시 검토했습니다. 또한 일제 강점기 때(1934년)부터 2012년까지 채집된 100마리도 넘는 표본들도 모두 다시 살펴보니, 일본 학자 보고서에 수록된 녀석뿐 아니라 몇십 년 동안 우리나라에 사는 곤충 관련 보고서와 도감에 수록된 녀석이 '개미붙이'가 아니라 '참개미붙이(*Clerus dealbatus*)'였습니다. '개미붙이'에 관한 논문을 발표한다는 것은 세상에 '개미붙이'의 신상명세서를 신고하는 것입니다. 신상명세서의 오류를 바로잡으려면 다시 바로잡는 논문을 발표해야 수정이 됩니다. 좀 더 꼼꼼하게 그동안의 연구 자료와 표본을 살폈으면 오류를 바로잡을 수 있었을 텐데.

다시 말하지만 일제 강점기 때 일본 학자 보고서가 발표된 시기부터 현재까지 도감, 조사 보고서, 곤충 목록집, 심지어 인터넷 누리집에 올라 있는 '개미붙이'는 '개미붙이'가 아니라 모두 '참개미붙이'입니다. 지금까지 우리나라에 살고 있는 '참개미붙이'가 사람들 실수로 '개미붙이'로 둔갑했던 것이지요. 다행히 2014년에 저는 '한국산 개미붙이과(科)'를 학술서로 출간하면서 참개미붙이를 한국 곤충 종 목록에 기록하고, '개미붙이'를 한국 기록에서 삭제했습니다. 이후 발간된 한국 곤충 종 목록집에는 참개미붙이가 실려 있습니다.

개미벌을 흉내 낸
개미붙이류

4월 말, 백두대간 동쪽에 자리 잡은 영덕 고래불 해수욕장에 갑니다. 바로 코앞의 푸른 바다는 그림의 떡. 발 한 번 담그지 못하고 모랫바닥에 엎드려 모래 속에 사는 곤충들을 샅샅이 조사합니다. 4월이지만 햇볕이 달군 모래밭은 그야말로 가마솥처럼 뜨겁습니다. 잠시 땀을 식히려고 곰솔(해송) 그늘 속으로 들어가 쉬는데, 곰솔 껍질 위를 누군가 정신없이 돌아다닙니다. 살금살금 다가가 보니 참개미붙이군요. 하도 반가워 얼른 카메라를 들이대니 눈치 빠른 녀석이 발 빠르게 도망갑니다. 종종걸음으로 한참을 나무 위를 오르락내리락하더니 지쳤는지 갈라진 나무껍질 틈에서 멈춥니다. 그러고는 태평하게 앉아 고양이 세수하듯 앞다리로 더듬이를 씻어 냅니다.

참개미붙이가 곰솔
나무껍질 위로 먹이
를 찾아 돌아다니고
있다.

녀석은 아무리 봐도 개미벌과 똑 닮았습니다. 몸집만 개미벌보다 조금 컸지 새빨간 무늬와 새하얀 띠무늬가 화려한 몸 색깔을 보면 영락없는 개미벌입니다. 그뿐이 아닙니다. 개미벌의 트레이드마크인 털들이 온몸을 다 덮고 있군요. 비스듬히 누워 있는 털들도 있지만 거의 모든 털들이 밤송이처럼 서 있습니다. 녀석 털을 살짝 만져 보니 뻣뻣하군요. 하지만 손가락을 찌를 정도로 억세지는 않고 또 독 물질을 내뿜지도 않습니다. 곤충 털들이 그렇듯이 녀석의 털들도 신경과 이어져 있어 바람이 조금만 불어도, 아주 가벼운 진동이 일어나도, 조금만 추워져도 금방 알아차립니다. 녀석 털은 억세 보여 사람들이 만지기를 꺼려하지만 녀석에게는 생명줄이나 다름없는 중요한 감각 기관입니다. 또한 녀석은 개미벌처럼 잠시도 가만있지 않고 발에 바퀴라도 단 듯이 이리저리 부산스럽게 돌아다닙니다.

너무도 닮은 개미벌과 참개미붙이! 개미벌이 참개미붙이를 닮았을까요? 참개미붙이가 개미벌을 닮았을까요? 과연 누가 누구를 닮았을까요? 정답은 참개미붙이가 개미벌을 닮았습니다. 왜일까요? 개미벌이 참개미붙이보다 훨씬 힘이 세거든요. 곤충 세계의 흉내 내기는 대개 힘없는 곤충이 힘센 곤충을 닮습니다. 앞서 말씀드린 대로 개미벌은 몸속에 강한 독을 품고 있습니다. 거미나 두꺼비 같은 힘센 포식자와 맞닥뜨리면 녀석은 눈 깜짝할 사이에 몸속에 숨겨 둔 독침을 쑤욱 빼내 푹 찌릅니다. 독침 세례를 받은 포식자는 고통스러울 뿐만 아니라 일시적으로 힘 한번 제대로 써 보지도 못하고 마비되어 꼼짝을 못합니다. 그 틈을 타 개미벌은 부리나케 도망치고 포식자는 마비가 풀릴 때까지 한동안 '닭 쫓던 개' 신세가 됩니다. 또한 개미벌은 걸음걸이가 굉장히 빨라 웬만한 포식자는 녀석을 뒤쫓기가 쉽지 않습니다.

그런데 곤충 세계에서 개미벌처럼 강한 독을 품은 곤충이 많지 않습니다. 독 물질을 만들려면 비용이 많이 들기 때문이지요. 참개미붙이는 독 물질을 한 방울도 만들지 않으니 그냥 손 놓고 있는 것보다 개미벌을 닮는 것이 살아남는 데 도움이 됩니다. 물론 참개미붙이가 의도적으로 개미벌을 흉내 낸 것은 아닙니다. 조상 대대로 거친 환경에 적응하면서 진화하는 동안 개미벌을 닮은 개체가 생존에 더 유리했을 것입니다.

이렇게 참개미붙이처럼 힘없는 곤충이 개미벌처럼 힘센 곤충을 흉내 내는 것을 '의태' 또는 '흉내 내기'라고 합니다. '흉내 내기'는 일종의 속임수 작전인데, 참개미붙이는 독이 있는 개미벌의 화려한 몸 색깔, 털, 빠른 행동 따위를 그대로 흉내 냈기 때문에 포식자가 녀석을 개미벌로 착각하게 됩니다. 흉내 내기가 성립하려면 다음 3가지 조건이 충족되어야 합니다.

1. 흉내 대상 종(모델 종) : 독이 많고 맛이 없어 포식자들이 먹기를 꺼려하거나 아예 먹지 않는 종
2. 흉내 내기 종(의태 종) : 포식자들 입맛에는 잘 맞지만 생김새나 행동이 맛이 없는 종을 닮은 종
3. 포식 종 : 생김새나 행동을 보고 맛이 있는지 없는지를 판단해 잡아먹는 종

개미벌과 참개미붙이를 따져 보면, 모델 종은 개미벌이고, 흉내

내기 종(의태 종)은 참개미붙이고, 포식 종은 거미와 개구리, 새 들입니다. 이들 포식 종은 참개미붙이를 개미벌로 착각하고 잡아먹기를 꺼려합니다. 재미있게도 포식자는 학습 능력이 뛰어나서 한 번 경험한 일들을 잘 기억합니다. 개미벌의 화려한 몸 색깔을 보고 '저렇게 화려한 옷을 입었으니 분명 독이 많아 맛이 없을 거야.' 하며 포기합니다. 몸 색깔이 화려하면 독을 품고 있어 맛이 없을 뿐 아니라 잡아먹으려다 독침에 쏘일 수도 있고, 잡아먹더라도 독 때문에 고생한다는 것을 경험을 통해 알고 있는 것입니다. 물론 포식 종이 배가 몹시 고프거나 먹이가 부족할 때는 모델 종이나 의태 종을 잡아먹기도 합니다. 하지만 거의 모든 포식 종은 독 있는 곤충보다 독 없는 곤충을 훨씬 더 많이 잡아먹습니다.

타고난 사냥꾼
참개미붙이

나무속은 곤충 백화점입니다. 하늘소류, 거저리류, 나무좀류, 쌀도적류, 홍날개류, 머리대장류, 홍반디류 같은 이루 셀 수 없이 많은 곤충들이 생애 대부분을 썩은 나무속에서 삽니다. 참개미붙이도 나무 곤충 백화점에서 평생을 삽니다. 애벌레는 깜깜한 썩은 나무속을 다니며, 어른벌레는 나무껍질 위를 다니며 힘없는 다른 곤충을 잡아먹고 삽니다.

참개미붙이 애벌레를 처음 만난 곳은 도장버섯 속이었습니다.

버섯살이 곤충을 15년 넘게 연구하다 보니 버섯 속에 사는 잘 알려지지 않은 곤충들과 자주 만납니다. 한번은 도장버섯에서 우리뿔거저리 애벌레를 키웠는데, 잘 자라던 애벌레 3마리가 갑자기 사라졌습니다. 뚜껑 달린 통에 넣어 둬서 빠져나갈 구멍이 없는데, 도대체 어디로 갔을까? 하는 수 없이 도장버섯을 쪼개고 갈라 봅니다. 두툼하고 딱딱한 버섯을 쪼개는 것은 우리뿔거저리 애벌레가 사는 집을 망가뜨리는 것이어서 녀석에게 치명적입니다. 하지만 사라진 이유를 찾으려면 어쩔 수 없습니다. 현미경 아래에서 도장버섯을 살살 쪼개며 살펴보는데, 이게 웬일입니까? 우리뿔거저리 애벌레 대신에 분홍색 애벌레가 도장버섯을 차지하고 있습니다.

진한 분홍빛이 너무도 고혹적인 이 녀석은 누굴까? 도대체 감이 잡히지 않습니다. 버섯 부스러기 틈에서 우리뿔거저리 애벌레의 머리와 몸 껍질이 뒹굴고 있는 것을 보니 녀석이 잡아먹은 것이 틀림없습니다. 녀석 주둥이를 보니 큰턱이 아주 단단하고 튼튼해 무

도장버섯 속에 사는 개미붙이류 애벌레는 도장버섯 속에 사는 다른 곤충 애벌레를 사냥한다.

엇이든 아작아작 씹어 먹고도 남을 것 같습니다. 40배율 현미경으로 보니 누르면 터질 듯이 말랑말랑한 피부, 몸 옆구리에 뻥 뚫린 숨구멍들, 짧은 더듬이, 북슬북슬한 털들이 잘 보입니다.

참개미붙이가 동족을 잡아먹었다.

우리뿔거저리 애벌레가 죽었으니 녀석을 키우기로 했습니다. 물론 녀석에게 거저리류 애벌레를 먹였지요. 그렇게 몇 주가 지나 녀석이 날개돋이를 하자 드디어 정체가 밝혀졌습니다. 녀석은 참개미붙이였습니다. 마침 어른 참개미붙이 3마리를 연구용으로 채집해 왔던 터라 녀석을 채집한 참개미붙이들과 함께 통에 넣었습니다. 통 속에 있는 어른 참개미붙이는 모두 4마리, 다음날 관찰한 뒤 표본을 만들 계획이었지요. 다음날 통 뚜껑을 여는데, 끔찍하고 무시무시한 일이 벌어지고 있었습니다. 참개미붙이가 동료 참개미붙이를 잡아먹고 있었습니다. 원숭이도 나무에서 떨어진다더니! 곤충학자인 내가 육식성 곤충을 같은 통 속에 넣어 두다니! 이런 어처구니없는 실수를 하다니! 당황한 나머지 어찌할 바를 몰랐습니다. 이미 2마리는 잡아먹혀 딱지날개와 더듬이만 뒹굴고 있습니다. 동족상잔의 비극이 따로 없군요. 육식성 곤충 세계에서는 동료, 자식, 어미 모두가 먹잇감입니다. 핏줄에 대한 인식이 없으니까요. 그래서 곤충들이 사람들에게 하등 동물이라 놀림을 받는지도 모릅니다. 하지만 그 또한 생태계를 유지시켜 온 육식성 곤충의 오랜 생존 방식이니 인간 잣대를 들이대는 것은 의미가 없지요. 동료를 잡아먹는 참개미붙이 주둥이를 보니 가관이군요. 큰턱이 낫처럼 길고 날카로워 질기고 딱딱한 먹이도 너끈히 와작와작 씹어 먹을 수 있습니다.

어른 참개미붙이는 나무나 나무 둘레를 샅샅이 뒤지고 다니며

참개미붙이가 동족을 잡아먹고 있다.

힘없는 곤충을 잡아먹고, 마음에 드는 짝을 만나 짝짓기를 합니다. 알은 애벌레 집인 나무속이나 나무껍질 사이에 낳습니다. 알에서 깨어난 애벌레는 나무속을 돌아다니며 다른 곤충들을 잡아먹다가 그 나무속에서 번데기가 됩니다. 어른 참개미붙이는 봄부터 늦여름까지 볼 수 있습니다. 미루어 짐작하건데 한살이 주기에 따라 어떤 녀석은 애벌레로, 어떤 녀석은 어른벌레로 겨울잠을 자는 것으로 생각됩니다.

참개미붙이를 닮은
홍가슴호랑하늘소와 향나무하늘소

재미있게도 참개미붙이를 닮은 하늘소도 있습니다. 바로 향나무하늘소와 홍가슴호랑하늘소입니다. 녀석들은 개미벌보다 참개미붙이를 더 닮았습니다. 참개미붙이와 다른 점이라면 털들이 억세지도 않고 서 있지도 않다는 것입니다. 향나무하늘소와 홍가슴호랑하늘소도 참개미붙이처럼 쓰러진 나무에서 삽니다. 녀석들이나 참개미붙이나 모두 사는 곳이 나무 둘레이다 보니 행동이나 몸 색깔이 서로 비슷하게 진화해 온 것으로 여겨집니다.

보기만 해도 무서운

말벌

장수말벌의 나뭇진 식사

장수말벌이 나뭇진을
열심히 빨아 먹고 있습니다.

7월 한낮의 땡볕 더위를 식히느라 밤에 산에 갑니다.

산이라 봤자 깊은 산은 아니고 나지막한 산속 오솔길을 걷습니다.

밤이라 어둠이 적막감과 뒤섞입니다.

오늘은 야간 곤충 조사하는 날.

서둘러 바닥에 하얀 천을 깔고 발전기를 돌려 등불을 환하게 켭니다.

밤 곤충들이 깜깜한 산속에서 불빛 유혹을 뿌리치지 못하고

나방을 선두로 하루살이, 하늘소, 장수풍뎅이,

거저리 같은 곤충이 하나둘 날아들기 시작합니다.

그들 중에 보기만 해도 무서운 털보말벌도 끼어 있군요.

그것도 5마리나! 주변 어디엔가 털보말벌 집이 있나 봅니다.

장수말벌

이 꼭지에 나오는 말벌은 벌목 말벌상과 말벌과 말벌아과에 속하는 모든 종을 가리킵니다.

우리나라
말벌

시간을 아껴 곤충을 조사해야 하는데 털보말벌이 얼씬거리니 무서워 한 발짝도 움직이지 못합니다. 하는 수 없이 말벌을 쫓으려고 포충망을 휘둘렀지요. 그러자 한 녀석이 쏜살같이 달려들어 팔뚝을 쏩니다. 따끔, 화끈화끈, 욱신욱신……. 너무도 아픈 통증에 동동거리는데 또 한 방, 그리고 또 한 방을 쏩니다. 세 방을 쏘인 뒤에야 사색이 되어 불빛이 안 드는 깜깜한 곳으로 도망쳤지만 이미 혼이 나간 상태. 아픈 것도 아니고, 따가운 것도 아니고, 조여드는 고통스러운 통증과 현기증에 죽는 줄 알았습니다. 한 시간이 지나자 통증과 현기증은 가라앉기 시작했지만 쏘인 팔뚝은 여전히 욱신거립니다. 그래도 죽지 않고 살았으니 천만다행이지요.

털보말벌이 나무 그루터기 속에서 겨울 잠을 자고 나왔다.

장수말벌

땅벌

좀말벌

두눈박이쌍살벌

우리나라에 사는 말벌과(科)는 크게 말벌아과(亞科), 쌍살벌아과 (亞科)와 호리병벌아과(亞科)로 나뉩니다. 말벌아과에는 말벌, 땅벌, 참땅벌, 장수말벌, 꼬마장수말벌, 검정말벌 따위가 있고, 쌍살벌아과에는 뱀허물쌍살벌, 등검정쌍살벌, 두눈박이쌍살벌, 왕바다리, 별쌍살벌 따위가 있습니다. 말벌아과는 모두 다른 곤충을 먹는 육식성으로 집을 짓고, 여왕벌을 중심으로 일벌(암컷)과 수벌이 가족을 일구고 삽니다. 일벌은 자신을 방어하기 위해 몸속 산란관이 바뀐 독침을 가지고 있습니다. 호리병벌아과는 가족을 이루지 않고 단독 생활을 합니다. 쌍살벌아과 벌들은 몸에 비해 작은 머리를 가지고 있으며 가슴과 배를 연결하는 부분이 잘록하다가 점점 두꺼워져서 말벌아과 벌들과 다릅니다.

겨울잠에 깨어난
여왕벌

말벌은 말 그대로 '큰 벌'이란 뜻입니다. '말'이 '크다'라는 뜻이거든요. 말벌 가운데 몸집이 가장 큰 장수말벌은 아무리 못 되어도 어른 새끼손가락만 하니 말 다했지요. 장수말벌 몸길이는 5센티미터쯤 됩니다.

따스한 봄이 되자 썩은 나무 그루터기의 땅속 뿌리 부분에서 겨울잠을 자던 말벌 여왕벌이 부스스 깨어나 땅 위로 올라옵니다. 여왕벌은 이리저리 두리번거리며 걷다가 부웅 날아갑니다. 이제부

터 여왕벌은 집을 지어야 합니다. 재미있게도 장수말벌, 땅벌, 참땅벌, 말벌, 꼬마장수말벌 들은 땅속 빈 공간에 집을 짓고 털보말벌, 좀말벌, 등검은말벌은 집 처마나 나무의 빈틈, 나무줄기 같은 곳에 집을 짓습니다. 그래서 땅속 벌집은 보지 못하지만 처마나 기둥 같은 곳에서는 보름달처럼 둥근 털보말벌이나 나무줄기에 걸린 등검은말벌 집을 많이 봅니다.

바쁜 여왕벌

집 지을 명당을 찾은 여왕벌은 본격적으로 바빠집니다. 집도 지어야 하고, 알도 낳아야 하고, 알에서 깨어난 새끼도 키워야 합니다. 혼자서 이것저것 다 해야 하니 말이 여왕이지 하는 일은 '무수리'나 마찬가지입니다. 우선 여왕벌은 강력한 주둥이(큰턱)로 나무를 갉습니다. 그런 다음 갉은 나무 부스러기를 미리 봐 둔 명당으로 가져와 나무 부스러기와 침샘에서 분비한 침을 잘 섞어 집을 짓습니다. 꿀벌과(科)는 자기 몸속에서 만든 왁스 성분인 밀랍으로 집을 짓지만, 말벌은 나무에서 재료를 구해 집을 짓습니다. 그래서 말벌 집을 만져 보면 종잇장 같은 느낌이 납니다. 재미있게도 도심에서 집을 짓는 말벌은 둘레에 나무가 모자라면 전봇대에 붙은 전단지 같은 종이를 갉아 와 집을 짓기도 합니다.

방 하나를 완성한 여왕벌은 방 속에 알 하나를 쏘옥 낳습니다.

그런 다음 새로운 방을 또 완성하면 알을 낳고, 또 집을 짓고 알을 낳는 일을 되풀이합니다. 보통 방 하나를 반나절 걸려 완성하니까 하루에 방 2개를 짓는 것으로 보입니다. 시간이 지나 알에서 말벌 애벌레들이 깨어나면 여왕벌은 풀밭이나 숲속에서 먹이를 사냥해 집으로 가져와 아기 말벌들에게 먹입니다. 애벌레들이 깨어나면 여왕벌은 몸이 열 개라도 모자랄 판입니다.

마침 여왕벌이 애벌레들에게 줄 먹이를 마련하려고 사냥을 나왔군요. 그것도 모르고 아기 사마귀가 칡 잎 위에서 태평하게 먹잇감이 지나가길 기다립니다. 이때를 놓칠세라 여왕벌이 아기 사마귀에게 날아가 큰턱으로 꽉 뭅니다. 그런 다음 무시무시한 큰턱으로 아기 사마귀를 잘근잘근 씹습니다. 아기 사마귀는 저항 한 번 제대로 못하고 여왕벌 주둥이에 난도질을 당합니다. 여왕벌은 아기 사마귀를 먹어 치운 걸까요? 아닙니다. 여왕벌은 아기 사마귀를 잘근잘근 씹어 덩어리로 만든 뒤 집으로 가져와 어린 새끼들을 먹입니다. 말벌 애벌레는 완전히 육식성인데, 신선한 고기만 먹습니다. 그러니 어미 여왕벌은 늘 살아 있는 동물을 사냥해야 합니다. 나방과 나비 애벌레, 매미, 잠자리, 꿀벌, 심지어 쌍살벌까지 눈에 띄는 대로 사냥해 말벌 애벌레에게 먹입니다.

그러면 여왕벌(어른벌레)도 동물을 잡아먹는 육식성인가요? 여왕벌은 대개 초식성이라 나뭇진, 꽃가루, 꽃꿀을 먹고 때로 다른 곤충도 잡아먹습니다. 먹이가 모자랄 때는 사람들이 먹다 버린 콜라나 사이다 같은 청량 음료를 먹으며 영양분을 보충합니다.

여왕벌이 잠자고 쉴 때만 빼고 날마다 방을 만들고 애벌레들을 키운 덕에 드디어 번데기들에서 어른 말벌이 차례차례 나옵니다.

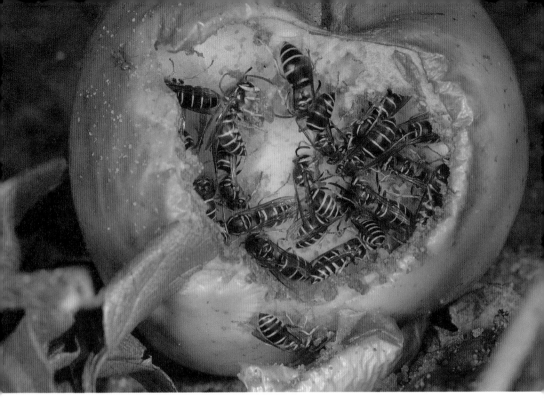

이때 나온 어른벌레는 모두 딸인 동시에 일벌입니다. 첫째 딸, 둘째 딸, 셋째 딸, 넷째 딸…… 이렇게 일벌인 딸들이 잇달아 태어나면 엄마 여왕벌은 일을 하지 않아도 됩니다. 이제부터는 그야말로 여왕 노릇만 하면 됩니다. 일벌들이 정성껏 방을 만들면 알을 낳기만 하면 되니까요. 애벌레를 돌보는 것도, 방 수를 늘리는 것도, 방을 청소하는 것도 모두 딸들인 일벌들 몫입니다.

그렇게 시간이 가면서 여왕벌이 거느린 가족은 눈덩이처럼 늘어납니다. 적게는 수십 마리에서 많게는 수백 마리가 함께 모여 삽니다. 여름이 지나면 여왕벌은 수컷이 될 알을 낳습니다. 수컷 알을 낳는 방법은 지극히 간단합니다. 여왕벌 몸속에는 난자뿐 아니라 지난해에 짝짓기 여행을 하며 수컷에게 건네받은 정자도 있습니

참땅벌이 사과를 파먹고 있다.

다. 딸이 될 알을 낳을 때는 난자와 정자를 몸속에서 수정시킨 수정란을 낳지만, 수컷 알을 낳을 때는 난자와 정자를 수정시키지 않은 미수정란을 낳습니다. 알에서 깨어난 수컷들은 다른 말벌 집단으로 날아가 그 집단에서 자란 여왕벌 후보와 짝짓기를 하고 죽습니다. 추운 겨울이 다가오면 일벌들도 다 죽고 수컷들과 짝짓기 한 여왕벌 후보만 나무 그루터기, 돌 밑, 가랑잎 더미 속 같은 따뜻한 곳에서 겨울잠을 잡니다.

무서운
말벌 독

추석 때만 되면 벌초를 하다가 말벌에게 쏘여 고통스러웠다는 얘기가 여기저기서 들립니다. 잘 아시다시피 말벌 배 속에 있는 독샘에는 독 물질이 들어 있습니다. 독 물질은 배 끝에 있는 독침을 통해 나옵니다. 말벌들은 자기 왕국을 누군가 건드리면 굉장히 흥분해서 목숨을 걸고 적과 싸웁니다. 처음에는 집을 지키는 역할을 하는 일벌들이 경보페로몬을 내뿜고, 경보페로몬 냄새를 맡은 식구들은 경계 태세에 돌입합니다. 그런데도 누군가 또 건드리면 집을 지키는 역할을 하는 일벌들이 공격페로몬을 내뿜습니다. 그러면 공격페로몬 냄새를 맡은 다른 일벌들이 일제히 공격 태세를 갖추고 죄다 자기 왕국에 침입한 적을 독침으로 쏘아 댑니다.

원래 일벌 독침은 알을 낳는 산란관이 바뀐 것입니다. 즉 일벌은 모두 암컷이지만 알을 낳지 못합니다. 어떻게 된 일일까요? 여왕벌이 여왕물질을 내어 딸인 일벌은 알을 못 낳게 만들기 때문이지요. 여왕벌이 낸 여왕물질이 일벌의 번식과 관련된 호르몬 같은 내분비 물질을 억제시키는 것으로 생각됩니다. 그래서 원래 태어날 때 가지고 있던 산란관이 큰 쓸모없게 되자 오랜 진화 과정을 거쳐 산란관 일부가 독침으로 바뀌었습니다. 말벌처럼 사회생활을 하는 벌 세계에서는 계급별로 분업이 잘 되어 여왕벌은 알 낳는 것을 도맡아 하고 일벌들은 육아를 전담합니다. 또 일벌은 산란관이 바뀐 독침으로 자기 왕국을 지키는데 한몫을 합니다. 즉 포식자를 방어하고 먹이 사냥을 할 때 독침이 있는 것이 없는 것보다 유리합니다. 수컷은 태생적으로 산란관이 없어 독침이 없습니다.

벌목 꿀벌상과 꿀벌과인 꿀벌과 달리 말벌 독침은 여러 번 찌를 수 있습니다. 꿀벌은 독침 끝이 휘어져서 한 번 찌르면 독침에 내장이 딸려 나와 그 자리에서 죽습니다. 하지만 말벌은 독침 끝이 휘어지지 않고 날카롭게 쭉 뻗어 있어 바늘처럼 찔렀다 뺐다 여러 번 할 수 있기 때문에 꿀벌처럼 내장이 독침에 딸려 나올 일이 없습니다. 그러니 독침 한 번 썼다고 죽지 않습니다. 말벌은 별일이 없는 한 자연 수명이 다할 때까지 독침을 사용하며 삽니다.

말벌 독은 얼마나 독할까요? 말벌 한 마리 독이 꿀벌 550마리 독과 맞먹는다고 하니 독의 위력이 대단합니다. 벌침에 쏘이면 퉁퉁 붓고 아픕니다. 통증과 붓기가 가라앉으려면 쌍살벌에 쏘였을 때는 15분쯤, 땅벌에 쏘였을 때는 하루 정도, 말벌에 쏘였을 때는 이틀이나 삼일쯤 지나야 합니다. 말벌 독은 히스타민이나 세로토닌 같은 신경 전달 물질과 포스포리파아제와 히알루로니다아제 같은 효소로 만들어졌습니다. 말벌 벌침에 쏘였을 때 따갑고 아프고 가렵고 붓는 까닭은 침 속 독 물질에 들어 있는 '히스타민, 세로토닌' 같은 신경 전달 물질 때문입니다.

그런데 더 무서운 것은 알레르기 반응입니다. 보통 사람들은 벌침에 쏘이면 쏘인 부위만 붓고 아픈데, 벌의 독 물질에 알레르기 반응이 있는 사람은 온몸이 가렵고 심하면 퉁퉁 부어올라 기도가 막혀 숨을 못 쉴 수도 있습니다. 그러니 온몸이 가렵거나 숨이 차면 얼른 병원으로 가 해독 치료를 받는 게 상책입니다. 특히 장수말벌에 쏘이면 무조건 즉시 병원으로 가야 합니다. 장수말벌이나 말벌의 독 물질에는 땅벌이나 쌍살벌의 독 물질에는 없는 신경 전달 물질인 '아세틸콜린'이 많이 들어 있어 더 고통스럽습니다. 특히 장수말벌에게는 '만다라톡신'이라는 훨씬 강한 신경독이 있어서 쏘이면 굉장히 고통스럽습니다. 이 독이 얼마나 강한지 일본 연구자가 실험해 봤더니 바닷가재 근육이 마비될 정도였습니다.

이러니 힘없는 곤충이나 다른 동물들은 말벌을 보거나 말벌의 '부-웅' 소리만 들어도 긴장하는 것 같습니다. 말벌을 발견하고 꿀벌이 긴장하는 듯한 모습을 보았는데, 마치 강아지가 꼬리를 내리고 기죽어 있는 듯한 느낌이었습니다. 그런데 어떤 하늘소들에게는 말벌이 도리어 선망의 대상입니다. 그래서 말벌 몸 색깔을 흉내내고 때로는 행동도 그대로 따라 합니다.

벌호랑하늘소

벌호랑하늘소

벌호랑하늘소가 풀잎에 앉아 있습니다.
벌호랑하늘소는 언뜻 보면
꼭 말벌을 닮았습니다.

5월, 옛 백제 군인들이 머물렀던

경기도 하남의 이성산성에 오릅니다.

군데군데 흩어져 있는 주춧돌과 우물터에는

천 년도 훌쩍 넘는 세월이 고스란히 배어 나옵니다.

그 옛 시절을 알기나 하는지

산성 길에는 찔레꽃이 속절없이 흐드러지게 피어나고,

찔레꽃 옆에는 오리나무가 쓰러져 옆으로 길게 드러누워 있습니다.

이따금 부는 바람에 실려 온 찔레꽃 향기는 코끝을 맴돌다 가 버립니다.

마침 누군가 오리나무 껍질 위를 왔다 갔다 합니다.

더듬이가 긴 벌호랑하늘소.

까만 바탕에 노란 줄무늬가 뚜렷해

하마터면 말벌로 착각할 뻔 했습니다.

까만 바탕에 노란 줄무늬가 뚜렷한 게 몸집만 작았지

생김새는 영락없는 말벌입니다.

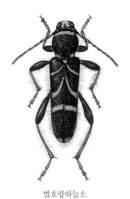

벌호랑하늘소

호랑하늘소

이 꼭지는 딱정벌레목 하늘소과 종인 벌호랑하늘소(*Cyrtoclytus capra*) 이야기입니다.

말벌 닮은
벌호랑하늘소

이른 봄, 썩은 나무속에서 겨울잠을 잔 벌호랑하늘소 애벌레가
깨어납니다. 벌호랑하늘소 애벌레는 썩은 나무속에서 나무 조직을
먹다가 번데기가 된 뒤 어른벌레로 날개돋이 해 나무 밖으로 나옵
니다. 어른 벌호랑하늘소는 썩은 통나무를 보자마자 포르르 날아
와 앉아 따스한 봄 햇살을 쬡니다.

벌호랑하늘소! 새까만 몸뚱이에 샛노란 띠무늬가 화려하게 찍
혀 있어 정말 말벌 같습니다. 게다가 온몸에 가느다랗고 살짝 긴
털까지 보송보송 달려 있어 몸집은 작지만 생김새가 예사롭지 않
습니다. 가만히 보니 이름 그대로 벌을 쏙 빼닮았군요. 그래서 이
름도 '벌을 닮은 호랑하늘소', 즉 '벌호랑하늘소'입니다. 하지만 딱
정벌레목 벌호랑하늘소는 말벌 집안인 벌목과는 족보가 달라도 한

벌호랑하늘소

참 다릅니다. 벌호랑하늘소 등에는 딱정벌레목답게 딱딱한 딱지
날개가 달려 있고, 머리에는 제 몸의 절반이 넘는 기다란 더듬이가
붙어 있습니다.

봄날이면 숲속에 쌓아 둔 벌채목이나 쓰러진 나무에서 벌호랑하
늘소들이 짝짓기 하느라 정신이 없습니다. 짝짓기를 마친 벌호랑
하늘소 암컷은 멀리 갈 필요도 없이 짝짓기 한 통나무의 나무껍질
이나 갈라진 나무 틈에 배 끝을 꽂고 알을 낳습니다.

알에서 깨어난 벌호랑하늘소 애벌레는 애벌레로 아홉 달 넘게
썩은 나무속에서 살아갑니다. 깜깜한 나무속에서 나무 조직을 씹
어 먹으면서 무럭무럭 자라다 자신이 살았던 나무속에서 번데기로
탈바꿈합니다.

따져 보니 알에서 애벌레가 깨어나 번데기를 거쳐 어른벌레로
날개돋이 해 나무 밖으로 나오기까지 1년 정도나 걸립니다. 어른
벌레 시절은 아무리 길어 봤자 열흘에서 보름쯤. 어른벌레로 사는
기간이 짧다 보니 거의 평생을 깜깜한 나무속에서 지내는군요.

애벌레는 주로 참나무류, 물푸레나무, 버드나무, 호두나무 같은
넓은잎나무가 말라 죽은 나뭇속에서 살아갑니다. 특히 오리나무에
서 벌호랑하늘소의 알, 애벌레, 번데기, 어른벌레가 발견될 때가 많
습니다. 아무래도 오리나무를 좋아하는 것으로 여겨집니다. 그래
서 어떤 사람들은 녀석을 '오리나무통하늘소'라고도 부릅니다.

벌호랑하늘소

호랑하늘소

노란줄호랑하늘소

별가슴호랑하늘소

독 없는
벌호랑하늘소

어른 벌호랑하늘소는 숲속이나 숲 가장자리의 썩은 나무에서 완
전히 몸을 드러낸 채 지내다가 번식을 마치면 죽습니다. 생긴 것과
달리 어른 벌호랑하늘소 몸에는 독이 전혀 없고 그렇다고 자신을
지킬 만한 제대로 된 무기 하나 없습니다. 그렇다면 포식자가 들끓
는 숲에서 어떻게 생존해 온 걸까요?

벌호랑하늘소의 생존 전략은 강력한 독침을 죽을 때까지 갖고
사는 말벌을 닮는 것입니다. 말벌 몸 색깔과 몸 털은 물론이고 행
동까지 흉내 내 재빨리 움직입니다. 그래서 벌호랑하늘소가 날아
다니면 포식자는 독침을 가진 벌이 나타난 줄 알고 마음 놓고 잡아
먹지 못하고 머뭇거릴 수 있습니다.

물론 벌호랑하늘소의 먼 조상이 의도적으로 말벌을 흉내 낸 것
은 아닙니다. 진화 과정을 거치는 동안 말벌을 닮은 녀석들이 생존
에 훨씬 유리해 오늘날까지 대를 이어 온 것입니다.

벌호랑하늘소 말고도 말벌을 흉내 낸 하늘소들이 여럿 있습니
다. 긴알락꽃하늘소, 소범하늘소, 노란줄호랑하늘소, 호랑하늘소
같은 곤충입니다. 녀석들은 죄다 말벌을 흉내 내 까만 바탕에 노란
띠무늬가 그려진 옷을 입고 있습니다. 물론 몸에는 독 물질을 전혀
갖고 있지 않지만 말벌을 닮은 덕에 눈 어두운 포식자들이 독침을
가진 말벌인 줄 착각하고 알아서 피할 때가 많습니다.

타고난 사냥꾼

사
마
귀

사마귀

사마귀가 나뭇잎 위에 앉아
먹이가 오기를 기다리고 있습니다.

여름의 끝, 강원도 삼척에 외진 숲길을 걷습니다.

가끔씩 바람이 스쳐 지나지만 몸에 밴 땀은 식을 줄 모릅니다.

더위에 몸도 마음도 지쳐만 가는데

바로 옆에서 푸드덕 요란한 소리가 납니다.

뭔가 하며 두리번거리니 '세상에!' 사마귀가 밀잠자리를 잡았군요.

그것도 아기 사마귀가 공중의 명사냥꾼이자

힘이 펄펄 넘치는 밀잠자리 수컷을 잡다니!

벌어진 입이 다물어지지 않습니다.

정말 세상에 이런 일이 다 있군요.

짝짓기를 하고 있는 사마귀

이 꼭지는 사마귀목 사마귀과 종인 사마귀(*Tenodera angustipennis*) 이야기입니다.

타고난 사냥꾼
사마귀

　재빨리 가까이 다가가 보니 사마귀가 낫처럼 생긴 날카로운 앞다리로 밀잠자리를 낚아챘습니다. 밀잠자리는 벗어나려고 날개를 퍼덕이며 몸부림을 칩니다. 날갯짓이 얼마나 세찬지 사마귀가 몸통을 잡고 있지만 편히 먹지 못합니다. 침노린재나 말벌처럼 독 물질이 있으면 먹이가 움직이지 못하게 마비시키면 될 텐데, 사마귀는 독 물질이 없습니다. 밀잠자리 저항이 거세지자 사마귀가 밀잠자리를 움켜쥐고 주둥이 쪽으로 끌어당겼던 앞다리를 앞으로 쭉 폅니다. 그러자 밀잠자리 날갯짓이 잦아듭니다. 사마귀는 이때를 놓치지 않고 다시 앞다리를 끌어당겨 밀잠자리 머리를 먹으려고 뭅니다. 그러자 밀잠자리가 또 날갯짓을 하며 발버둥을 치네요. 이렇게 사마귀는 앞다리를 당겼다 폈다 하고 밀잠자리는 발버둥을

사마귀 애벌레가 밀
잠자리를 잡았다.

쳤다 그쳤다 하며 두 녀석이 실랑이를 벌입니다.

5분쯤 지났을까? 퍼덕이던 밑잠자리가 그사이 사마귀에게 겹눈
을 자꾸 먹혀 맥을 추지 못하는군요. 이제야 비로소 사마귀가 밑잠
자리를 마음껏 뜯어 먹기 시작합니다. 사마귀는 밑잠자리 겹눈 부
분부터 파먹기 시작하더니 가슴까지 게걸스럽게 먹어 치웁니다.
가슴은 다리와 날개가 붙어 있기 때문에 운동 근육이 굉장히 발달
해 먹을 게 많습니다. 밑잠자리는 점점 힘이 빠져 죽어 가고 사마
귀는 여유롭게 식사를 즐깁니다. 사마귀는 살이 없는 다리와 날개
는 뚝뚝 떼어 버리고 밑잠자리 배까지 먹습니다. 20분에 걸쳐 밑잠
자리를 먹어 치운 사마귀는 유유히 주둥이로 더듬이와 앞다리 발
목마디를 질근질근 깨물어 깨끗이 청소합니다.

사마귀는 생김새부터 타고난 포식자입니다. 날개를 쉬익 펼치면
서 세모난 얼굴을 휙 돌리며 왕방울 같은 커다란 눈으로 노려보면
소스라칩니다. 거기다 목처럼 생긴 앞가슴등판이 비정상적으로 길
어 곤충이라기보다 어느 별에서 뚝 떨어진 외계인 같습니다. 뭐니
뭐니 해도 사마귀의 자랑거리는 앞다리입니다. 앞다리 종아리마디
(경절)는 넓적하고 예리한 낫처럼 생겨 소름이 끼칠 만큼 무시무시
합니다. 거기에다 종아리마디 가장자리에는 톱니처럼 생긴 가시털이
다닥다닥 쭈르륵 붙어 있어 살짝만 닿아도 긁힙니다.

발목마디(부절)에도 날카롭고 뾰족한 가시털이 줄지어 쭈르륵
붙어 있습니다. 가시털은 왜 붙어 있을까요? 가시털의 역할은 확
낚아챈 먹잇감이 빠져 나가지 못하게 하는 것입니다. 한마디로 가
시털이 붙은 앞다리는 사냥용 함정이지요. 메뚜기 같은 먹잇감을
낚아챈 뒤 앞다리를 오그리면 종아리마디와 발목마디가 서로 맞

붙기 때문에 메뚜기가 빠져나가려고 발버둥을 쳐도 날카로운 가시
털에 갇혀 옴짝달싹 못 합니다. 더구나 역삼각형 머리에는 어떤 먹
잇감도 씹어 먹을 수 있는 강력한 큰턱이 있습니다. 사마귀 큰턱은
포유동물의 이빨에 해당합니다.

참을성 많은
사마귀

사마귀는 어른 아이 할 것 없이 모두 풀밭을 호령하는 명사냥꾼
입니다. 사마귀는 애벌레부터 어른벌레까지 평생 동안 힘없는 동
물을 잡아먹고 삽니다. 입맛이 얼마나 까다로운지 죽은 시체는 절
대로 먹지 않고 오로지 살아 있는 싱싱한 생물만 잡아먹습니다. 타
고난 사냥꾼이라 어느 곤충이든 사마귀가 점찍으면 먹이 제물이
되어야 합니다. 나비 애벌레와 어른벌레, 노린재 애벌레와 어른벌
레, 메뚜기, 심지어 동족까지도 잡아먹습니다.

사마귀는 봄인 5월쯤에 알에서 깨어나서 애벌레 시절 동안 4번
허물을 벗고 자라다(1령~5령) 늦여름에 어른벌레로 탈바꿈합니다.
즉 사마귀는 번데기 시절 없이 '알-애벌레-어른벌레' 단계만 거치
는 안갖춘탈바꿈(불완전변태)을 합니다.

풀숲에서는 먹고 먹히는 살벌한 전쟁이 한시도 쉬지 않고 계속
됩니다. 피식자는 포식자를 따돌릴 방어 전략을 갖고 있고, 포식자
는 피식자를 잡아먹을 사냥 전략을 갖고 있습니다. 사마귀의 사냥

전략은 숨어서 기다렸다가 먹잇감이 나타나면 낚아채는 것입니다. '잠복형 사냥법'이라 이름 붙이면 딱 어울립니다. 사마귀가 늘 잎 위에 얌전히 앉아 있는 것은 자신의 사냥 전략 때문입니다. 가끔 무릎을 꿇고 기도하는 자세로 앉아 있어 사마귀 영어 이름이 '프레 잉 맨티스(praying mantis)'입니다. 'praying'이 '기도하다'라는 뜻이 지요.

사마귀가 숨어서 기다리는 사냥법을 사용하는 데는 까닭이 있 습니다. 사마귀는 행동이 굼떠서 절대로 먹잇감을 쫓아다니며 사 냥하지 않습니다. 그저 곤충들이 지나다니는 길목에 앉아 먹잇감 이 지나가길 기다릴 뿐, 먹잇감이 조금 떨어진 곳에 앉아 있다 해 도 잠자리나 파리매처럼 쌩 날아가서 사냥하지 않습니다. 얼마나 끈기 있게 기다리는지 보고 있으면 감탄이 절로 나옵니다. 사람으 로 치면 '참을 인(忍)'자 4개도 모자랄 판입니다. 기다림에 화답하

사마귀 수컷이 꽃 위 에 앉아 먹이를 기다 리고 있다.

듯 실베짱이, 벼메뚜기, 섬서구메뚜기, 네발나비, 매미충 같은 곤충 한 녀석이라도 눈에 띄면 잽싸게 앞다리를 내뻗어 낚아챕니다. 마냥 기다리는 '잠복형 사냥법'은 먹잇감을 뒤쫓으며 사냥하는 '추격형 사냥법'보다 성공 확률이 낮지만, 쫓느라 힘을 쏟지 않아도 되니 에너지가 굉장히 적게 듭니다.

사마귀는 행동이 빠릿빠릿하지 않지만 먹잇감이 나타나면 앞다리를 바람처럼 뻗어 순식간에 낚아챕니다. 그 비결은 겹눈과 털에 있습니다. 곤충의 '털 감각기'는 몸 마디 사이나 부속지의 관절 사이에 많이 나 있는데, 위치에 따라 기능이 다릅니다. 곤충 털은 감각 기관이기 때문에 털 감각기라고 부르기도 합니다. 사마귀가 사냥할 때는 머리와 가슴 사이에 있는 털 감각기가 일제히 긴장을 합니다. 목처럼 생긴 머리와 가슴 사이에 난 털 감각기를 이용하여 몸 축에 대해서 자기 머리 위치를 파악합니다. 즉 먹이를 발견하면

사마귀 애벌레가 안개나무 꽃 속에 가만히 숨어 먹잇감을 기다리고 있다.

몸통은 정지한 채 머리만 먹이를 향해 돌립니다. 이어 두 개의 겹눈으로는 먹이와의 거리를 판단하고, 목에 나 있는 털 감각기로는 먹이가 있는 방향을 판단합니다. 그런 뒤 잽싸게 앞다리를 뻗어 먹잇감을 낚아챕니다. 더구나 머리뿐 아니라 앞가슴을 움직일 수 있어 먹잇감이 뒤쪽을 뺀 어느 방향에 있든 머리와 앞가슴을 움직여 먹잇감을 붙잡을 수 있습니다. 곤충 가슴은 앞가슴, 가운데가슴, 뒷가슴 이렇게 3부분으로 되어 있는데, 우리 눈에는 대부분 앞가슴 등판, 즉 앞가슴의 등 쪽 부분만 보입니다.

하지만 풀숲에서는 절대 강자도 절대 약자도 없습니다. 사마귀는 사냥 실력이 비슷한 잠자리나 파리매의 먹이가 될 때도 있습니다. 물론 거미, 개미 떼, 개구리, 새들에게 잡아먹히는 일도 허다하고, 기생벌이나 연가시에게 기생당할 때도 있습니다. 먹고 먹히는 숨 막히는 풀밭에서 장장 4달 넘게 버텨야 하는 사마귀. 하도 기특해 '사마귀, 장하다!' 하고 박수를 쳐 주고 싶습니다.

 사마귀 닮은

사마귀붙이

사마귀붙이

사마귀붙이는 앞다리가
사마귀 앞다리와 비슷합니다.

삼척의 여름밤, 땅에 어둠이 내리자
별들이 하나둘 떠올라 어느새 하늘을 가득 메우고,
풀벌레들이 여기저기서 경쾌한 노래를 부릅니다.
낮에 걸었던 깜깜한 오솔길을 손전등을 켜고 걷습니다.
모퉁이 돌면 가로등, 또 모퉁이 돌면 가로등이 나옵니다.
산에 사는 곤충들이 가로등 불빛을 향해 질주하듯 날아듭니다.
갖가지 나방들, 장수풍뎅이, 사슴벌레, 황가뢰, 하루살이,
꼬마모래거저리, 날도래, 뱀잠자리뿐만 아니라
심지어 곤충을 잡아먹으려고 뱀까지 진을 치고 있어 기절초풍합니다.
그 틈바구니에서 낯익은 곤충이 부리나케 날았다 앉았다,
토끼처럼 통통 튀었다 걸었다 하며 부산을 떱니다.
사마귀와 너무 비슷해 '리틀 사마귀'라고 불러도 괜찮을
사마귀붙이로군요. 여름철이 돼야 가끔 만나는데,
별 내리는 밤에 보니 마냥 좋습니다.

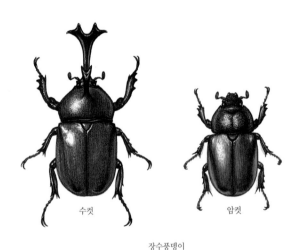

수컷   암컷

장수풍뎅이

이 꼭지는 풀잠자리목 사마귀붙이과 종인 사마귀붙이(*Eumantispa harmandi*) 이야기입니다.

사마귀와 똑 닮은
사마귀붙이

자그마한 사마귀붙이가 가로등 불빛 아래를 쏘다닙니다. 녀석은 머리를 바닥에 대고 정신없이 돌아다니더니 딱 멈춥니다. 불빛을 보고 날아와 바닥에 떨어져 있는 깔다구를 앞다리로 낚아채 씹어 먹습니다. 눈 깜짝할 사이에 깔다구 한 마리를 먹어 치우더니 또 바닥을 헤집고 다니며 사냥감을 물색합니다. 마침 하루살이가 날아오더니 가로등에 부딪치며 녀석 앞에 뚝 떨어집니다. 하루살이를 보자 이번에도 앞다리를 쭉 뻗어 움켜쥡니다. 졸지에 붙잡힌 하루살이는 벗어나려고 버둥거리지만 헛수고. 사마귀붙이의 낫처럼 생긴 앞다리에 갇혀 꼼짝달싹 못 합니다. 더구나 앞다리 가장자리에는 톱니 같은 가시털이 다닥다닥 붙어 있어 하루살이가 몸부림치면 칠수록 가시털에 찔려 맥을 못 춥니다.

태평하게 식사 중인 사마귀붙이를 꼼꼼히 구경합니다. 보면 볼수록 참 특이하게 생겼군요. 아무리 커 봤자 2센티미터가 될까? 동그란 눈은 불빛이 반사되어 얼마나 아름다운지 다이아몬드가 얼굴에 박힌 것 같습니다.

그런데 아무리 봐도 녀석은 사마귀처럼 생겼습니다. 덩치 큰 사마귀에 비해 몸집이 앙증맞게 작을 뿐 세모난 얼굴, 기다란 앞가슴 등판, 낫처럼 예리한 앞다리가 영락없는 사마귀입니다. 심지어 무릎 꿇고 기도하듯이 앞다리를 공손히 모은 자세까지 기막히게 똑같습니다. 얼마나 닮았으면 '사마귀붙이'라고 할까요! '붙이'나 '어리'라는 말은 진품을 똑 닮았을 때 이름 뒤에 붙이는 말이거든요.

사마귀붙이라는 이름은 '사마귀랑 닮았다'라는 뜻으로 이참에 '리
틀 사마귀'라는 별명을 만들어 주고 싶습니다.

사마귀와
사마귀붙이

사마귀붙이와 사마귀는 언뜻 보면 비슷하게 생겼지만 자세히 보
면 다른 구석이 많습니다. 우선 사마귀붙이 더듬이는 모래알 같은
작은 구슬을 꿰어 놓은 것 같고, 날개와 다리가 붙어 있는 가운데
가슴과 뒷가슴이 두툼합니다. 뭐니 뭐니 해도 사마귀붙이 하면 '망
사' 날개입니다. 날개가 너무 야들야들해서 만지면 뭉그러질 것 같
습니다. 날개가 풀잠자리목 풀잠자리과에 속한 풀잠자리류나 풀잠
자리목 명주잠자리과에 속한 명주잠자리류 날개처럼 투명한 그물
망 같아 속살이 속속들이 다 들여다보입니다. 그래서 녀석의 족보
를 보면 사마귀목 사마귀과와 혈통이 전혀 다른 풀잠자리목 사마
귀붙이과입니다.

사마귀목(目)과 풀잠자리목(目) 가문 식구들은 무엇이 다를까
요? 무엇보다 날개가 다릅니다. 사마귀목은 속날개(뒷날개)가 부드
러운 막질이고 겉날개(앞날개)는 살짝 딱딱하게 굳은 '두텁날개'입
니다. 메뚜기목과 사마귀목 겉날개는 두텁날개라고도 합니다. 하
지만 풀잠자리목은 겉날개와 속날개가 모두 얼기설기 엮인 망사
천 같아 속이 다 보이지요. 또 사마귀목은 번데기 시절을 거치지

않는 안갖춘탈바꿈(불완전변태)을 하지만, 풀잠자리목은 번데기 시절을 거치는 갖춘탈바꿈(완전변태)을 합니다. 그래서 사마귀목은 안갖춘탈바꿈을 하는 바퀴목이나 메뚜기목과 가깝고, 풀잠자리목은 갖춘탈바꿈을 하는 딱지날개가 딱딱한 딱정벌레목과 더 가깝습니다.

사마귀붙이류가 나뭇잎에 앉아 먹잇감을 기다리고 있다.

흉내 내기와
수렴 진화

진화적인 관점에서 보면 사마귀목처럼 안갖춘탈바꿈을 하는 무리는 풀잠자리목이나 나비목처럼 갖춘탈바꿈을 하는 무리보다 더 원시적입니다. 사마귀붙이는 자기보다 더 원시적이고, 족보상으로 자기와 완전히 남남인 사마귀를 왜 닮았을까요? 이유는 두 가지로 생각됩니다. 하나는 수렴 진화이고 다른 하나는 흉내 내기입니다.

사마귀목과 풀잠자리목 조상은 엄연히 다릅니다. 그런데도 낫처럼 생긴 사마귀와 사마귀붙이 앞다리는 둘이 형제라 해도 믿을 만큼 닮았습니다. 즉 사마귀와 사마귀붙이 조상은 서로 다른 계통인데도 둘 다 힘없는 동물을 잡아먹는 포식자라서 앞다리가 사냥하기에 좋은 낫 모양의 포획형 다리로 진화한 것이 아닐까 생각됩니다. 관계가 전혀 없는 두 종류 계통이 생김새가 비슷하게 진화해 가는 현상을 '수렴 진화'라고 합니다. 수렴 진화의 예로 포유류인 박쥐 날개, 조류의 새 날개, 곤충 날개를 들 수 있습니다. 박쥐와

앞에서 본 사마귀붙이 모습

새, 곤충은 조상이 완전히 다릅니다. 하지만 오늘날 이들의 공통점은 공중을 날아다닌다는 것이죠. 이들은 오랜 진화 과정을 거치면서 모두 날개를 갖게 되었습니다. 박쥐와 새의 날개는 앞다리가 바뀐 것이고, 곤충 날개는 피부가 기다랗게 늘어난 것입니다. 사마귀나 사마귀붙이 말고도 파리목 물가파리과에 속한 파리들도 낫처럼 생긴 포획형 앞다리를 가져 모기나 깔따구를 낚아챕니다. 즉 사마귀목(目), 사마귀붙이과(科), 물가파리과(科) 식구들은 모두 육식성으로, 앞다리가 비슷한 것은 수렴 진화의 결과로 여겨집니다.

다음으로 몸집이 작고 힘이 약한 사마귀붙이가 몸집이 크고 힘이 센 사마귀를 흉내 냈다고 볼 수도 있습니다. 사마귀붙이는 몸집이 작지만 육식성이기 때문에 앞다리가 사마귀처럼 낫 모양이면 자기보다 약한 곤충을 효율적으로 낚아챌 수 있습니다. 또한 앉아 쉴 때는 사마귀 자세까지 흉내 내어 포식자를 따돌릴 수도 있습니다.

거미 알에 기생하는
사마귀붙이 애벌레

무더운 여름날 짝짓기를 마친 어미 사마귀붙이는 알을 낳습니다. 풀잠자리목 가문답게 어미는 알을 명주잠자리처럼 가느다랗고 짧은 하얀 실 끄트머리에 붙입니다. 물론 이 하얀 실은 알 낳을 때 부속샘에서 딸려 나온 분비물입니다. 길이는 풀잠자리 알에 붙은 가느다란 끈보다 짧습니다.

몇 주가 지나면 무더기로 모여 있는 알에서 사마귀붙이 애벌레들이 하나둘 깨어나기 시작합니다. 이제부터 사마귀붙이의 파란만장한 애벌레 시절이 시작됩니다. 재미있게도 사마귀붙이 애벌레는 거미 알을 훔쳐 먹는 기생성인 데다 허물을 벗으면 모습이 특이하게 바뀝니다. 즉 '지나친 탈바꿈(과변태)'을 합니다.

알에서 갓 깨어난 1령 애벌레 몸집은 좀처럼 생겼고(좀꼴형), 여느 곤충들처럼 가슴에 다리가 3쌍 붙어 있습니다. 자그마한 1령 애벌레는 연약한 몸을 이끌고 6개 다리를 움직여 무엇인가를 찾아 헤맵니다. 드디어 거미 알 주머니(알집)에 도착! 녀석은 다짜고짜 거미 알 주머니 속으로 들어가 자리를 잡고 삽니다. 사마귀붙이 애벌레 밥은 거미류 알이어서 허물을 벗고 2령이 될 때까지 풀잠자리목 특징인 뾰족한 집게 같은 주둥이를 거미 알에 꽂고 빨아 먹습니다. 그래서 1령 애벌레에게 다리가 붙어 있는 것이지요. 어미 거미가 알 주머니 둘레에서 자신이 낳은 알들을 지키고 있어도 소용이 없습니다. 세상에! 자신을 잡아먹는 포식자인 거미 알을 먹어 치우다니! 거미 입장에서는 한 해 내내 자식 농사 지은 게 헛일이 되었으니 당황할 일입니다.

거미 알을 먹으며 몸집을 불린 1령 사마귀붙이 애벌레가 허물을 벗고 2령이 되면 몸 생김새가 1령 때와 영 딴판이 됩니다. 마치 풍뎅이상과(上科) 애벌레인 굼벵이처럼 오동통하게 생긴 데다 다리도 퇴화되어 흔적만 남았습니다. 굼벵이 모양을 한 녀석은 발이 없으니 거미 알 주머니 속에서 누워 거미 알을 먹습니다. 왜 사마귀붙이 애벌레는 발이 있다가 없어진 것일까요? 아마도 1령 애벌레 때는 거미 알 주머니를 찾아야 하니 다리가 온전히 붙어 있고, 2령 애벌레부터는 1령 애벌레 때 찾은 거미 알 주머니 속에서 거미 알을 먹기만 하면 되니 다리가 퇴화한 것으로 생각됩니다. 아직까지 사마귀붙이는 연구가 충분히 이뤄지지 않아 애벌레 시기에 허물을 몇 번 벗는지 알려지지 않았습니다.

사마귀붙이 애벌레는 거미 알을 먹으며 다 자라면 번데기가 됩니다. 번데기도 대개 거미 알 주머니 속에서 만듭니다. 녀석은 번데기로 탈바꿈하기 전에 반드시 고치(번데기 방)를 짓습니다. 고치 재료는 말피기소관(배설 기관)에서 만든 실로 항문으로 뽑아냅니다. 애벌레는 몸뚱이를 C자로 굽혔다 펼쳤다 하면서 배 끝을 이리저리 움직이며 고치를 동그랗게 짓습니다. 완성된 고치는 나방 번데기 방처럼 보드라운 실들로 덮여 있어 언뜻 보면 나방 고치 같습니다. 고치가 완성되면 사마귀붙이 애벌레는 번데기 방에서 죽은 듯이 움직이지 않고 지내다 2~3일 뒤에 애벌레 시절 마지막 옷을

사마귀붙이류가 막 어른벌레로 날개돋이 했다. 뒤에 번데기 허물이 보인다.

벗고 번데기가 됩니다. 희한하게도 번데기는 마치 어른벌레 모습과 비슷합니다.

이렇게 사마귀붙이 애벌레처럼 허물을 벗을 때마다 몸 생김새가 달라지는 것을 '지나친 탈바꿈(과변태 또는 이형 탈바꿈, hypermeta-morphosis)'이라고 합니다. 지나친 탈바꿈은 주로 기생성 곤충들이 즐겨 쓰는 독특한 탈바꿈 방식입니다. 알에서 깨어났을 때는 숙주인 먹잇감을 찾아 이동하기 때문에 몸에 다리가 있고, 먹잇감에 정착한 뒤 허물을 벗으면 굼벵이처럼 다리가 퇴화되어 없습니다. 즉 몸 생김새 변화가 갖춘탈바꿈(완전변태) 곤충보다 한 번 더 일어납니다. 즉 갖춘탈바꿈은 '알-애벌레-번데기-어른벌레' 과정을, 지나친 탈바꿈은 '알-초기 애벌레-후기 애벌레-번데기-어른벌레' 과정을 거칩니다. 지나친 탈바꿈을 하는 곤충은 기생성 벌류, 총채벌레류, 가뢰류, 사마귀붙이류처럼 제법 있습니다.

사마귀붙이가 어른으로 탈바꿈하는 과정은 정말로 한 편의 드라마 같습니다. 마침 어른 사마귀붙이가 태어나려는지 번데기 방에서 누군가 나옵니다. 그런데 이게 웬일입니까? 번데기 방에서 어른벌레가 아니라 번데기가 나오고, 이 번데기가 걸어 다니네요. 번데기가 나무줄기를 타고 오르더니 멈추고는 허물을 벗기 시작합니다. 머리와 앞가슴등판에 난 탈피선이 갈라지면서 머리, 가슴, 배 부분이 차례차례 나오고 구겨진 날개를 활짝 펼칩니다. 20분 걸려 날개돋이 성공! 어엿한 사냥꾼인 어른 사마귀붙이는 숲과 들을 헤매며 깔따구, 하루살이, 초파리 같은 힘없는 곤충을 잡아먹으며 한살이를 이어 갑니다.

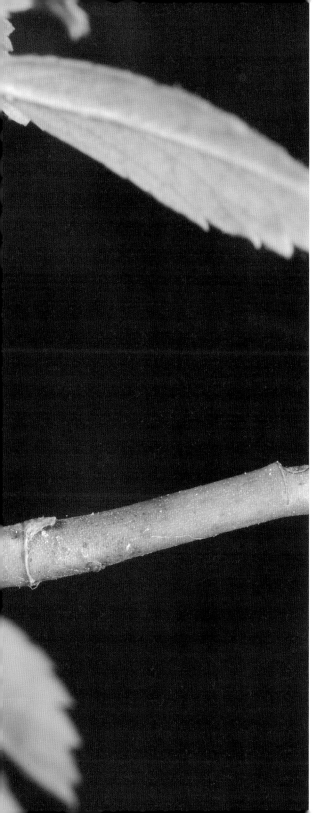

무당벌레 닮은

십이점박이잎벌레

십이점박이잎벌레

십이점박이잎벌레는
무당벌레를 똑 닮았습니다.

벌써 4월 말, 벚꽃이 떠난 들과 숲에는
콩배나무 꽃이 흐드러지게 피어납니다.
살랑살랑 부는 봄바람에
콩배나무의 순백색 꽃잎이 꽃비 되어 날립니다.
콩배나무는 꽃잎을 저 멀리 떨궈 보내고
이제 본격적으로 잎사귀를 키웁니다.
이미 싹이 터 무성하게 자란 잎은 광합성을 해
새로운 잎을 만들고 열매를 살찌웁니다.
그런데 콩배나무 줄기에 시뻘건 곤충들이
뚜벅뚜벅 걸어 올라가고 있군요.
한두 마리가 아닙니다. 수십 마리가 이쪽저쪽에서 오릅니다.
언뜻 보니 몸이 동글동글한 게 무당벌레 같습니다.
다가가 자세히 보니 무당벌레가 아니라 십이점박이잎벌레군요.
까만 몸에 빨간 점들이 박혀 있어
무당벌레로 착각했습니다.

십이점박이잎벌레   열점박이별잎벌레

이 꼭지는 딱정벌레목 잎벌레과 종인 십이점박이잎벌레(*Paropsides soriculata*) 이야기입니다.

무당벌레로 착각하기 쉬운
십이점박이잎벌레

십이점박이잎벌레는 겨우내 콩배나무 둘레에 있는 가랑잎 더미 속, 돌 틈바구니, 흙 속에서 겨울잠을 자다 봄이 되면 기지개를 켜고 콩배나무를 찾아옵니다. 굶주린 채 기나긴 추운 겨울을 지냈으니 얼마나 배가 고플까? 녀석들은 몸속에 체내 시계가 있어 콩배나무가 잎을 내는 때를 용케도 잘 압니다. 오랜 진화 과정 속에서 콩배나무 싹이 움트는 시기, 주변 온도와 해가 떠 있는 시간 같은 많은 정보를 자기 몸에 새겨 두었기 때문입니다.

줄기를 타고 올라온 녀석이 도톰하고 살짝 뻣뻣한 콩배나무 잎을 먹기 시작합니다. 배가 많이 고팠는지 옆에서 쳐다보는 줄도 모르고 큰턱을 양옆으로 오므렸다 벌렸다 하면서 정신없이 먹습니

십이점박이잎벌레가 잎을 갉아 먹고 있다.

다. 잎에 먹은 구멍이 나자 구멍에서 자리를 옆으로 살짝 옮겨 잎을 또 베어 씹어 먹습니다.

식사 삼매경에 빠진 녀석을 요리조리 훑어봅니다. 몸매는 두루 뭉술한 게 절구통처럼 뚱뚱하고, 피부(표피층)는 투명한 매니큐어를 바른 것처럼 반짝거립니다. 그런데 둔한 몸매와 달리 몸 색깔이 굉장히 강렬합니다. 온몸은 까만색이고 딱지날개에 빨간 점무늬가 대담하게 찍혀 있습니다. 빨간 점무늬가 10개, 빨간 점무늬 속에 작은 까만 점무늬가 2개, 모두 합해 점무늬가 12개 찍혀 있군요. 그래서 녀석을 '십이점박이잎벌레'라고 부릅니다. 점무늬가 4줄로 줄지어 있다 해서 '사열잎벌레'라고도 합니다.

빨간 점무늬 덕에 녀석은 종종 무당벌레로 오해를 받습니다. 하지만 무당벌레는 육식성으로 딱정벌레목 무당벌레과이고, 십이점박이잎벌레는 잎을 먹는 잎벌레로 딱정벌레목 잎벌레과여서 촌수가 좀 멉니다. 두 녀석은 뭐니 뭐니 해도 더듬이를 보면 한 번에 구별할 수 있습니다. 십이점박이잎벌레 더듬이는 실 모양이고 앞가슴에 닿을 만큼 길어서 맨눈으로도 잘 보입니다. 무당벌레 더듬이는 곤봉 모양으로 굉장히 짧아서 있는지 없는지 잘 보이지 않습니다. 위험을 느끼면 더듬이를 아예 몸 아래쪽으로 집어넣어 보이지 않을 때가 많습니다.

또 두 녀석은 위험에 맞닥뜨리면 행동이 다릅니다. 십이점박이잎벌레는 건드리면 더듬이와 다리 6개를 모두 배 쪽으로 집어넣고 굴러떨어지고, 무당벌레는 위험하다 싶으면 십이점박이잎벌레처럼 더듬이와 다리를 배 쪽으로 오그리면서 동시에 반사 출혈을 일으켜 곧바로 다리 관절로 사람 피에 해당하는 혈림프를 내보냅

니다. 집안이 다르니 생김새도 다르고, 자신을 지키는 행동도 다른 건 당연합니다. 그러니 잎벌레과 식구로 멀쩡히 잘 살고 있는 십이점박이잎벌레를 무당벌레라고 하면 곤란하지요.

그런데 헷갈리게도 십이점박이잎벌레도 무당벌레처럼 몸 색깔과 무늬에 변이가 많습니다. 대부분 딱지날개에만 동글동글한 점무늬를 12개 가지고 있지만, 어떤 녀석은 점무늬 대신에 세로줄 무늬가 있고, 어떤 녀석은 앞가슴등판에도 점무늬가 3개나 있습니다. 몸 색깔도 전체적으로 까만색인 녀석도 있고, 붉은색을 띠는 녀석도 있습니다. 이쯤 되면 다른 종으로 헷갈리기 십상이라 도감이란 도감을 다 뒤지기 일쑤지요.

콩배나무 잎에
알 낳기

어른 십이점박이잎벌레는 며칠 동안 콩배나무 잎을 먹으며 마음에 드는 짝을 만나면 짝짓기를 합니다. 잎 귀퉁이에서 암컷과 수컷이 짝짓기를 하는군요. 신부 등에 올라탄 신랑은 뚱뚱한 신부를 끌어안으려 애쓰지만 다리가 짧아 안지 못합니다. 하는 수 없이 여섯 다리를 신부 등과 옆구리에 올려놓습니다. 짝짓기 중인데도 신부는 느긋하게 잎을 먹고, 신랑은 엉거주춤한 자세로 섭니다. 자기 유전자를 넘기려면 이 정도 불편은 감수해야 합니다.

짝짓기를 마친 어미 십이점박이잎벌레는 자기 식당인 콩배나무

잎에 알을 낳습니다. 십이점박이잎벌레 애벌레도 어미처럼 콩배나
무 잎을 먹거든요. 그런데 어미의 알 낳는 솜씨가 예사롭지 않습니
다. 어미는 잎이나 가느다란 나뭇가지에 알을 낳는데, 나뭇가지는
알 낳을 공간이 좁아 '나란히 나란히' 두 줄로 가지런히 줄 맞춰 낳
고, 잎은 알 낳을 공간이 넓어 줄 맞추지 않고 마음대로 낳습니다.
한곳에 낳은 알을 세어 보니 23개에서 30개쯤 됩니다. 나뭇가지에
낳은 알을 보면 배 끝 산란관 둘레에 감각 기관이 빽빽이 덮여 있다
해도 어찌 저리도 정교하게 줄 맞춰 낳는지 감탄이 절로 나옵니다.

어미는 알을 하나씩 낳을 때마다 동시에 끈적이는 물질을 분비
해 알을 완전히 덮습니다. 끈적이는 물질은 말피기소관(배설 기관)
에서 만들어지는데, 풀처럼 접착력이 있어 '아교 물질'이라고도 합
니다. 투명하고 반짝거리는 아교 물질은 알들에게 생명줄입니다.

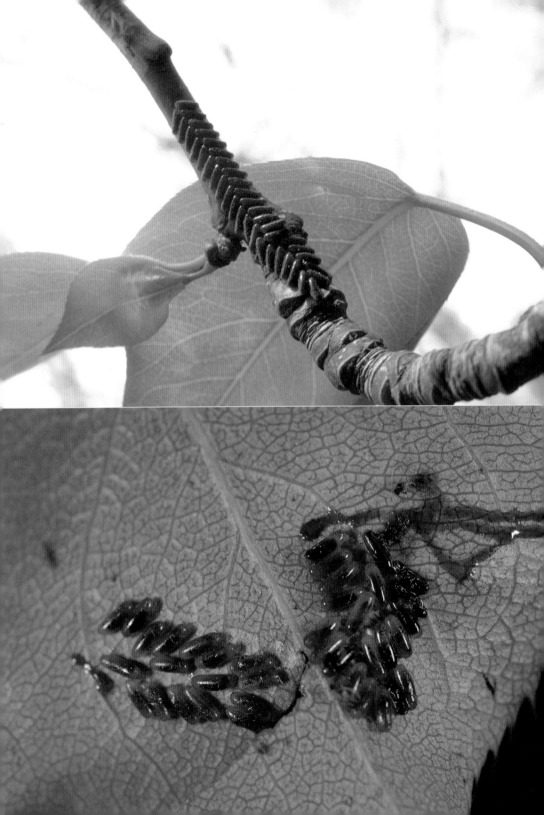

십이점박이잎벌레
가 나뭇가지에 알을
두 줄로 가지런히 낳
았다.

비바람이 불어도 알이 잎에서 떨어지지 않도록 하고, 알에서 물기가 날아가지 못하게 하고, 심지어 기생충 공격까지 막아 줍니다. 또 알들을 한 덩어리가 되게 붙여 포식자가 멀리서 보고 큰 곤충이라 착각해 포기하도록 만듭니다. 그러면 힘센 곤충들이 대 놓고 알을 먹으려고 달려들다 피할 수도 있습니다.

알을 다 낳은 뒤에도 놀라운 일이 계속됩니다. 어미 십이점박이잎벌레는 알을 낳은 뒤 마무리 공사를 하는데, 알 무더기 둘레에 빨간색 아교 물질을 흠씬 분비해 바릅니다. 빨간색이 얼마나 선명한지 혈서를 보는 듯 섬뜩합니다. 이 빨간색 아교 물질을 손가락에 묻힌 다음 살살 비벼 보니 끈적끈적합니다. 이 붉은 물질은 알 낳을 때 분비된 아교 물질과 같은 것인데, 왜 이렇게 발랐을까요? 포식자들이 다가오지 못하도록 일종의 접근 금지 구역을 표시한 것입니다. 그것도 경고색인 빨간색으로 말입니다. 실은 십이점박이잎벌레 알만 노리는 기생파리류(Tachinidae sp.)가 있습니다. 한 발짝도 움직이지 못하는 알이 기생파리류나 기생벌류를 막아 내기란 하늘의 별 따기입니다. 그래서 어미가 해 줄 수 있는 최고의 배려는 알 둘레에 끈끈한 물질을 발라 놓는 일입니다. 알에 달려드는 기생자가 이 아교 물질에 걸려들도록 말이지요. 일명 '끈끈이 작전'이라고 할까요?

자연 세계는 냉정합니다. 어미가 아교 물질을 발라 놓아도 힘센 곤충들이 십이점박이잎벌레 알을 먹어 치웁니다. 대표적인 사냥꾼은 남생이무당벌레입니다. 특히 남생이무당벌레 애벌레는 십이점박이잎벌레 알을 굉장히 좋아합니다. 어쩌겠습니까? 남생이무당벌레도 먹고 살아야 하니까요. 또 그래야 십이점박이잎벌레 개체

십이점박이잎벌레
가 잎에 알을 아무
렇게나 낳았다. 그
리고 빨간 아교 물질
을 발라 놓았다.

수도 알맞게 조절되지요. 그 많은 알에서 깨어난 애벌레가 모두 별 탈 없이 자라면 콩배나무 잎이 모자라 애벌레들이 다 함께 죽을지도 모릅니다. 그러고 보니 남생이무당벌레가 십이점박이잎벌레가 대를 잇도록 도와주는 셈이군요. 그렇게 자연 세계는 그들 나름의 법칙대로 빈틈없이 돌아갑니다.

까만 십이점박이잎벌레 애벌레가 알에서 깨어났다.

방어 물질을 내뿜는 십이점박이잎벌레 애벌레

어미가 알을 낳은 지 열흘이 지났습니다. 드디어 알 껍질을 깨고 꼬물꼬물 1령 애벌레가 깨어납니다. 알 밖으로 나온 새까만 애벌레들은 일단 한곳에 모여 서로 뒤엉킨 채 똘똘 뭉쳐 있습니다. 지금은 몸이 너무 연약하고 잘 움직일 수 없어 포식자에게 금방 잡아먹힐 수 있습니다. 모여 있으면 큰 곤충으로 보이기도 하고, 새가 싼 똥으로 보이기도 해 포식자를 따돌릴 수 있습니다.

녀석들은 함께 식사를 합니다. 1령 애벌레일 때는 큰턱이 약해 잎맥은 못 먹고 잎살만 조금씩 갉아 씹어 먹습니다. 그래서 녀석들이 먹고 지나간 잎은 구멍이 뿅뿅 뚫립니다. 애벌레들은 부지런히 먹으며 몸을 불리고 허물도 벗습니다. 재미있게도 녀석은 허물을 벗을 때마다 몸 색깔이 조금씩 달라집니다. 1령 때와 2령 때는 까만색 옷을 입고, 3령이 되면 앞가슴등판 양쪽 가장자리에 살짝 불그스름한 세로무늬가 생기고, 4령 애벌레(종령)가 되면 앞가슴등

알에서 나온 십이점박이잎벌레 1령 애벌레가 잎 가장자리에 모여 잎을 갉아 먹고 있다.

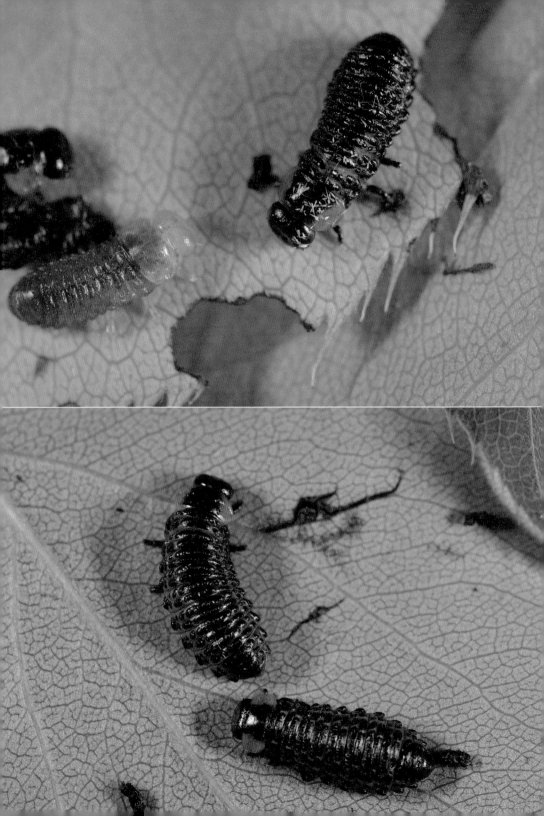

판에 있는 불그스름한 세로무늬는 더욱 뚜렷해지고 옆구리, 배 부분, 꼬리돌기는 노르스름해집니다.

다 자란 종령 애벌레를 살펴볼까요? 몸매는 원통형이고 피부에는 까만색 반점들이 쫙 찍혀 있습니다. 반점 하나하나에 뻣뻣한 센털(강모, seta)이 박혀 있군요. 잎벌레류 애벌레의 트레이드마크인 반점을 살짝 눌러 보니 딱딱합니다.

녀석을 건드리니 갑자기 배 끝부분을 물구나무서듯이 쳐들며 반항합니다. 그러다 안심이 되면 내려놓는데, 또 건들면 싫다고 배 끝부분을 힘껏 들어 올려 경련을 일으키듯 흔듭니다. 그런데 흔들리는 배 뒷부분에서 방어 물질이 나오는군요. 달팽이 더듬이처럼 생긴 주머니가 몸속에서 삐져나오고, 이 주머니 끄트머리에 분비물이 매달립니다. 손으로 만져 보니 끈적이고 냄새를 맡아 보니 고약합니다.

녀석은 정확히 일곱 번째와 여덟 번째 배마디 사이에 방어샘이 있습니다. 이 방어샘은 평소에는 몸속에 숨어 있는데, 위험하다 싶으면 방어샘 피부가 뒤집히며 몸 밖으로 삐져나오고 동시에 방어샘 피부에서 화학 방어 물질이 분비되어 끄트머리에 매달립니다. 이 방어 물질은 휘발성 물질이어서 금세 둘레로 퍼집니다. 녀석이 배 끝부분을 들어 올려 흔들면 힘센 곤충이나 새들은 놀라 피하기도 하고, 방어 물질 냄새 때문에 피하기도 합니다. 이 방어 물질이 포식자를 쫓는 기피제 노릇을 하는 것이지요. 행동이 굼뜬 녀석이 콩배나무 잎에서 버젓이 살아남는 까닭이 있었군요.

번데기는
땅속에 만들고

다 자란 애벌레 몸 색깔이 점점 바뀝니다. 노란기가 많이 도는 걸 보니 번데기 될 때가 되었군요. 녀석들은 먹을 생각은 않고 콩배나무를 떠나 땅으로 내려갑니다. 땅에 도착한 녀석은 번데기 방(고치)을 짓는데, 앞창자 벽에서 분비한 실과 분비물을 주둥이에서 토해 흙과 고루고루 섞습니다. 그러고는 몸통을 폈다 오그렸다 하면서 흙을 다지기도 하면서 정성스럽게 짓습니다. 녀석은 1센티미터쯤 되는 자기 몸만 거둘 수 있도록 번데기 방을 타원형으로 크지 않게 짓습니다. 완성되면 그 속에서 2~3일 동안 쉰 다음 애벌레 시절의 마지막 옷을 벗고 번데기가 됩니다. 번데기는 주황색에다 색깔이 맑고 영롱해 꼭 호박 보석 같습니다.

번데기가 된 지 열흘쯤 지나자 번데기에서 십이점박이잎벌레 어른벌레가 나옵니다. 어른벌레는 어미가 그랬듯이 콩배나무를 찾아가 잎을 먹습니다. 따져 보니 십이점박이잎벌레가 알에서 어른벌레로 날개돋이 할 때까지 걸리는 기간은 약 46일이고, 한살이는 일 년에 단 한 번 돌아갑니다.

십이점박이잎벌레는 여름 들머리에 어른벌레로 날개돋이를 한 뒤 여름 내내 보이지 않습니다. 다들 어디에 있을까요? 여름잠을 잡니다. 녀석들은 초여름까지 콩배나무 잎을 억척스레 먹다가 무더운 여름이 되면 죄다 시원한 곳을 찾아 여름잠을 잡니다. 한번은 막 날개돋이 한 어른 십이점박이잎벌레 몇 마리를 데려다 키운 적이 있습니다. 연구실 안이 시원한데도 무더운 여름이 되니 모두 잎

아래에서 꼼짝도 않고 쉬고 있었습니다. 신선한 콩배나무 잎을 줘도 먹지 않았습니다. 살짝 건드리면 움직이고 좀 더 건드리면 잠깐이나마 이리저리 걸어 다니기는 하지만 여전히 아무것도 안 먹고 잎 아래에서 죽은 듯이 가만히 있었습니다. 여름잠을 자고 있는 중이니까요. 녀석은 여름잠을 자기 시작해 이듬해 봄까지 내리 잡니다. 더운 여름과 추운 겨울을 잠으로 해결하는 녀석들이 부럽기도 하고, 잠만 자는 것 같아 미련하기도 하네요.

무당벌레를 닮은
다른 곤충들

무당벌레를 닮은 곤충은 십이점박이잎벌레 말고도 여럿 있습니다. 깨알벼룩잎벌레, 열점박이별잎벌레, 알멸구류 등입니다.

깨알벼룩잎벌레도 딱정벌레목 잎벌레과 집안 식구입니다. 깨알벼룩잎벌레는 봄과 가을에 물푸레나무 잎을 뒤적이면 만날 수 있습니다. 녀석 몸집은 무당벌레보다 조금 작지만 동그란 바가지를 반으로 잘라 엎어 놓은 것처럼 볼록해 무당벌레로 착각하기 쉽습니다. 피부까지 참기름을 바른 듯 반지르르 윤이 나고 딱지날개에 동그란 점무늬가 있어 무당벌레와 비슷합니다. 하지만 자세히 보면 녀석은 잎벌레답게 더듬이가 실 모양이고, 등 쪽에서 봐도 보일 만큼 깁니다. 사람으로 치면 허벅지 부분인 뒷다리 넓적다리마디(퇴절)가 벼룩처럼 통통해 건드리면 툭 튀어 도망갑니다. 무당벌레

는 육식성인데 녀석은 물푸레나무 잎을 먹고 삽니다. 큰턱이 약해 잎맥은 못 먹고 잎살만 갉아 씹어 먹습니다. 애벌레는 물푸레나무 잎 속에 사는 광부 곤충으로 알려져 있습니다.

무당벌레를 똑 닮은 또 다른 잎벌레는 열점박이별잎벌레입니다. 녀석은 딱정벌레목 잎벌레과 집안에서 몸집이 가장 크니 맨눈으로도 잘 보입니다. 몸은 바가지를 엎어 놓은 것처럼 볼록하고, 몸 색깔은 전체적으로 노란색이며 딱지날개에 까만 점이 10개 찍혀 있습니다. 이 까만 땡땡이 점무늬 때문에 녀석은 종종 무당벌레로 오해를 받습니다. 특히 곤충 초보자들은 녀석만 보면 무당벌레인지 잎벌레인지 헛갈려 합니다. 하지만 생김새를 잘 살피면 더듬이가 무당벌레와 다른 것을 금방 눈치챌 수 있습니다. 열점박이별잎벌레 더듬이는 실 모양이고 길이도 길어 앞가슴등판보다 깁니다. 몸매도 열점박이별잎벌레는 긴 타원형이어서 공 모양인 무당벌레와 구별할 수 있습니다. 먹이도 달라 열점박이별잎벌레는 포도과 식물인 머루, 개머루, 포도, 담쟁이덩굴 같은 잎을 주식으로 삼습니다.

무당벌레를 닮은 곤충 중에는 노린재목 매미아목 식구도 있습니다. 바로 알락알멸구. 녀석을 처음 봤을 때 무당벌레의 변이형으로 착각했을 만큼 무당벌레와 비슷합니다. 볼록한 몸, 짧아서 보이지 않는 더듬이, 겉날개에 찍혀 있는 까만 무늬들, 뭐 하나 닮지 않은 게 없습니다. 가까이 다가가자 녀석은 한순간에 펄쩍 튀어 저만큼 도망갔습니다. 녀석은 무당벌레가 아닌 곤충계의 뜀뛰기 선수인 알락알멸구였습니다. 녀석은 위험이 닥치면 튀는 것 말고는 자신을 지킬 무기가 아무것도 없습니다. 그래서 몸 생김새며 색깔이며 점무늬며 독 물질을 품은 무당벌레를 흉내 낸 것 같습니다.

몸이 새빨간

홍반디

큰홍반디
큰홍반디가 나뭇잎 위에 앉아 있습니다.
몸빛이 빨개서 눈에 금방 띕니다.

초여름의 길목, 6월입니다.

중미산 옆구리에 난 오솔길을 걷습니다.

살살 불어오는 산들바람에 장단 맞춰 춤추는 나뭇잎들,

이리 봐도 저리 봐도 온통 연둣빛 세상!

부딪치는 나뭇잎 소리에 취해 유유자적 걷는데,

어디선지 새빨간 곤충 한 마리가 눈앞을 휙 날아 지나갑니다.

꼬마 비행접시처럼 날더니 저쪽 나뭇잎 위에 뚝 떨어집니다.

살금살금 다가가니 눈부시게 아름다운 홍반디가 앉아 있군요.

빨개도 너무 빨간 주홍홍반디!

얼마나 화사하고 아름다운지 넋을 놓고 바라봅니다.

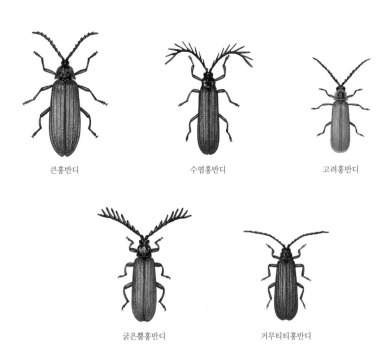

큰홍반디   수염홍반디   고려홍반디

굵은뿔홍반디   거무티티홍반디

이 꼭지에 나오는 홍반디는 딱정벌레목 홍반디과에 속하는 모든 종을 가리킵니다.

매력덩이
홍반디

　초록색 잎 위에 앉아서 쉬고 있는 주홍홍반디. 어쩜 저리도 새빨
간 옷을 입었을까? 얼마나 빨간지 몸에 불이 붙어 타오르는 것 같
습니다. 몸 색깔도 아름답지만 몸매 또한 군더더기 없이 늘씬합니
다. 머리는 살짝 아래로 숙이고 있고 앞가슴등판은 조각한 듯 올록
볼록 파여 있습니다. 압권은 톱날 같은 더듬이. 더듬이는 까맣고,
마디는 11마디로 모두 삼각형이고, 삼각형 마디들은 실에 구슬을
꿴 것처럼 가지런히 이어져 있습니다. 이런 더듬이를 전문용어로
'톱니 모양 더듬이' 또는 '톱니형 더듬이' 또는 '거치형 더듬이'라고
합니다. 딱정벌레목 더듬이는 거의 모두 11마디로 되어 있습니다.
재미있게도 같은 홍반디과 집안 식구라 해도 수염홍반디속(屬)인

주홍홍반디

고려홍반디

거무티티홍반디

굵은뿔홍반디 암컷

별홍반디

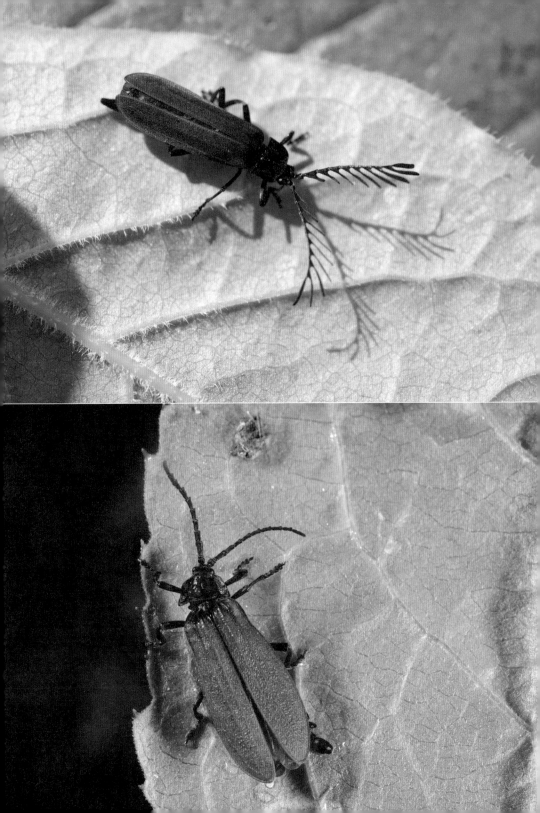

살짝수염홍반디는 더듬이가 빗살 모양입니다. 그러고 보니 홍반디 집안 식구들 더듬이 모양이 모두 비슷한 건 아니군요. 어떤 녀석은 톱니 모양, 어떤 녀석은 빗살 모양이니 말입니다. 또 홍반디는 딱지날개와 배 쪽 피부를 만져 보면 여느 딱정벌레목 식구와 달리 무르고 부드럽습니다. 딱정벌레목 곤충들은 대체로 딱지날개와 배 쪽 피부가 단단하거나 딱딱합니다.

홍반디 하면 빼놓을 수 없는 것이 또 있습니다. 그물 같은 딱지날개입니다. 딱지날개에는 칼날 같은 능선들이 밭이랑처럼 줄 맞춰 서 있고, 능선들 사이에는 옴폭 들어간 네모난 점각이 수백 개나 찍혀 있어 마치 망사 옷을 입은 것 같습니다. 그래서 서양에서는 녀석을 '그물 모양 날개를 가진 딱정벌레'라는 뜻인 '넷 윙드 비틀(net-winged beetle)'이라고 합니다. 우리나라에서는 다소곳이 고개 숙인 모습이 반딧불이와 비슷하고 몸 색깔이 새빨개서 홍반디라고 부릅니다. 딱정벌레목 식구인 홍반디과와 반딧불이과는 친척뻘이 되니 실제로 부드러운 딱지날개, 톱니 모양 더듬이, 앉았을 때 고개 숙인 듯이 아래로 향한 머리 생김새가 비슷합니다. 다만 생김새가 비슷해도 홍반디는 빛을 내는 기관이 없어서 반딧불이처럼 불빛을 내지 못합니다.

따사로운 햇볕을 쬐며 쉬던 녀석이 몸단장을 시작합니다. 앞다리로 더듬이를 끌어다가 주둥이로 구석구석 청소합니다. 이렇게 더듬이에 묻은 꽃가루며, 꽃꿀이며, 물방울, 먼지 따위를 닦아 내는 데는 까닭이 있습니다. 곤충은 감각 기관이 더듬이에 몰려 있기 때문에 온도, 습도, 바람 방향, 다가오는 포식자의 체온처럼 둘레에서 일어나는 변화를 더듬이로 알아차립니다. 그러니 더듬이를 늘 깨

끗하게 단장해야 이 변화를 금방 알 수 있습니다. 살금살금 다가가자 눈치 빠른 녀석이 새빨간 날개를 양옆으로 활짝 펼치고 비행접시처럼 휘리릭 날아갑니다.

독물질 품은
홍반디

주홍홍반디와 작별하고 얼마를 더 걸었을까? 오늘은 홍반디의 날인가 봅니다. 양지바른 쪽 풀잎 위에 다른 홍반디가 앉아 해바라기를 즐기고 있습니다. 이 녀석은 이름이 참 독특한 살짝수염홍반디입니다. 곤충 입틀은 큰턱, 작은턱, 윗입술, 아랫입술, 인두 이렇게 다섯 부분으로 되어 있고, 아랫입술과 작은턱에 수염이 달려 있습니다. 살짝수염홍반디는 작은턱수염이 맨눈으로 보일 만큼 살짝 길어서 이런 이름을 붙인 것이 아닌가 생각됩니다. 이 녀석도 홍반디 집안 식구답게 더듬이가 카리스마 넘치는 톱니 모양이고 딱지날개도 빨갛습니다. 또 암컷과 수컷은 더듬이 모양이 달라 암컷은 톱니 모양, 수컷은 빗살 모양입니다.

쉬고 있는 녀석을 손으로 살짝 잡습니다. 세상에! 딱지날개에서 독 물질이 들어 있는 '피'가 나옵니다. 녀석의 딱지날개에는 놀랍게도 그물처럼 얽힌 관이 있고 이 관 속에는 '피(림프액)'가 가득 차 있습니다. 녀석은 위험에 처하면 딱지날개 가장자리에 있는 관 밖으로 림프액을 곧장 내보내기 때문에 딱지날개 가장자리에는 스

며 나온 림프액이 한두 방울 이슬처럼 맺힙니다. 녀석의 '피'는 우
윳빛으로 독 물질입니다. '피'를 만져 보니 약간 끈적이고 냄새를
맡아 보니 살짝 고약합니다. 내친김에 맛을 보니 쓰고 희한한 맛이
나 퉤퉤 뱉었습니다. 고혹적인 새빨간 딱지날개, 그 속에 품은 독.
홍반디는 자기 몸을 지키기 위해 경고색과 독 물질로 완전 무장을
했습니다.

　재미있게도 살짝수염홍반디와 친척뻘인 반딧불이과 늦반딧불
이도 위험에 처하면 딱지날개에서 '노란 피'가 나옵니다. 바깥쪽
큐티클 층인 피부가 얇아서 쉽게 찢어지는데, 찢어진 큐티클 사이
로 '루시부파긴(lucibufagins)'이 섞인 노란 피가 방울방울 스며 나
옵니다. 물론 방어하느라 찢은 큐티클은 쉽게 아뭅니다.

　홍반디 집안 식구 가운데 북미 지역에서 사는 칼로페론속
(Caloperon 속)에 속한 홍반디들은 역한 맛이 나는 페놀 화합물과

굵은뿔홍반디가 딱
지날개 가장자리에
서 하얀 독을 내뿜고
있다.

역한 냄새가 나는 피라진(pyrazine) 성분이 든 독 물질을 품고 있는 것으로 밝혀졌습니다. 하지만 우리나라에 사는 홍반디는 어떤 성분의 독 물질을 품고 있는지 아직 모릅니다. 우리나라에서 앞으로 곤충이나 동물의 방어 물질을 연구하는 곤충 생태화학자가 많이 나와 이런 궁금증이 다 풀릴 날이 오길 손꼽아 기다립니다.

홍반디는
왜 빨갈까?

그런데 홍반디 집안 식구들은 왜 죄다 딱지날개가 빨갈까요? 그야 포식자에게 '내 몸에 독이 있으니 먹지 마.' 하고 경고장을 보내는 것입니다. 독 물질을 품은 곤충들은 몸 색깔이 대개 노란색, 빨간색으로 화려합니다. 새들은 빨간색, 노란색처럼 화려한 옷을 입은 곤충들을 잡아먹지 않습니다. 화려한 색을 띤 먹이를 먹었다 쓴맛을 보게 되면 화려한 색을 띤 먹잇감은 다시는 입에 대지 않습니다. 조상 대대로 오랜 경험을 통해 학습된 덕분에 몸 색깔이 화려한 동물은 독 물질이 있다는 것을 태어날 때부터 본능적으로 알고 있기 때문입니다. 새를 비롯해 다른 힘센 포식자가 실수로 홍반디를 먹으면 독 물질에 중독되어 고통을 받을 수 있습니다.

온 세계에 홍반디가 3,000종쯤 사는데 대부분 열대 지방에서 삽니다. 그래서인지 홍반디를 흉내 낸 곤충이 열대 지역에 많습니다. 우리나라 같은 온대 지역이나 추운 지역에는 홍반디가 그리 많지 않아 홍반디를 닮은 곤충들에 대한 연구가 이뤄지지 않았습니다. 우리나라에 사는 홍반디는 달랑 10종이고, 그중에서 자주 마주치는 홍반디는 5종쯤입니다. 홍반디 종 수가 적어서인지 닮은꼴 곤충 수도 적고, 곤충 수가 적으면 관찰할 기회가 적어 연구하기가 쉽지 않습니다. 그래도 20년 가까이 야외에서 관찰해 보니 홍반디와 겉모습이 비슷하고 습성도 얼추 닮은 딱정벌레목 곤충들을 종종 만납니다. 그들 대부분은 홍반디가 사는 장소에서 발견되고, 활동하는 시기도 홍반디와 비슷합니다. 아직까지 정확하게 연구가 이뤄지지 않았지만 아마도 이들이 독을 품은 홍반디의 화려한 색깔을 흉내 낸 것이 아닐까 생각됩니다.

홍반디가 사는 곳은 썩어 가는 나무

어른 홍반디는 주행성이라 밤에는 쉬고 환한 낮에만 돌아다닙니다. 또 생김새가 어여뻐서 순해 보이지만 육식성입니다. 말이 육식성이지 잠자리나 사마귀처럼 큰턱이 강하지 않아 몸집 큰 곤충은 사냥하지 못하고 작고 여린 곤충만 잡아먹습니다.

어른 홍반디와 홍반디 애벌레는 서로 사는 곳이 다릅니다. 어른 홍반디는 잎이나 통나무 위에서 살고, 홍반디 애벌레는 나무껍질 아래에서 삽니다. 사는 곳은 달라도 어른과 애벌레 식성이 똑 닮아 모두 육식성입니다. 홍반디 애벌레는 애벌레 시절 내내 깜깜한 나

고려홍반디가 짝짓
기를 하고 있다.
—

무껍질 속을 돌아다니며 나무좀 애벌레 같은 힘없는 곤충을 잡아
먹습니다. 이렇게 나무껍질 속을 돌아다녀야 하기 때문에 홍반디
애벌레 몸은 납작한 편입니다. 홍반디 애벌레가 다 자라면 자신이
살던 나무껍질 아래에서 번데기를 만듭니다. 그리고 이듬해 늦봄
이 되면 화려한 옷을 걸친 어른 홍반디가 번데기에서 나옵니다.

　녀석은 한살이가 일 년에 한 번 돌아가지요. 늦봄에는 녀석뿐 아
니라 녀석을 흉내 낸 곤충들이 나와 숲속 오솔길이 덩달아 화사해
집니다.

홍반디를 닮은

홍날개와 여러 곤충들

검은무늬붉은방아벌레

검은무늬붉은방아벌레는
독이 있는 홍반디를 흉내 낸 몸빛을
띠고 있습니다.

5월 말, 대관령 꼭대기에 서 있습니다.

점심때가 다 되는데도 하얀 운무가 휩싸고 돌아

어디가 땅이고 어디가 하늘인지 가늠이 안 됩니다.

한 치 앞이 안 보여 신비감마저 감도는 안갯길을

한 걸음 한 걸음 내딛습니다.

얼마나 걸었을까. 서서히 안개가 걷히니

산자락이 봉곳봉곳 얼굴을 내밉니다.

안개가 물러가고 햇살이 따스하게 내려앉자,

숲길에는 곤충들이 나와 저마다 잎사귀, 돌 위,

나무줄기 위에 앉아 해바라기를 즐깁니다.

그 틈에 어여쁜 홍날개도 나뭇잎 위에 앉아

더듬이를 청소하며 몸단장합니다.

어쩜 온몸이 저리도 빨갈까?

새빨간 옷을 입고 있으니

어두컴컴한 숲속이 환해지는 것 같습니다.

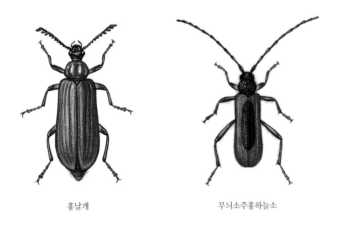

홍날개   무늬소주홍하늘소

이 꼭지에 나오는 홍날개(*Pseudopyrochroa rufula*)는 딱정벌레목 홍날개과에
속하는 한 종입니다.

홍반디를 닮은
홍날개

홍날개는 홍반디와 참 비슷하게 생겼습니다. 색깔뿐 아니라 날씬한 몸매, 톱니 모양 더듬이, 앉아 있는 폼까지 정말 똑 닮았습니다. 더구나 둘 다 이름에 '홍' 자가 들어 있어 곤충 초보자들은 그놈이 그놈 같아 헷갈리기 일쑤지요. 하지만 잘 보면 다른 점이 있습니다. 잎 같은 곳에 앉아 쉴 때 홍반디는 머리가 살짝 아래쪽을 향하고, 홍날개는 머리가 앞쪽을 향합니다. 뭐니 뭐니 해도 확실히 다른 점은 앞가슴등판. 홍반디 앞가슴등판은 여기저기 분화구처럼 움푹움푹 파여 있고, 홍날개 앞가슴등판은 전혀 파이지 않아 밋밋합니다.

족보를 따져 보면 홍날개와 홍반디는 같은 딱정벌레목 집안 식구입니다. 홍반디는 딱정벌레목 병대벌레상과 홍반디과에 속합니다. 그래서 딱정벌레목 병대벌레상과 반딧불이과에 속하는 반딧불이류나 딱정벌레목 병대벌레상과 병대벌레과에 속하는 병대벌레류와 친척뻘입니다. 상과(上科)는 과(科)보다 위에 있는 상위 무리로 병대벌레상과는 영어로 Superfamily Cantharoidea입니다. 반면에 홍날개는 딱정벌레목 거저리상과 홍날개과에 속합니다. 이처럼 거저리상과에 속해서 딱정벌레목 거저리상과 거저리과에 속하는 거저리류나 딱정벌레목 거저리상과 긴썩덩벌레과에 속하는 긴썩덩벌레류와 친척뻘입니다. 그러니 홍반디와 홍날개는 이름과 생김새만 비슷하지 친척이란 말이 무색할 만큼 아주 먼 친척입니다.

홍날개는 왜 홍반디를 흉내 냈을까요? 홍반디는 몸 색깔이 경고

색이고, 독 물질이 있어 포식자가 잡아먹기 꺼려하는 곤충입니다. 반면에 홍날개는 이렇다 할 방어 무기가 없어 포식자를 따돌리기 위해 홍반디를 흉내 냈습니다. 물론 홍날개가 의도적으로 홍반디를 흉내 낸 것이 아닙니다. 진화 과정을 통해 우연히 일어난 변이 덕에 홍반디를 닮은 개체들이 생존에 유리해 오늘날까지 번성한 것입니다. 그런데 우리가 알아야 할 것이 있습니다. 경고색을 띠어도 잡아먹는 포식자가 있지 않을까요? 지금도 자연에는 알려지지 않아 잘 모르는 곤충들이 무수히 많습니다. 홍반디나 홍날개를 잡아먹는 포식자가 없다면 이들이 벌써 지구를 다 덮었을지도 모릅니다. 즉 이들을 잡아먹는 포식자가 있기 때문에 개체 수가 조절되어 생태계가 유지되고 있는 것입니다. 다만 그 포식자가 누군지 아직 완전히 파악하지 못했을 뿐입니다.

한나절 동안 만난
홍반디 닮은 곤충들

매혹적인 홍날개와 아쉬운 작별을 하고 다시 대관령 오솔길을 걷는데, 이번에는 풀잎에 희귀한 방아벌레가 앉아 있군요. 언뜻 봐도 빨간색 몸이 눈에 확 들어옵니다. 다가가서 보니 백두산방아벌레라고 하는 검은무늬붉은방아벌레입니다. 녀석은 새빨간 딱지날개에 타원형으로 생긴 까만 무늬가 그려져 있어 굉장히 화려합니다. 더구나 초록색 잎 위에 앉아 있어 빨간색 몸이 더욱 도드라집니다. 하도 귀한 녀석이라 사진을 찍으려고 다가가니 눈치 빠른 녀석이 땅으로 뚝 떨어집니다. 땅바닥을 뒤지니 발라당 뒤집혀 누워 있군요. 아무리 건드려도 죽은 듯 꼼짝하지 않습니다. 한 3분쯤 지나자 혼수상태였던 녀석이 깨어납니다. 배 쪽으로 오그렸던 더듬이와 다리를 꼬물꼬물 천천히 움직이더니 눈 깜짝할 사이에 공중으로 튀어 오르고, 공중에서 몸을 뒤집으면서 땅에 뚝 떨어집니다. 여섯 다리로 땅을 짚고 자세를 똑바로 잡은 녀석은 엉금엉금 기어 풀숲으로 들어갑니다.

그만 일어서려는데, 숲길의 단골손님 대유동방아벌레가 코앞에 있는 풀잎 위에 앉아 해바라기를 즐기고 있습니다. 녀석의 몸 색깔도 온통 빨간색! 방금 전 검은무늬붉은방아벌레 못지않게 색깔이 화려하고 매혹적입니다.

대유동방아벌레를 뒤로 하고 또 걷습니다. 한낮이라 봄볕이 뜨거워 그늘을 찾습니다. 붉나무 아래에 앉아 잠시 숨을 돌리려는데, 쑥 잎 위에 새빨간 곤충이 앉아 있습니다. 가는 곳마다 빨간색 곤충이 보이니 정말이지 오늘은 빨간색 곤충들의 잔칫날인가 봅니다. 녀석이 눈치챌까 봐 살금살금 다가갑니다. 아, 더듬이가 긴 하늘소로군요. 환경이 잘 보존된 산에서나 만나는 무늬소주홍하늘소! 하도 귀해 운이 따라야 만나는 녀석입니다. 무늬소주홍하늘소도 몸 색깔이 굉장히 화려합니다. 새빨간 딱지날개에 긴 타원형의 까만 무늬가 찍혀 있어 무늬와 몸 색깔만 보면 검은무늬붉은방아벌레와 많이 닮았습니다. 살짝 만져 보니 하늘소치고는 피부가 홍날개처럼 굉장히 부드럽습니다. 녀석은 자랑거리인 긴 더듬이를 휘휘 저으며 풀잎을 왔다 갔다 걸어 다니다가 잠시 앉아 해바라기

를 즐기고서는 딱지날개를 양옆으로 벌린 다음 속날개를 펼쳐 후
루룩 날아가 버립니다.

한나절 동안 걸은 대관령 옛길을 어림잡아 재어 보니 1킬로미터
정도. 오늘은 1킬로미터를 걸으면서 유난히 빨간색 옷을 입은 곤
충들을 많이 만났습니다. 대표적으로 보면 아래와 같습니다.

홍반디 3종

홍날개 9마리

대유동방아벌레 7마리

검은무늬붉은방아벌레 1마리

무늬소주홍하늘소 4마리

붉은산꽃하늘소 2마리

굵은수염하늘소 1마리

녀석들은 모두 딱정벌레목 가문이지만 홍반디과, 홍날개과, 하
늘소과, 방아벌레과로 집안이 저마다 달라 유전적으로는 가까운
친척이 아닙니다. 그런데도 왜 다들 몸 색깔이 빨간색일까요? 독
물질을 품은 홍반디의 빨간색 몸을 모델 삼아 흉내 낸 것이 아닐까
조심스레 추정해 봅니다. 홍반디를 흉내 낸 종을 또 다른 종이 흉
내 내고, 그 종을 또 다른 종이 흉내 낸 것으로 보입니다.

뿐만 아니라 녀석들은 몸 생김새도 많이 닮았고, 사는 곳도 비슷
하고, 한살이 과정도 비슷하고, 활동 시기도 비슷합니다. 또한 모두
어른벌레와 애벌레가 사는 곳이 다릅니다. 어른벌레는 숲속이나
숲 가장자리, 나무줄기 위, 잎 위 같은 곳에서 살고, 애벌레는 썩어

굵은수염하늘소 암
컷과 수컷이 짝짓기
를 하고 있다.

가는 통나무 나무껍질 아래나 나무속에서 삽니다. 애벌레 시절을 깜깜한 나무껍질 아래나 나무속에서 보내다가 봄이 되면 화려한 어른벌레로 날개돋이 해 밝은 세상으로 나옵니다. 같은 곳에 사는 녀석들이 같은 색깔로 경고색을 띠고는 같은 시간대에 나오는 것은 서로가 서로를 흉내 내어 포식자들을 따돌리려는 것으로 생각됩니다. 이런 현상을 '뮐러 흉내 내기(뮐러 의태, Müllerian mimicry)'라고 합니다.

아쉽게도 우리나라 같은 온대 지역에서는 홍반디의 종 수나 개체 수가 워낙 적어 홍반디와 관련된 뮐러 흉내 내기 연구를 한 적이 없지만, 여러 정황으로 보아 이 녀석들은 뮐러 흉내 내기 사례에 어느 정도 맞아떨어지는 것 같습니다.

몸은 작지만
용감한 사냥꾼

회황색병대벌레

회황색병대벌레

온몸이 노란 회황색병대벌레가
나뭇잎에 앉아 있습니다.

강원도는 봄이 더디 오고 더디 갑니다.
6월 초, 오대산은 봄꽃들이 죄다 피어나고
덩달아 봄 곤충들도 우르르 몰려나와
꽃가루와 꽃꿀을 먹느라 정신이 없습니다.
봄 곤충 중에 이맘때면 제 세상 만난 듯
활개 치고 다니는 병대벌레들이 유난히 눈에 띕니다.
등점목가는병대벌레, 노랑줄어리병대벌레,
노랑테병대벌레, 눈큰산병대벌레, 회황색병대벌레 같은
병대벌레 식구들이 총출동했습니다.

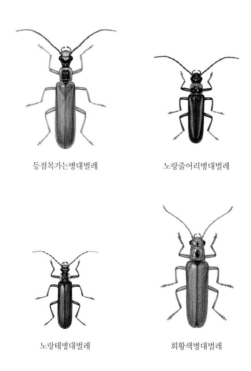

등점목가는병대벌레   노랑줄어리병대벌레

노랑테병대벌레   회황색병대벌레

이 꼭지는 딱정벌레목 병대벌레과 종인 회황색병대벌레(*Lycocerus vitellinus*) 이야기입니다.

이름도 어색한
병대벌레

병대벌레들이 꽃과 나무줄기를 오르내리며 힘없는 곤충을 사냥하느라 바쁩니다. 마침 온몸이 노란 회황색병대벌레가 꽃 위를 돌아다니는 연노랑목가는병대벌레를 잡아먹고 있군요. 세상에! 친척을 잡아먹다니! 언뜻 보면 순하게 생겼는데 이리도 사나울 줄 미처 몰랐습니다.

회황색병대벌레는 이름처럼 몸 색깔이 누르스름한 황토색으로 눈을 사로잡을 만큼 화려하지 않습니다. 머리와 앞가슴등판에 까만 무늬가 콕 찍혀 있고, 더듬이는 별 특징 없는 채찍 모양, 몸매는 긴 원통형으로 군더더기 하나 없이 늘씬합니다. 딱지날개가 딱딱한 딱정벌레목 가문치고는 피부(표피)가 단단하지 않고 부드럽습니다. 손으로 잘못 눌렀다간 몸이 우그러질 정도니까요.

회황색병대벌레는 이름이 왜 그 모양일까요? 지금은 사용하지 않는 말인 '병대'가 이름에 들어가 있으니 말이지요. '병대'가 '군인 집단'이란 뜻이니 차라리 '군대벌레', '병정벌레', '군인벌레'라고 부르면 더 알아듣기 쉬울 텐데요. 서양에서는 병대벌레를 '솔져 비틀(soldier beetle)'이라고 부르는데, 우리말로 풀면 '병정딱정벌레'라는 뜻입니다. 예전에 영국 군인이 붉은빛이 들어간 제복을 입었는데, 병대벌레 몸 색깔이 영국 군인들이 입던 제복과 비슷한 붉은색이어서 '솔져 비틀'이라는 이름을 갖게 되었습니다. 우리나라에서 이름을 지을 때 영어 이름인 '솔져 비틀'을 '병대'라고 번역해 사용했습니다.

우리말 이름이 병대벌레가 된 내력을 보니 참 애석합니다. 병대벌레 족보를 따져 보면 불빛을 내는 딱정벌레목 반딧불이과 집안과 친척뻘입니다. 그래서 병대벌레를 북한에서는 '잎반디'라고 합니다. 병대벌레가 반딧불이처럼 빛을 내지 못하지만 잎에 앉아 있으면 마치 반딧불이가 앉아 있는 것처럼 닮아서 붙여진 이름이지요. 참 낭만적인 이름입니다.

특이하게도 병대벌레 집안의 어른벌레는 봄에만 얼굴을 보여 줍니다. 이르면 4월 말부터 모습을 보이지만, 거의 모든 병대벌레는 5월과 6월에 몰려나옵니다. 병대벌레과(科) 집안 식구인 서울병대벌레는 4월 말부터 나옵니다. 강원도나 산악 지역처럼 추운 곳에서는 7월에도 눈에 띄지만 그리 많지 않습니다. 녀석들은 육식성이라 나무줄기에 붙어 있는 진딧물을 잡아먹고, 때로는 꽃에서 꽃가루나 꽃꿀 식사를 하고 있는 곤충들을 사냥합니다. 우리나라에서 사는 병대벌레의 조상들은 추운 환경에 잘 적응해 온 탓으로 한여름 무더위는 견디지 못하는 것으로 생각됩니다. 왜냐하면 지금까지 야외 관찰을 하면서 보니 꽃샘추위 때는 녀석들을 보았는데, 뙤약볕이 내리쬐는 무더운 한여름에는 녀석들을 볼 수 없었기 때문입니다.

여름이 오기 전에 어른 병대벌레는 서둘러 짝짓기를 하고 땅에 알을 낳습니다. 어른벌레는 알을 낳고 죽고, 알에서 깨어난 애벌레는 비교적 선선한 땅 표면과 부엽토 속에 살면서 더위를 피합니다. 물론 세상의 모든 병대벌레가 우리나라에 사는 병대벌레처럼 살지는 않습니다. 열대 지역에 사는 병대벌레 식구들은 무더위에도 잘 적응했기 때문에 사시사철 볼 수 있고, 제주도 아래 먼 남쪽 바다

눈큰산병대벌레

등점목가는병대벌레

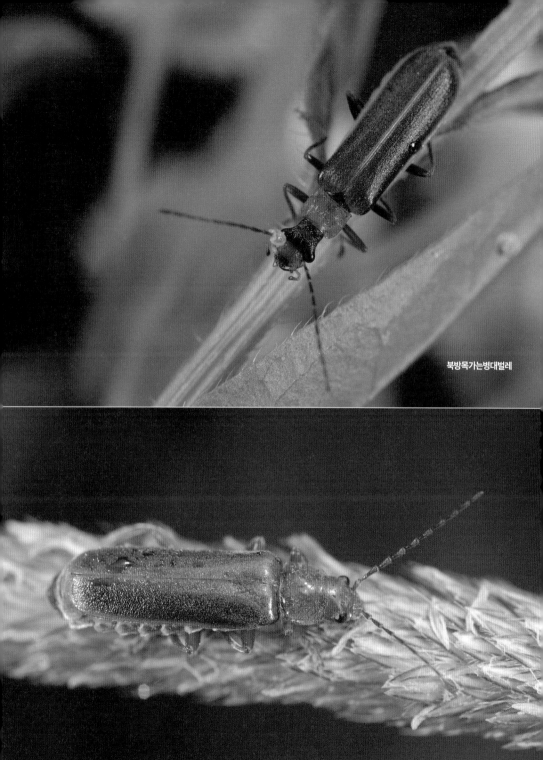

북방목가는병대벌레

서울병대벌레

에 있는 일본의 오키나와 섬에서도 어른 병대벌레를 일 년 내내 볼 수 있습니다.

동족도 잡아먹는
회황색병대벌레

관악산 오솔길 옆 새로 돋아난 나뭇가지마다 연초록 잎이 주렁 주렁 매달려 있습니다. 연한 줄기와 잎 둘레에는 나뭇진이 흘러내 려 꿀물이 엎어진 것처럼 반질반질하고 끈적끈적합니다. 왜 그럴 까요? 이것은 진딧물이 식물 즙을 먹다가 흘린 자국입니다. 역시 연한 줄기와 새 잎사귀에 진딧물들이 총출동했군요. 수백 마리가 넘는 진딧물들이 함께 모여 식물 즙을 쭉쭉 빨아 마시느라 정신이 없습니다. 그런데 회황색병대벌레 몇 마리가 잰걸음으로 진딧물 을 밟고 다니며 진딧물을 한 마리씩 잡아 입에 넣고 큰턱으로 오물 오물 씹어 삼킵니다. 얼마나 빨리 먹는지 연약한 진딧물은 반항 한 번 제대로 못 하고 녀석의 배 속으로 쏙쏙 들어갑니다. 녀석은 진 딧물로 배가 차지 않는지 꽃 위로 올라가 꽃 식사를 하는 꼬마꽃등 에에게 눈독을 들입니다.

바로 그때 연노랑목가는병대벌레 등장. 연노랑목가는병대벌레 는 꽃 둘레를 서성이며 굶주린 배를 채우려 꽃줄기에 매달린 진딧 물을 노립니다. 잽싸게 달려들어 진딧물 한 마리를 사냥해 맛있게 먹고 있는데, 이게 웬 날벼락입니까? 꼬마꽃등에를 사냥하려던 회

황색병대벌레가 갑자기 진딧물을 먹고 있는 연노랑목가는병대벌레를 덮칩니다. 회황색병대벌레는 강력한 큰턱으로 제 몸의 1/3밖에 안 되는 연노랑목가는병대벌레 머리를 움켜잡습니다. 밥 먹을 때는 개도 안 건드린다고 했는데, 졸지에 밥 먹다가 잡힌 연노랑목가는병대벌레는 도망치려고 발버둥 치지만 헛수고. 회황색병대벌레는 힘 빠진 연노랑목가는병대벌레를 자기 몸 쪽으로 끌어당긴 뒤 부드러운 배를 파먹기 시작합니다.

회황색병대벌레는 살아 있는 생물을 잡아먹는 포식자입니다. 대부분 자신보다 힘이 약한 진딧물, 깍지벌레, 파리류, 작은 나방 같은 곤충을 잡아먹는데, 굶주렸을 때는 같은 병대벌레과 집안 식구는 물론이고 같은 종도 잡아먹습니다. 살아 움직이면 모두가 먹잇감일 뿐이죠.

땅에서 사는
회황색병대벌레 애벌레

진딧물 같은 힘없는 곤충들을 잡아먹으면서 회황색병대벌레는 짝짓기를 합니다. 무사히 짝짓기를 마친 어미 회황색병대벌레는 땅바닥으로 내려와 흙 속에 배 끝을 묻고 알을 낳습니다. 알을 하나씩 낳되 알들이 덩어리 지어 있도록 한데 뭉쳐 낳습니다. 알에서 깨어난 회황색병대벌레 애벌레도 어른벌레처럼 육식성입니다. 땅 아래위를 바쁘게 돌아다니며 흙 속에 있는 메뚜기 알을 찾아 먹기

나 땅바닥이나 가랑잎 더미 속에 살고 있는 힘없는 곤충을 잡아먹습니다. 애벌레의 큰턱은 낫처럼 날카롭고 예리하게 생겼습니다. 큰턱으로 먹잇감을 푹 찔러 침샘에서 나오는 소화액을 먹잇감 몸속으로 서서히 집어넣습니다. 큰턱 안쪽에 홈이 파여 있어서 소화액이 먹잇감 몸속으로 들어갑니다. 먹잇감 몸이 죽처럼 흐물흐물해지면 큰턱으로 쭉 빨아 들이마십니다.

애벌레는 더운 여름 동안 부엽토 아래나 부엽토가 깔린 땅 위에서 힘없는 곤충을 잡아먹고 무럭무럭 자라다 추워지면 흙 속, 돌 밑, 가랑잎 더미 속에 들어가 몸을 웅크린 채 곧바로 겨울잠을 잡니다. 이듬해 따뜻한 봄이 되면 긴 잠에서 깨어나 번데기로 탈바꿈하고, 번데기는 땅속에서 한동안 있다가 꽃 피는 5월이 되면 어른벌레로 날개돋이 합니다. 땅 위로 올라온 어른벌레는 풀이나 나무에 날아올라 본격적인 한살이를 시작합니다.

어른 회황색병대벌레는 몸집이 작아서 연약한 진딧물이나 파리를 즐겨 잡아먹습니다. 무당벌레와 식성이 굉장히 비슷해서 무당벌레처럼 살아 있는 농약으로 대우 받을 만하지요. 농부들로부터 귀여움을 독차지할 날이 그리 멀지 않은 것 같습니다.

회황색병대벌레 닮은

노
랑
각
시
하
늘
소

노랑각시하늘소

노랑각시하늘소가 산수국에 날아와
꽃가루를 먹고 있습니다.
노랑각시하늘소는 회황색병대벌레와
똑 닮았습니다.

옛 고구려군과 백제군이 패권을 다퉜던 아차산성에 오릅니다.

성곽과 군데군데 흩어져 있는 주춧돌과 보루 들에

천 년을 훌쩍 넘긴 세월이 고스란히 배어 있습니다.

처절했던 옛 시절을 알기나 하는지

산성 길에 찔레꽃이 속절없이 피어 있고,

달콤한 찔레꽃 향기에 이끌려

곤충 손님들이 몰려와 꽃 식사를 하고 있군요.

온몸이 노란 노랑각시하늘소도 있습니다.

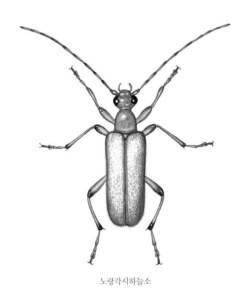

노랑각시하늘소

이 꼭지는 딱정벌레목 하늘소과 종인 노랑각시하늘소(*Pidonia debilis*) 이야기입니다.

사냥꾼 회황색병대벌레
흉내 내기

종 이름에 각시하늘소가 붙은 각시하늘소류(*Pidonia*속)는 하늘소과 꽃하늘소아과 식구로 몸집이 작은 편입니다. 몸속에 독 물질이 전혀 없어 포식자를 만나도 저항 한번 못 하고 잡아먹힙니다. 그래서 녀석들은 명사냥꾼인 회황색병대벌레를 흉내 냈습니다. 몸 생김새와 색깔이 회황색병대벌레를 닮아 힘센 포식자가 잘도 속아 넘어갑니다.

숲속 오솔길에 산수국 꽃이 흐드러지게 피었습니다. 가까이 가 보니 역시 꽃하늘소아과 꽃하늘소들이 모여 꽃가루 식사를 하고 있군요. 그 틈에 노랑각시하늘소도 꽃 속에 얼굴(머리)을 묻고 꽃가루를 싹싹 쓸어 먹느라 정신이 없습니다. 자그맣고 야리야리한 몸매, 단아한 생김새, 거기에다 몸 색깔까지 고와 보면 볼수록 귀엽지요.

노랑각시하늘소

정말이지 녀석은 회황색병대벌레와 똑같이 생겼습니다. 노란색 몸, 호리호리한 몸매, 기다란 채찍 모양 더듬이, 새까만 눈까지 닮았습니다. 그래서 무심히 쳐다보면 회황색병대벌레라 오해하기 딱 좋지요. 둘의 차이점을 찾아볼까요? 회황색병대벌레는 눈이 동그랗고, 머리와 네모나게 생긴 앞가슴등판에 까만 무늬가 찍혀 있습니다. 반면에 노랑각시하늘소는 눈이 콩팥 모양으로 살짝 찌그러지고, 머리와 세모나게 생긴 앞가슴등판에는 까만 무늬가 없습니다.

마침 수컷 노랑각시하늘소가 식사 중인 암컷을 졸졸 쫓아다닙니다. 한참 동안 끈질기게 집적대더니 암컷 등 위에 막무가내로 올라탑니다. 암컷도 싫지 않은지 수컷을 뒷다리로 차 버리지 않습니다. 수컷은 여섯 다리로 암컷을 끌어안고 배 뒷부분을 늘여 암컷 배 끝에 갖다 댑니다. 짝짓기 성공! 암컷은 머리를 꽃 속에 묻은 채 그저 꽃가루 밥만 먹을 뿐 아무런 반응이 없고, 암컷 등 위에 있는 수

─
노랑각시하늘소가 산수국 꽃에서 짝짓기를 하고 있다.

컷은 암컷 눈치를 살피는지 그저 얌전히 매달려 있습니다. 잠시 뒤 호랑꽃무지 한 마리가 눈치 없이 '부-웅' 굉음을 내며 꽃 위에 내려앉자 깜짝 놀란 암컷은 수컷을 업은 채 부리나케 꽃 뒤쪽으로 도망갑니다.

깜깜한 나무속
애벌레

짝짓기를 무사히 마친 어미 노랑각시하늘소는 숲속으로 들어가 썩은 나뭇가지를 찾아다닙니다. 알을 낳기 위해서지요. 어른 노랑각시하늘소는 꽃가루를 먹으며 일주일쯤 살고, 노랑각시하늘소 애벌레는 거의 일 년 동안 깜깜한 나무속에 살면서 썩은 나무를 먹습니다. 드디어 명당을 찾았나 봅니다. 명당이라 해 봤자 다 죽은 나뭇가지. 어미는 나무껍질 사이나 나뭇가지의 벌어진 틈에 배 끝을 꽂고 알을 낳습니다.

알을 낳은 어미 노랑각시하늘소는 힘이 빠져 죽고, 시간이 지나 알에서 노랑각시하늘소 애벌레가 깨어납니다. 이제부터 노랑각시하늘소 애벌레는 거의 일 년 동안 깜깜한 나무속에서 메마른 썩은 나무 조직을 먹고 살아야 합니다. 나무속에서 똥도 싸고, 허물도 벗고, 번데기도 만드니 바깥 외출은 꿈도 못 꿉니다. 추운 겨울을 나무속에서 보낸 노랑각시하늘소 애벌레는 번데기를 거친 다음 꽃 피는 봄이 오면 어른으로 날개돋이 합니다.

산각시하늘소 수컷

줄각시하늘소

산줄각시하늘소

산줄각시하늘소 짝짓기

이렇다 할 방어 무기가 없는 노랑각시하늘소에게 세상은 거칠기만 합니다. 그래서 어른 노랑각시하늘소는 굶주리면 동족마저 잡아먹는 힘센 사냥꾼 회황색병대벌레를 흉내 내고, 노랑각시하늘소 애벌레는 웬만해서는 눈에 띄지 않는 깜깜한 나무속에 살면서 대를 이어 갑니다.

물론 노랑각시하늘소 말고도 여러 각시하늘소들이 회황색병대벌레를 흉내 냈습니다. 줄각시하늘소, 산줄각시하늘소처럼 힘없는 각시하늘소들이 회황색병대벌레처럼 노란색 옷을 입고서 노랑각시하늘소처럼 어른은 꽃가루를 먹고 애벌레는 썩은 나무속을 파먹고 삽니다.

따스한 햇살이 쏟아지는 봄날, 꽃이란 꽃에는 다 모여드는 어여쁜 노랑각시하늘소를 만나면 따뜻한 눈인사라도 나눠야겠습니다.

세밀화로 보는
곤충

꽃무지 무리

꽃무지 무리는 우리나라에 20종쯤이 알려졌다. 숨구멍이 배 위쪽에 나 있다.
꽃무지 무리는 이름처럼 꽃에 날아와 꽃가루나 꿀, 꽃잎을 먹는다.
꽃무지 무리는 몸이 무거워 하늘을 바라보고 피는 꽃에 잘 날아와 앉는다.
날렵하게 날지 못해서 한 꽃에 앉으면 오래도록 앉아 꽃가루를 먹는다.
애벌레 때에는 땅속에 살면서 썩은 가랑잎이나 나무 부스러기를 먹고 산다.

사슴풍뎅이
몸길이 16~26mm

검정풍이
몸길이 27~35mm

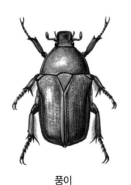

풍이
몸길이 25~33mm

꽃무지
몸길이 14~20mm

섬꽃무지
몸길이 14~20mm

흰점박이꽃무지
몸길이 17~22mm

아무르점박이꽃무지
몸길이 8~10mm

매끈한점박이꽃무지
몸길이 19~24mm

만주점박이꽃무지
몸길이 22~28mm

점박이꽃무지
몸길이 16~25mm

알락풍뎅이
몸길이 16~22mm

검정꽃무지
몸길이 11~14mm

풀색꽃무지
몸길이 10~14mm

홀쭉꽃무지
몸길이 15~17mm

방아벌레 무리

방아를 찧듯이 '딱' 하는 소리를 내며 튀어 올랐다가 떨어진다고 '방아벌레'다.
똑딱 소리를 낸다고 '똑딱벌레'라고도 한다. 앞가슴 배 쪽에 기다란 돌기가 있다.
앞가슴과 가운데가슴 근육을 세게 당기면, 이 돌기가 마치 지렛대처럼 당겨지면서
높이 튀어 오른다. 온 세계에 9,000종쯤이 산다. 우리나라에는 100종쯤이 알려졌다.
방아벌레 무리는 몸이 납작하고 길쭉하며 단단하다.

대유동방아벌레
몸길이 14~16mm

왕빗살방아벌레
몸길이 22~35mm

녹슬은방아벌레
몸길이 12~16mm

황토색방아벌레
몸길이 12~17mm

모래밭방아벌레
몸길이 6~7mm

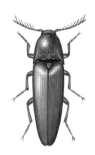

루이스방아벌레
몸길이 22~35mm

맵시방아벌레

몸길이 22〜30mm

크라아츠방아벌레

몸길이 8〜12mm

얼룩방아벌레

몸길이 12〜17mm

청동방아벌레

몸길이 15〜17mm

검정테광방아벌레

몸길이 9〜14mm

시이볼드방아벌레

몸길이 23〜30mm

누런방아벌레

몸길이 10mm 안팎

진홍색방아벌레

몸길이 10mm

빗살방아벌레

몸길이 14〜20mm

바구미 무리

바구미 무리는 온 세계에 5만 종쯤이 살고, 우리나라에는 402종이 알려졌다.
딱정벌레 무리 가운데 종 수가 아주 많은 무리다. 바구미 무리는 거의 모두
주둥이가 코끼리 코처럼 아주 길다. 긴 주둥이로 나무 열매나 잎을 파먹는다.
긴 주둥이 가운데쯤에는 더듬이가 ㄴ자처럼 꺾여 있다. 더듬이는 9~12마디다.
첫 번째 마디가 아주 길다. 움직임은 굼뜨지만, 몸이 아주 단단해서 제 몸을 지킨다.
또 위험을 느끼거나 누가 건들면 다리를 꼭 오므리고 혼수상태에 빠진다.

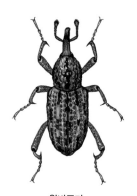

왕바구미
주둥이 빼고 몸길이 15~29mm

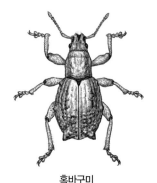

혹바구미
주둥이 빼고 몸길이 13~27mm

배자바구미
주둥이 빼고 몸길이 9~10mm

극동버들바구미
주둥이 빼고 몸길이 11mm 안팎

흰줄왕바구미
주둥이 빼고 몸길이 9~15mm

어리쌀바구미
주둥이 빼고 몸길이 2~3mm

개암밤바구미

주둥이 빼고 몸길이 7mm 안팎

노랑무늬솔바구미

주둥이 빼고 몸길이 6~8mm

배꽃바구미

주둥이 빼고 몸길이 3mm 안팎

닮은밤바구미

주둥이 빼고 몸길이 7~8mm

도토리밤바구미

주둥이 빼고 몸길이 6~15mm

흰띠밤바구미

주둥이 빼고 몸길이 6mm 안팎

딸기꽃바구미

주둥이 빼고 몸길이 3mm 안팎

버들바구미

주둥이 빼고 몸길이 8mm 안팎

흰가슴바구미

주둥이 빼고 몸길이 9mm 안팎

무당벌레 무리

무당벌레 무리는 온 세계에 5,000종쯤이 살고, 우리나라에는 90종쯤 산다.
산이나 들판에 살고, 밤에 불빛으로 날아오기도 한다. 대부분 진딧물이나 나무이,
뿌리혹벌레, 깍지벌레 따위를 잡아먹는 육식성이다. 30종이 진딧물을 잡아먹고,
13종이 깍지벌레를 많이 잡아먹는다. 애벌레도 어른벌레처럼 진딧물을 잡아먹는다.
딱지날개에 동그란 무늬가 있는 종이 많다. 몸빛은 여러 가지다. 더듬이는 11마디인데,
때때로 10마디, 9마디, 8마디로 된 종도 있다. 발목마디는 4마디다.

방패무당벌레
몸길이 3mm 안팎

쌍점방패무당벌레
몸길이 2~4mm

애홍점박이무당벌레
몸길이 4mm 안팎

홍점박이무당벌레
몸길이 5~7mm

홍테무당벌레
몸길이 5mm 안팎

남생이무당벌레
몸길이 10mm 안팎

달무리무당벌레
몸길이 7~9mm

네점가슴무당벌레
몸길이 4~5mm

유럽무당벌레
몸길이 4~6mm

열닷점박이무당벌레

몸길이 5~7mm

십일점박이무당벌레

몸길이 5mm 안팎

칠성무당벌레

몸길이 6~7mm

열석점긴다리무당벌레

몸길이 6mm 안팎

다리무당벌레

몸길이 5mm 안팎

큰황색가슴무당벌레

몸길이 6mm 안팎

노랑육점박이무당벌레

몸길이 4mm 안팎

꼬마남생이무당벌레

몸길이 4mm 안팎

큰꼬마남생이무당벌레

몸길이 4mm 안팎

긴점무당벌레

몸길이 8mm 안팎

노랑무당벌레

몸길이 3~5mm

십이흰점무당벌레

몸길이 4mm 안팎

중국무당벌레

몸길이 4~5mm

곱추무당벌레

몸길이 4~5mm

큰이십팔점박이무당벌레

몸길이 6~8mm

부전나비 무리

부전나비 무리는 온 세계에 7,000종쯤 산다. 우리나라에는 79종이 알려졌다.

'부전'은 옛날 여자아이들이 차던 작고 귀여운 노리개를 말한다.

나비 생김새가 이 부전과 닮았다고 '부전나비'라는 이름이 붙었다.

날개 편 길이가 30mm 안팎으로 크기가 작고, 겹눈 둘레가 밝은색 비늘 가루로 둘려져 있다.

그리고 아랫입술 수염이 위쪽으로 휘어져 튀어나와서 팔랑나비나 흰나비 무리와 다르다.

작은홍띠점박이푸른부전나비 수컷
날개 편 길이 22~25mm

물결부전나비 수컷
날개 편 길이 26~32mm

남방부전나비 수컷
날개 편 길이 17~28mm

암먹부전나비 수컷
날개 편 길이 17~28mm

먹부전나비 수컷
날개 편 길이 22~25mm

푸른부전나비 수컷
날개 편 길이 26~32mm

회령푸른부전나비 수컷
날개 편 길이 27~30mm

큰점박이푸른부전나비 수컷
날개 편 길이 39~47mm

고운점박이푸른부전나비 수컷
날개 편 길이 36~41mm

소철꼬리부전나비 수컷
날개 편 길이 24~32mm

부전나비 수컷
날개 편 길이 26~32mm

선녀부전나비 수컷
날개 편 길이 34~39mm

뾰족부전나비 수컷
날개 편 길이 33~43mm

바둑돌부전나비 수컷
날개 편 길이 21~24mm

담흑부전나비 수컷
날개 편 길이 34~40mm

작은주홍부전나비 수컷
날개 편 길이 26~34mm

붉은띠귤빛부전나비 수컷
날개 편 길이 33~35mm

찾아보기

참고 자료

국내 서적

강창수, 김진일, 김학렬, 류재혁, 문명진, 박상옥, 여성문, 이봉희, 이종욱, 이해풍. 2005. 일반곤충학. 정문각. 631 pp.

기청산식물원부설 한국생태조경연구소. 2004. 우리 꽃 참 좋을씨고. 얼과 얼. 217pp.

권성환. 2003. 식물의 세계. 아카데미서적. 203pp.

김남정, 설광열. 2003. 땅콩 급여에 의한 광대노린재(Poecilocoris lewisi)의 인공 사육: 발육 특성, 기주 및 산란 선호성. 한국응용곤충학회지 42(2): 133-138.

김남정, 설광열. 2004. 실내사육에서 광대노린재의 생식 행동. 한국응용곤충학회지 43(2):163~168.

김성수. 2003. 나비, 나방. 교학사. 335pp.

김성수. 2006. 우리나비 백 가지. 현암사. 476pp.

김성수. 2012. 한국나비생태도감. 사계절. 539pp.

김성수, 이철민, 권태성, 주흥재, 성주한. 2012. 한국나비분포도감. 국립산림과학원. 481pp.

김주필. 2006. 거미박사 김주필의 거미 이야기. 쿠키. 205pp.

김정한. 2005. 토박이 곤충기. 진선출판사. 237pp.

김진일. 1998. 한국곤충생태도감, 딱정벌레목 III. 고려대학교 곤충연구소. 255pp.

김진일. 1999. 쉽게 찾는 우리 곤충. 현암사. 392pp.

김진일. 2000. 풍뎅이상과(상), 한국경제곤충 4. 농업과학기술원. 149pp.

김진일. 2001. 풍뎅이상과(하), 한국경제곤충 10. 농업과학기술원. 197pp.

김진일. 2002. 우리가 정말 알아야 할 우리 곤충 백가지. 현암사. 399pp.

김태우. 2010. 곤충, 크게 보고 색다르게 찾자! 자연과 생태. 295pp.

김태우. 2013. 메뚜기 생태도감. 지오북. 381pp.

김태정. 2010. 우리가 정말 알아야할 우리 꽃 백가지(개정 2판). 현암사. 547pp.

김창환, 남상호, 이승모. 1982. 한국동식물 도감 제 26권 동물편(곤충류 VIII). 문교부

길버트 월드 바우어 지음, 김소정 옮김. 2013. 욕망의 곤충학. 한울림. 301pp.

남궁준. 2001. 한국의 거미. 교학사. 647pp.

남상호. 1996. 한국의 곤충. 교학사. 519pp.

다나카 하지메 지음, 이규원 옮김. 2007. 꽃과 곤충, 서로 속고 속이는 게임. 지오북. 261 pp.

메이 R. 베렌바움 지음, 윤소영 옮김. 2005. 살아 있는 모든 것의 정복자 곤충. 다른세상. 461pp.

박경현, 차명희, 김란순, 김지연. 2009. 살아 있는 생태 박물관. 채우리. 256pp.

박규택. 1999. 한국의 나방(I). 곤충자원편람 IV. 생명공학연구소·곤충분류연구회. 358pp.

박상진. 2002. 궁궐의 우리 나무. 눌와. 433pp.

박상진. 2006. 역사가 새겨진 나무 이야기. 김영사. 265pp.

박영하. 2005. 우리나라 나무 이야기. 이비락. 381pp.

백문기. 2012. 한국 밤 곤충 도감. 자연과 생태. 448pp.

백종철, 정세호, 변봉규, 이봉우. 2010. 한국산 산림서식 메뚜기 도감. 국립수목원. 175pp.

박중직. 1994. 한국산 남생이잎벌레아과의 미성숙 단계에 관한 분류학적 연구. 안동대학교 대학원 석사학위
　　　논문

박해철. 1993. 한국산 무당벌레과 분류 및 생태. 고려대학교 대학원 박사학위논문. 299pp.

박해철. 2006. 딱정벌레, 자연의 거대한 영웅 딱정벌레에 관한 모든 것. 다른세상. 559pp.

박해철. 2007. 이름으로 풀어보는 우리나라 곤충 이야기. 북피아주니어. 231pp.

박해철, 김성수, 이영보, 이영준. 2006. 딱정벌레. 교학사. 358pp.

백유현, 권민철, 김현우. 2009. 주머니 속 나비 도감. 황소걸음. 344pp.

부경생, 김용균, 박계청, 최만연. 2005. 농생명과학연구원 학술총서 9. 곤충의 호르몬과 생리학. 서울대학교출
　　　판부. 875pp.

부경생. 2012. 곤충생리학. 집현사. 618pp.

송기엽, 윤주복. 2003. 야생화 쉽게 찾기. 진선출판사. 607pp.

손상봉. 2009. 주머니 속 딱정벌레 도감. 황소걸음. 456pp.

손재천. 2006. 주머니 속 애벌레 도감. 황소걸음. 455pp.

신유항. 1991. 한국나비도감. 아카데미서적. 364pp.

신유항. 2001. 원색한국나방도감. 아카데미서적. 551pp.

이성규. 2003. 식물의 살아남기. 대원사. 202pp.

임문순, 김승태. 1999. 거미의 세계. 다락원. 239pp.

장 앙리 파브르 지음, 김진일 옮김. 2009. 파브르 곤충기 7. 현암사. 492pp.

정부희. 2010. 곤충의 밥상. 상상의 숲. 479pp.

정부희. 2011. 곤충의 유토피아. 상상의 숲. 463pp.

정부희. 2012. 곤충 마음 야생화 마음. 상상의 숲. 431pp.

정부희. 2013. 나무와 곤충의 오랜 동행. 상상의 숲. 431pp.

조복성. 1959. 한국동물도감 (I) 나비류. 문교부. 243pp.

주흥재, 김성수, 손정달. 1997. 한국의 나비. 교학사. 437pp.

오쿠이 카즈미츠 지음, 문창종 옮김. 2006. 어린이 동물행동학 사전. 함께읽는책. 157pp.

올리히 슈미트 지음, 장혜경 옮김. 2008. 동물들의 비밀신호. 해나무. 207pp.

윌리엄 C. 버거 지음, 채수문 옮김. 2010. 꽃은 어떻게 세상을 바꾸었을까? 바이북스, 390pp.

이동혁. 2008. 오감으로 찾는 우리 나무. 이비락. 591pp.

이상태. 2010. 식물의 역사. 지오북. 303pp.

이영노. 1998. 원색한국식물도감. 교학사. 1246pp.

이영노, 오용자. 2004. 관속 식물 분류학(Taxonomy of Vaxcular Plants). 삼원문화. 259pp.

이종욱. 1998. 한국곤충생태도감 IV. 벌, 파리, 밑들이, 풀잠자리, 집게벌레목. 고려대학교　한국곤충연구소.
　　　246pp.

이종은, 안승락, 2001. 잎벌레과(딱정벌레목). 한국경제곤충 14호. 농업과학기술원. 229pp.

이종은, 조희욱. 2006. 한국경제곤충 27, 농작물에 발생하는 잎벌레류. 농업과학기술원. 127pp.

이한일. 2007. 위생곤충학(의용절지동물학) 제4판. 고문사. 467pp.

제임스 B. 나르디 지음, 노승영 옮김. 2009. 흙을 살리는 자연의 위대한 생명들. 상상의 숲. 431pp.

조복성. 1969. 한국동식물도감 제10권 동물편(곤충류 II, 딱정벌레 무리). 문교부

조복성 지음, 황의웅 엮음. 2011. 조복성 곤충기. 뜨인돌. 323pp.

차윤정. 2007. 나무의 죽음. 웅진 지식하우스. 267pp.

차윤정, 전승훈. 2009. 숲 생태학 강의. 지성사. 232pp.

청목전사 외. 2005. 일본산 유충 도감. 학연. 336pp.

최광식, 최원일, 신상철, 최광식, 최원일, 정영진, 이상길, 김철수. 2007. 신산림병해충도감. 웃고문화사. 402pp.

平井博 今伊泉忠明. 2000. 飼育と觀察：ニュ-ワイド. 學研の圖鑑

토마스 아이스너 지음, 김소정 옮김. 2006. 전략의 귀재들 곤충. 삼인. 568pp.

Thomas M. Smith and Robert Leo Smith 지음, 강혜순, 오인혜, 정근, 이우신 옮김. 2007. 생태학 6판. 라이프사이언스. 622pp.

허북구, 박석근, 이일병. 2004. 재미있는 우리 나무 이름의 유래를 찾아서. 중앙생활사. 343pp.

허운홍. 2012. 나방 애벌레 도감. 자연과 생태. 520pp.

현재선. 2007. 식물과 곤충의 공존 전략. 아카데미서적. 298pp.

현재선. 2009. 곤충의 진화와 생활사 전략. 아카데미서적. 298pp.

영문 자료

Borowiec, Lech and Cho, Hee-Wook. 2011. On the Subgenus Lasiocassis Gressitt (Coleoptera: Chrysomelidae: Cassidinae), with Description of a New Species from South Korea. Annales Zoologici 61(3): 445-451.

Byun, BK., Y.S. Bae, and K.T. Park. 1998. Illustrated Catalogue of Tortricidae in Korea(Lepidoptera). In Park, K.T.(eds): Insects of Korea [2], 317pp.

Crowson, R.A., 1981. The biology of the Coleoptera. Academic Press. New York. 802pp.

Gilbert Waldbauer. 1999. The Handy Bug Answer Book. Visible Ink Press. U.S.A. 308pp.

Gilbert Waldbauer. 2003. What good are bugs? Harvard University press

Grimaldi, D. and M. S. Engel. 2005. Coleoptera and Strepsiptera. 357-406pp. In: Evolution of the Insects. Cambridge University Press. New York. 1-755pp.

Gullan P.J. and Cranston, P.S., 2000. The Insects. An outline of Entomology (second edition). Blackwell science. 470pp.

Jolevet, P., 1995. Host-plants of Chrysomelidae of the world. Bachhuys Publishers Leiden. 1-281pp.

Joliver, E. P. and T. H. Hsiao. 1988. Biololgy of Chrysomelidae. Kluwer Academic Publishers. Netherland. 1-615pp.

Han, H.Y., D.S. Choi, J.I. Kim and H.W. Byun. 1998. A catalog of the Syrphidae (Inseca: Diptera) of Korea. Ins. Koreana 15: 95-166pp.

Kim J. I., Kwon Y. J., Paik J. C., Lee S. M., Ahn S. L., Park H. C., Chu H. Y., 1994. Order 23. Coleoptera. In: The Entomological Society of Korea and Korean Society of Applied Entomology (eds.), Check List of Insects from Korea. Kon-Kuk University Press, Seoul. 117-214pp.

Kimoto, S. and H. Takizawa. 1994. Leaf beetles (Chrysomelidae) of Japan. Tokai University Press. 539pp.

Kurosawa, Y., Hisamatsu, S. and Sasaji, H., 1985. The Coleoptera of Japan in Color Vol. III. Hiokusha publishing co. Ltd. Japan. 500pp.

Lee and Park. 1996. Immature stages of Korean Thlaspida Weise (Col. Chrysomelidae). Kor. J. Ent., 26(2): 125-134pp.

Kim, T. J., 1994. Medically Available Wild Plants in Korea. Guk-il Media Co.

Moodie, G.E.E., 1976. Heat production and pollination in Araceae. Can. J. Bol. 54: 545-546pp.

Ougushi, T. 2005. Indirect interaction webs: Herbivore movement, and insect-transmitted disease of maize. Ecology. 68: 1658-1669pp.

Richard E. White. 1983. A field Guide to the Beetles of North America. Houghton mifflin company. boston New York. 368pp.

Uemura S. K. Ohkawara, G. Kudo, N. Wada and S. Higashi. 1993. Heat production and cross-pollination of the Asian Skink Cabbage Symplocarpus renifolius (Araceae). Amer. J. Bot. 80: 635-640pp.

참고 누리집

http://cafe.naver.com/koreafams

http://beetlesclub.com/zboard/view.php?id=pds&no=187

http://blog.daum.net/nabidaejang/17026905

http://blog.daum.net/niast0158/8747381

http://100.naver.com

http://www.encyber.com/plant/detail/782510/

http://www.doopedia.co.kr

http://scinews.co.kr/bbs/view.php?id=scinews06&no=5976

http://sisafocus.co.kr/news/view.php?n=4719&s=4

http://scent.ndsl.kr/

정부희

저자는 부여에서 나고 자랐다. 이화여자대학교 영어교육과를 졸업하고, 성신여자대학교 생물학과에서 곤충학 박사 학위를 받았다.

대학에 들어가기 전까지 전기조차 들어오지 않던 산골 오지, 산 아래 시골집에서 어린 시절과 사춘기 시절을 보내며 자연 속에 묻혀 살았다. 세월이 흘렀어도 자연은 저자의 '정신적 원형(archetype)'이 되어 삶의 샘이자 지주이며 곳간으로 늘 함께하고 있다.

30대 초반부터 우리 문화에 관심을 갖기 시작해 전국 유적지를 답사하면서 자연에 눈뜨기 시작한 저자는 이때부터 우리 식물, 특히 야생화에 관심을 갖게 되어 식물을 공부했고, 전문가에게 도움을 받으며 새와 버섯 등을 공부하기 시작했다. 최초의 생태 공원인 길동자연생태공원에서 자원봉사를 하며 자연과 곤충에 대한 열정을 키워 나갔고, 우리나라 딱정벌레목 대가의 가르침을 받기 위해 성신여자대학교 생물학과 대학원에 입학했다.

석사 학위를 받고 이어 박사 과정에 입학한 저자는 '버섯살이 곤충'에 대한 연구를 본격화했고, 아무도 연구하지 않는 한국의 버섯살이 곤충들을 정리할 원대한 꿈을 향해 가고 있다. 〈한국산 거저리과의 분류 및 균식성 거저리의 생태 연구〉로 박사 학위를 받았으며, 최근까지 거저리과 곤충과 버섯살이 곤충에 관한 논문을 60편 넘게 발표하면서 연구 활동에 왕성하게 매진하고 있다.

이화여자대학교 에코과학연구소와 고려대학교 한국곤충연구소에서 연구 활동을 했고, 한양대학교, 성신여자대학교, 건국대학교 같은 여러 대학에서 강의하고 있으며, 현재는 우리곤충연구소를 열어 곤충 연구를 이어 가고 있다. 또한 국립생물자원관 등에서 주관하는 자생 생물 발굴 사업, 생물지 사업, 전국 해안사구 정밀 조사, 각종 환경 평가 등에 참여해 곤충 조사 및 연구를 해 오고 있다.

왕성한 연구 작업과 동시에 곤충의 대중화에도 큰 관심을 가진 저자는 각종 환경 단체 및 환경 관련 프로그램에서 곤충 생태에 관한 강연을 하고 있고, 여러 방송에서 곤충을 쉽게 풀어 소개하며 '곤충 사랑 풀뿌리 운동'에 힘을 보태고 있다.

2015년 〈올해의 이화인 상〉을 수상하였으며, 저서로는 '정부희 곤충기'인《곤충의 밥상》,《곤충의 유토피아》,《곤충 마음 야생화 마음》,《나무와 곤충의 오랜 동행》,《곤충의 빨간 옷》,《갈참나무의 죽음과 곤충왕국》이 있고,《곤충들의 수다》,《버섯살이 곤충의 사생활》,《생물학 미리 보기》,《사계절 우리 숲에서 만나는 곤충》,〈우리 땅 곤충 관찰기〉(1~4권),《먹이식물로 찾아보는 곤충도감》,〈세밀화로 보는 정부희 선생님 곤충교실〉(1~5권),《정부희 곤충학 강의》가 있다. 학술 저서로는 〈한국의 곤충(딱정벌레목:거저리아과)〉 1권, 2권, 3권, 〈한국의 곤충(딱정벌레목: 개미붙이과)〉, 〈한국의 곤충(딱정벌레목: 버섯벌레과)〉, 〈한국의 곤충(딱정벌레목: 긴썩덩벌레과)〉, 〈한국의 곤충(딱정벌레목: 허리머리대장과, 머리대장과, 무당벌레붙이과, 꽃알벌레과)〉들이 있다.